高等教育规划教材

Access 2010 数据库应用教程

肖艳芹　主编
邓　娜　齐鸿志　尹胜彬　支高英　参编

机 械 工 业 出 版 社

本书主要针对经管类等非计算机专业学生的需求，介绍了数据库的基本概念和理论知识，并讲解了这些概念在 Access 2010 中的实现。本书理论与实际操作紧密结合，互相支撑，互相渗透，使读者在掌握 Access 2010 的基本操作技能的同时，掌握数据库的基本概念和理论。

本书还以一个完整的 Access 数据库开发实例详细说明了建立数据库、使用数据库的全过程，使读者系统全面地认识数据库，并且掌握 Access 数据库的开发技能。

本书可作为高等院校非计算机专业的数据库应用技术课程教学用书，还可作为全国计算机等级考试的培训教材以及不同层次办公人员的自学教材。

本书配套授课电子课件，需要的教师可登录 www. cmpedu. com 免费注册，审核通过后下载，或联系编辑索取（QQ：2966938356，电话：010 - 88379739）。

图书在版编目(CIP)数据

Access 2010 数据库应用教程/肖艳芹主编. —北京：机械工业出版社，2015. 4
高等教育规划教材
ISBN 978 - 7 - 111 - 50516 - 7

Ⅰ. ①A…　Ⅱ. ①肖…　Ⅲ. ①关系数据库系统 - 高等学校 - 教材
Ⅳ. ①TP311. 138

中国版本图书馆 CIP 数据核字（2015）第 130728 号

机械工业出版社(北京市百万庄大街 22 号　邮政编码 100037)
策划编辑：和庆娣　　责任编辑：和庆娣　王　斌
责任校对：张艳霞　　责任印制：刘　岚
北京圣夫亚美印刷有限公司印刷
2015 年 8 月第 1 版 · 第 1 次印刷
184mm × 260mm · 16. 5 印张 · 409 千字
0001—3000 册
标准书号：ISBN 978 - 7 - 111 - 50516 - 7
定价：39. 90 元

凡购本书，如有缺页、倒页、脱页，由本社发行部调换
电话服务　　网络服务
服务咨询热线：010 - 88379833　机 工 官 网：www. cmpbook. com
读者购书热线：010 - 88379649　机 工 官 博：weibo. com/cmp1952
教育服务网：www. cmpedu. com

金 书 网：www. golden - book. com

出版说明

当前，我国正处在加快转变经济发展方式、推动产业转型升级的关键时期。为经济转型升级提供高层次人才，是高等院校最重要的历史使命和战略任务之一。高等教育要培养基础性、学术型人才，但更重要的是加大力度培养多规格、多样化的应用型、复合型人才。

为顺应高等教育迅猛发展的趋势，配合高等院校的教学改革，满足高质量高校教材的迫切需求，机械工业出版社邀请了全国多所高等院校的专家、一线教师及教务部门，通过充分的调研和讨论，针对相关课程的特点，总结教学中的实践经验，组织出版了这套“高等教育规划教材”。

本套教材具有以下特点：

1）符合高等院校各专业人才的培养目标及课程体系的设置，注重培养学生的应用能力，加大案例篇幅或实训内容，强调知识、能力与素质的综合训练。

2）针对多数学生的学习特点，采用通俗易懂的方法讲解知识，逻辑性强、层次分明、叙述准确而精炼、图文并茂，使学生可以快速掌握，学以致用。

3）凝结一线骨干教师的课程改革和教学研究成果，融合先进的教学理念，在教学内容和方法上做出创新。

4）为了体现建设“立体化”精品教材的宗旨，本套教材为主干课程配备了电子教案、学习与上机指导、习题解答、源代码或源程序、教学大纲、课程设计和毕业设计指导等资源。

5）注重教材的实用性、通用性，适合各类高等院校、高等职业学校及相关院校的教学，也可作为各类培训班教材和自学用书。

欢迎教育界的专家和老师提出宝贵的意见和建议。衷心感谢广大教育工作者和读者的支持与帮助！

机械工业出版社

前　言

数据库应用技术是计算机科学与技术的一个重要分支，被广泛应用于各个领域。目前，“数据库应用技术”作为一门课程，已成为高等学校非计算机专业继计算机文化基础课之后的重点课程之一。本书面向财经管理类专业的需要，选取的理论知识为应用服务，并注重理论联系实际，在介绍理论的同时通过实例指明其在实际中的应用，不仅培养学生的操作能力，更重要的是启发学生进行自主学习。

本书根据数据库应用技术的基本特点，并结合初学者的实际情况，介绍了数据库的基础知识，然后详细讲述了 Access 2010 中表、查询、窗体、报表、宏等数据库对象的设计，并介绍了 Access 2010 中的 VBA 模块和数据安全。本书以一个完整的实例——图书销售管理系统来阐述各章节的内容，并在最后一章给出了图书销售管理系统的详细开发步骤，使得读者在学习完本书内容之后，能够开发一个简单、完整的数据库应用系统。

本书第 1、2 章由肖艳芹编写，第 3、7 章由邓娜编写，第 4、5 章由齐鸿志编写，第 6、9 章由支高英编写，第 8、10 章由尹胜彬编写。全书由肖艳芹、邓娜统稿。

由于作者水平有限，书中难免存在不妥之处，敬请广大读者批评指正。

编　者

目 录

第1章　数据库基础知识

内容提要：

- 数据管理技术的发展
- 数据库基本概念
- 数据模型
- 关系模型
- 数据库设计

数据库技术是20世纪60年代后期发展起来的一项重要技术。20世纪70年代以来，数据库技术得到了迅速发展和广泛应用，已经成为计算机科学与技术的一个重要分支。在现代社会中，随着信息化技术在各行各业的广泛应用，各个企业或组织中都存在大量需要管理的数据，例如列车、航空的票务数据，银行储户的账户数据等，这些数据经常会被检索、修改或删除，而且在数据的使用过程中还需要考虑数据的安全问题，例如数据不能被随意更改、删除，涉及隐私或机密的数据不能被随意查询等。那么如何管理这些数据才能使其快捷安全地为人们的学习、生活、工作提供服务？数据库技术正是为了解决这些需求而发展起来的一种通过计算机辅助管理数据，高效获取和处理数据的技术。

本章首先介绍数据库技术的基本概念，然后讲解如何在数据库中表达现实世界中的事物。

1.1　数据库系统概述

数据库系统是一个利用数据库技术进行数据管理的计算机系统，那么，在数据库技术出现之前，计算机中的数据管理是如何完成的？本节将从数据管理技术的发展和数据库基本概念两方面介绍数据库系统的基本知识。

1.1.1　数据管理技术的发展

在计算机软件、硬件发展的基础上，计算机数据管理技术经历了人工管理、文件系统和数据库系统三个阶段。

1. 人工管理阶段

20世纪50年代中期以前，计算机主要用于科学计算。在硬件方面，还没有磁盘等能够直接存取的存储设备；在软件方面，还没有出现操作系统以及管理数据的专门软件。在这一阶段，数据无结构，由应用程序定义和管理，数据间缺乏逻辑组织，数据依赖于特定的应用程序，缺乏独立性。因此，该阶段的数据管理具有以下特点。

（1）数据不保存、不共享

数据是面向特定应用程序设计的，一组数据只能对应一个应用程序，应用程序之间无法共享数据。

（2）由应用程序管理数据

由于系统中没有专门的数据管理软件，数据需要由应用程序自己定义和管理。

（3）数据不具有独立性

由于数据的定义是在应用程序中进行的，当数据的逻辑结构或物理结构发生变化时，必须修改相应的应用程序。因此，数据依赖于特定的应用程序，缺乏独立性。

2. 文件系统阶段

在20世纪50年代后期至20世纪60年代中期，计算机不仅用于科学计算，还用于信息管理。此时，计算机的外部存储器已经有了磁盘、磁鼓等直接存取的存储设备；在软件方面，出现了计算机操作系统，也出现了专门管理外存数据的软件——文件系统。文件系统把计算机中的数据组织成相互独立的数据文件，系统可以按照文件名对其进行访问，并按记录进行存取，而且可以实现对文件的修改、插入和删除。因此，在此阶段，数据可通过“文件”的形式长期保存，并由文件系统进行管理。

此时的数据管理技术具有以下缺点。

（1）数据共享性差，冗余度大

在文件系统中，文件结构是基于特定用途而设计的，即使不同的应用程序需要部分相同的数据，它们也必须建立各自的文件。由于不能共享数据，因此导致数据的冗余度大，浪费存储空间，且易造成数据的不一致性。

（2）数据独立性差

当数据的逻辑结构改变时，文件的结构应随之改变，进而，应用程序也会随之改变，以适应新的文件结构。因此，导致应用程序经常需要修改，增大了程序设计的工作量。

3. 数据库系统阶段

20世纪60年代中后期，计算机管理的数据规模越来越大，应用范围也越来越广，数据量激增，在处理方式上，联机实时处理的需求也越来越多。在此背景下，文件系统管理数据的方式已不能满足应用的需求，数据库技术正是在此背景下产生，并得到广泛应用的。在这一阶段，应用程序和数据的联系通过数据库管理系统来实现，如图1-1所示。

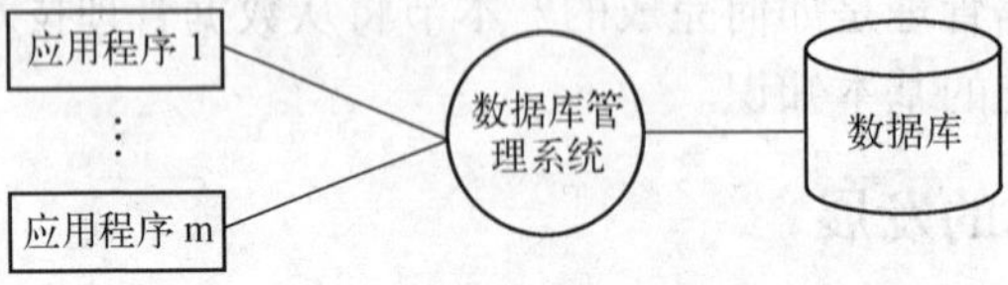

图1-1　应用程序与数据之间的关系

数据库系统阶段的数据管理具有以下特点。

（1）数据结构化

数据结构化是数据库系统阶段与文件系统阶段对数据组织和管理的根本区别。在文件系统中，文件的记录内部是有结构的，但从整体来看却是无结构的。而数据库系统实现了整体数据的结构化，所使用的数据模型不仅描述数据本身的特点，还描述数据间的联系。

（2）数据的共享性高，冗余度低，易扩充

在数据库系统阶段，数据不再面向某个应用，而是面向整个系统，因此数据可以被多个应用共享使用。数据共享不仅可以大大减少数据冗余，节省存储空间，而且还能避免数据之间的不一致。

(3) 数据具备独立性

数据独立性包括数据的物理独立性和数据的逻辑独立性。

数据的物理独立性是指应用程序与存储设备中的数据是相互独立的。即数据在存储设备中的存储方式由数据库管理系统管理，应用程序无需了解，即使数据的物理存储改变了，应用程序也不需要改变。

数据的逻辑独立性是指应用程序与数据库的逻辑结构是相互独立的。也就是说，数据的逻辑结构改变了，应用程序也可以不变。

(4) 数据由数据库管理系统统一管理和控制

数据由数据库管理系统（Database Management System，DBMS）统一管理和控制，从而实现多用户同时存储数据库中的数据。

1.1.2 数据库基本概念

为了更好地使用数据库，首先需要了解数据、数据库、数据库管理系统、数据库系统等基本概念。

1. 数据

数据是用于描述现实世界中各种具体事物或抽象概念的，是可以存储并具有明确意义的符号，包括数字、文字、图形和声音等。

2. 数据库

数据库是指长期存储在计算机内、有组织的、可共享的大量数据的集合。数据库中的数据按照一定的数据模型进行组织、描述和存储，并具有较小的冗余度、较高的数据独立性，且可由各种用户共享。

在现代社会中，数据的规模越来越大，将数据存储在数据库中，可以更加方便快捷并且充分地利用这些数据。

3. 数据库管理系统

数据库是大量数据的集合，那么数据库是如何存储在计算机中的？如何才能高效地检索和维护数据库中的数据？解决这些问题需要的就是数据库管理系统。

数据库管理系统是一个系统软件，其目标是使用户能够科学地组织和存储数据，能够从数据库中高效地获取所需数据，能够方便地处理数据。

数据库管理系统主要提供以下几个方面的功能。

(1) 数据定义功能

数据库管理系统提供数据定义语言，用户通过它可方便地对数据库中的数据对象（如表、索引、视图等）进行定义。

(2) 数据组织、存储和管理

数据库管理系统会分类组织、存储和管理各种数据，并确定以何种文件结构和存取方式在存储器上组织数据，其目的是提高存储空间的利用率和数据的存取效率。

(3) 数据操纵功能

数据库管理系统通过提供数据操纵语言实现对数据的增、删、改、查询、统计等数据操纵功能。

(4) 数据库的建立和维护功能

数据库管理系统包括数据库初始数据输入、转储、恢复、重组以及数据库结构的修改和扩充等功能。

(5) 数据库的运行管理

数据库的运行管理功能是数据库管理系统的核心功能，它对数据库的建立、运行和维护进行统一管理，保证数据的安全性、完整性、并发性和故障恢复。

4. 数据库系统

仅有数据库管理系统，是不能完成数据库的建立、使用和维护等工作的，一个完整的数据库系统还应包括除数据库管理系统之外的组成部分。一般来说，数据库系统是指带有数据库并利用数据库技术进行数据管理的计算机系统，包括以下 4 部分。

(1) 数据库

数据库系统的数据源。

(2) 硬件

支持系统运行的计算机硬件设备。包括 CPU、内存、外存及其他外部设备。

(3) 软件

包括操作系统、数据库管理系统、应用开发工具和应用系统。

(4) 人员

数据库系统中的主要人员有数据库管理员、系统分析员和数据库设计人员、应用程序开发人员和最终用户。

数据库系统的组成如图 1-2 所示。

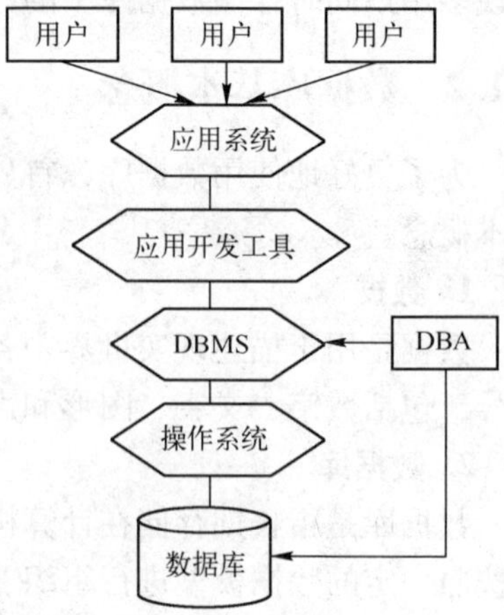

图 1-2　数据库系统

1.2　数据模型概述

数据库中的数据来源于现实世界，那么，在实现数据库系统时，需要考虑的问题是：通过何种形式来描述，才能在数据库中清晰准确地表达现实世界中的事物以及事物之间的联系。这就需要使用数据模型来解决这一问题。

数据模型是数据特征的抽象表达，它是对数据库如何组织的一种模型化表示，是数据库系统的核心与基础。计算机不能直接处理现实世界中的具体事物，用户需要把这些具体事物转换成计算机能够处理的数据，而数据模型就是这样一个可以用来抽象化表示现实世界中事物的工具。

一般来说，数据模型应满足三方面要求：一是能比较真实地模拟现实世界；二是容易理解；三是便于在计算机上实现。

根据模型应用目的的不同，可以将模型分为两类：一类模型是概念模型，也称信息模型，它是从用户的角度来对数据和信息建模，主要用于数据库设计。概念模型既不依赖于具体计算机系统，也不是某一种数据库管理系统所支持的模型；另一类模型是逻辑数据模型，它是从计算机系统的角度对数据建模，主要用于数据库管理系统的实现。在数据库的发展历史中，比较有影响的逻辑数据模型是层次模型、网状模型和关系模型。

1.2.1 概念模型

概念模型主要用于数据库设计，在实现数据库系统的时候，首先需要对现实世界中的事物进行抽象化，形成概念模型，然后再把概念模型转换为计算机上某一种数据库管理系统所支持的逻辑数据模型。

概念模型用于信息世界的建模，是现实世界到信息世界的第一层抽象，是现实世界到机器世界的一个中间层次。概念模型应该简单、清晰、易于用户理解，能够方便、直接地表达应用中的各种语义。

1. 概念模型的基本概念

在使用概念模型对现实世界进行抽象化之前，首先需要了解以下与概念模型相关的主要概念。

（1）实体

客观存在并可相互区别的事物称为实体。实体可以是具体的实际事物，如一门课程、一个学生；也可以是抽象的事件，如一场比赛。

（2）属性

实体所具有的某一特性称为属性。例如，学生的学号、姓名。

（3）关键字

唯一标识实体的属性集称为关键字。例如，学号是学生实体的关键字。

（4）实体型

具有相同属性的实体必然具有共同的特征和性质。用实体名及其属性名集合来抽象和刻画同类实体，称为实体型。例如，学生（学号，姓名，性别，出生年份，系，入学时间）就是一个实体型。

（5）实体集

同型实体的集合称为实体集。例如，全体学生就是一个实体集。

（6）联系

在现实世界中，事物内部以及事物之间是有联系的，这些联系在信息世界中反映为实体（型）内部的联系和实体（型）之间的联系。

两个实体型之间的联系可以分为三类。

1）一对一联系（1∶1）

如果对于实体集 A 中的每一个实体，实体集 B 中至多有一个（也可以没有）实体与之联系，反之亦然，则称实体集 A 与 B 具有一对一联系，记为 1∶1。

例如，一个学院只有一个正院长，而这个人也只在一个学院中担任正院长，如图 1-3a 所示。

2）一对多联系（1∶n）

如果对于实体集 A 中的每一个实体，实体集 B 中有 n 个实体（$n \geq 0$）与之联系，反之，对于实体 B 中的每一个实体，实体集 A 中至多只有一个实体与之联系，则称实体集 A 与 B 有一对多联系，记为 1∶n。

例如，一个班级中可以有若干名学生，而每个学生只在一个班级中学习，如图 1-3b 所示。

3）多对多联系（m∶n）

如果对于实体集 A 中的每一个实体，实体集 B 中有 n 个实体（n≥0）与之联系，反之，对于实体集 B 中的每一个实体，实体集 A 中也有 m 个实体（m≥0）与之联系，则称实体集 A 与 B 具有多对多联系，记为 m∶n。

例如，一个学生可以选修多门课程，而一门课程可以被多个学生选修，学生和课程之间就是多对多的联系，如图 1-3c 所示。

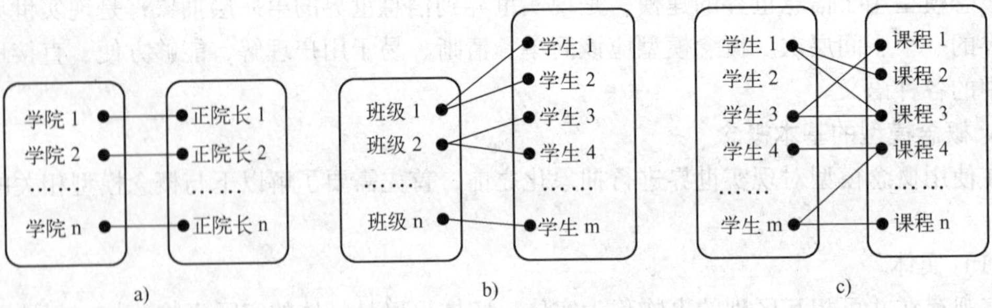

图 1-3　两个实体型之间的联系

a）1∶1 联系　b）1∶n 联系　c）m∶n 联系

2. 概念模型的表示方法

在对现实世界进行建模之后，需要将建立的概念模型表达出来。表示概念模型的方法很多，其中最常用的是实体 - 联系方法（Entity - Relationship Approach），该方法使用 E - R 图来表示概念模型。

E - R 图提供了表示实体型、属性和联系的方法。

（1）实体型

使用矩形表示实体型，矩形内写明实体名。

（2）属性

使用椭圆表示属性，并用无向边将其与相应的实体型连接起来。

例如：学生实体具有学号、姓名、出生日期、入学时间等属性，用 E - R 表示学生实体如图 1-4 所示。

（3）联系

使用菱形表示，菱形内写明联系名，并用无向边分别与有关实体型连接起来，并在无向边旁标注联系的类型（1∶1，1∶n，m∶n）。

例如：学生实体和课程实体之间存在 m∶n 联系，且该联系具有一个“成绩”属性，如图 1-5 所示。

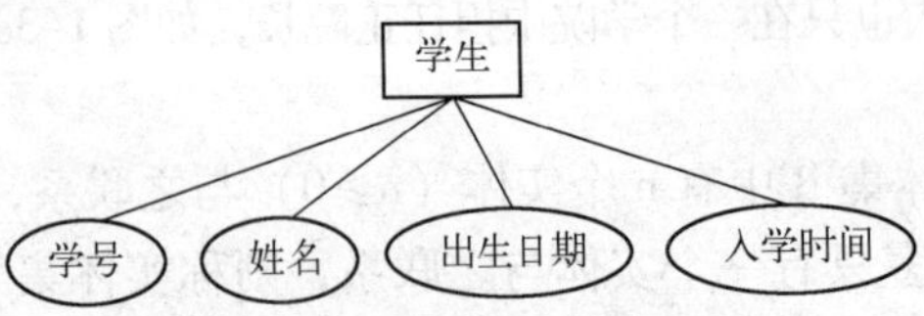

图 1-4　学生实体及其属性

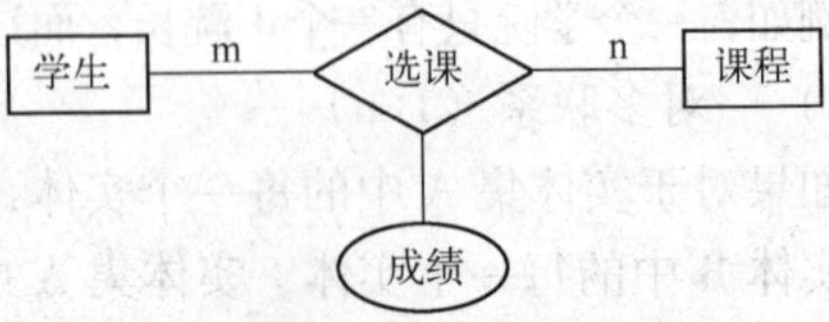

图 1-5　实体联系

1.2.2 数据模型

数据模型从计算机的角度对数据进行建模，主要用于数据库管理系统的实现。数据模型通常由数据结构、数据操作和数据完整性约束条件三部分组成。

（1）数据结构

数据结构是对系统静态特征的描述。主要描述数据类型、内容、性质以及数据间联系的有关信息。数据结构是数据模型的基础，在数据库系统中，通常按照数据结构的类型来命名数据模型，例如，数据结构为层次、网状或关系结构的数据模型分别被命名为层次模型、网状模型和关系模型。

（2）数据操作

数据操作描述的是系统的动态特征，主要描述在相应数据结构上的操作类型与操作方式。数据操作主要有数据检索和更新（即增、删、改）两大类操作。

（3）数据完整性约束条件

数据完整性约束条件描述的是系统的约束条件，主要描述数据结构内数据间的语义限制、制约与依存关系以及数据动态变化的规则，以保证数据的正确、有效与相容。

在数据库的发展历史中，出现过的主要逻辑数据模型包括层次模型、网状模型、关系模型、面向对象模型以及对象关系模型等，其中关系模型是非常重要的一种模型，基于关系模型的数据库管理系统称为关系数据库管理系统。

1.3 关系模型

关系型数据库管理系统是目前得到广泛使用的数据库管理系统，它是基于关系模型来实现的。1970 年 6 月，美国 IBM 公司的研究员 E. F. Codd 发表了一篇名为“用于大型共享数据库的关系数据模型”的论文，它首次明确地为数据库系统提出了一种崭新的模型，即关系模型，为关系数据库的发展奠定了理论基础，因此，E. F. Codd 被称为“关系数据库之父”，并于 1981 年获得图灵奖。本节主要通过关系模型的三要素（关系数据结构、关系操作、关系完整性约束条件）来进一步了解关系模型。

1.3.1 关系数据结构

在关系模型中，无论实体还是实体之间的联系都由单一的数据结构即关系（表）来表示。下面介绍关系数据库中常用的一些基本术语。

1）关系：关系模型中一个关系就是一个二维表，每个关系有一个关系名。如表 1-1 所示的表格就是一个关系，其关系名为“学生信息表”。

2）元组：表中的一行即为一个元组。如表 1-1 中的（S001，王迪；1996-3-7，2013.9）就是一个元组。

3）属性：表中的一列即为一个属性，给每个属性起一个名字即为属性名。如表 1-1 中的“学号”“姓名”等都是该关系的属性。

4）域：属性的取值范围，如性别的域是（男，女），百分制成绩的域是 0~100。

5）关键字：属性或属性的集合，其值能唯一地标识一个元组。如表 1-1 中的“学号”

属性在该关系中具有唯一性，可以作为该关系的关键字。

表 1–1 学生信息表

学　号	姓　名	出生日期	入学时间
S001	王迪	1996 – 3 – 7	2013. 9
S002	李江涛	1995 – 7 – 10	2013. 9
S003	张宏	1995 – 9 – 8	2013. 9
…	…	…	…

1.3.2 关系运算

关系的基本运算可分为两类：传统的集合运算（并、差、交等）和专门的关系运算（选择、投影、连接等）。

首先假设有 R、S 和 T 三个关系，其结构和关系中的元组如表 1–2、表 1–3 和表 1–4 所示，其中 R 和 S 是两个具有相同结构的关系，下面以 R、S 和 T 为例介绍关系运算。

表 1–2 R 关系

学号	姓名	出生日期
S001	王迪	1996 – 3 – 7
S002	李江涛	1995 – 7 – 10
S003	张宏	1995 – 9 – 8

表 1–3 S 关系

学号	姓名	出生日期
S001	王迪	1996 – 3 – 7
S004	赵强	1995 – 7 – 19

表 1–4 T 关系

学号	课程编号	成绩
S001	C001	95
S002	C002	87

1. 传统的集合运算

传统的集合运算包括并、交、差和笛卡尔乘积等运算。需要注意的是，进行并、差和交运算的两个关系必须具有相同的关系模式，即元组有相同结构。

（1）并

关系 R 与 S 的并运算的结果是由属于 R 或 S 的元组组成的集合。

并运算由符号“∪”表示，关系 R 和关系 S 的并可表示为 $R \cup S$，其结果如表 1–5 所示。

（2）交

关系 R 和 S 的交运算的结果是由既属于 R 又属于 S 的元组组成的集合。交运算的结果是 R 和 S 的共同元组。

交运算由符号“∩”表示，关系 R 和关系 S 的交可表示为 $R \cap S$，其结果如表 1–6 所示。

（3）差

关系 R 与 S 的差运算的结果是由属于 R 但不属于 S 的元组组成的集合，即差运算的结果是从 R 中去掉 R 和 S 共同包含的元组。

差运算由符号“–”表示，关系 R 和关系 S 的差运算的结果可表示为 $R - S$，其结果如表 1–7 所示。

表 1-5　R∪S

学号	姓名	出生日期
S001	王迪	1996-3-7
S002	李江涛	1995-7-10
S003	张宏	1995-9-8
S004	赵强	1995-7-19

表 1-6　R∩S

学号	姓名	出生日期
S001	王迪	1996-3-7

表 1-7　R-S

学号	姓名	出生日期
S002	李江涛	1995-7-10
S003	张宏	1995-9-8

（4）笛卡尔乘积

关系 R 和 S 的笛卡儿乘积是由 R 中的每一个元组与 S 中的任意元组组合而成的元组组成的集合，该集合中元组的个数为 m×n，其中 m 为 R 的元组数，n 为 S 的元组数。

笛卡儿乘积由符号“×”表示，关系 R 和关系 T 的笛卡儿乘积可表示为 R×T，其结果如表 1-8 所示。

表 1-8　R×T

R. 学号	姓　名	出生日期	T. 学号	课程编号	成　绩
S001	王迪	1996-3-7	S001	C001	95
S001	王迪	1996-3-7	S002	C002	87
S002	李江涛	1995-7-10	S001	C001	95
S002	李江涛	1995-7-10	S002	C002	87
S003	张宏	1995-9-8	S001	C001	95
S003	张宏	1995-9-8	S002	C002	87

2. 专门的关系运算

（1）选择

“选择”是指从关系中查找出满足给定条件的元组的操作。经过选择运算得到的结果可以形成一个新的关系，其关系模式不变，但关系中的元组是原关系的一个子集。

例如，从表 1-8 中的关系 T 中选择出学号 =“S001”成绩信息，其结果如表 1-9 所示。

（2）投影

“投影”是指从关系中选择出若干属性的操作。投影运算会去掉关系中的某些属性，并按要求重新安排属性的顺序。

例如，从表 1-8 中的关系 T 中选择出学号、成绩，其结果如表 1-10 所示。

表 1-9　选择运算

学　号	课程编号	成　绩
S001	C001	95

表 1-10　投影运算

学　号	成　绩
S001	95
S002	87

（3）连接

连接运算是从两个关系的笛卡尔乘积中选择出满足指定条件的元组。

当需要的信息分别存储在不同的表时，则应该使用连接运算将不同关系中的元组组合在一起。例如，如果需要知道学生“王迪”的成绩，因为“王迪”是姓名，存储在关系R中，而属性“成绩”存储在关系 T 中，所以需要将关系 R 和关系 T 连接起来，才能得到所需要的信息。

关系 R 和关系 T 按照“R. 学号 = T. 学号”进行连接运算，其结果如表 1-11 所示。

表 1-11　连接运算

R. 学号	姓　名	出 生 日 期	T. 学号	课 程 编 号	成　绩
S001	王迪	1996 - 3 - 7	S001	C001	95
S002	李江涛	1995 - 7 - 10	S002	C002	87

那么，通过该连接运算的结果，可以知道学生“王迪”有一个成绩，为“95”。

在该例中，两个关系的连接条件是“R. 学号 = T. 学号”，使用的关系运算符为“ = ”，这样的连接称为等值连接。

自然连接是一种特殊的等值连接，它要求两个关系进行比较的是相同的属性，并在连接结果中去掉相同的属性。

例如，关系 R 和关系 T 的自然连接的结果如表 1-12 所示。

表 1-12　自然连接

学　号	姓　名	出 生 日 期	课 程 编 号	成　绩
S001	王迪	1996 - 3 - 7	C001	95
S002	李江涛	1995 - 7 - 10	C002	87

1.3.3　关系的完整性

关系模型的完整性规则是对关系的约束条件，它约束着关系数据库中的数据，使其满足现实世界的要求，防止不符合语义的、不正确的数据进入到数据库中。关系模型有三类完整性约束：实体完整性、参照完整性和用户定义的完整性。

1. 实体完整性

实体完整性是指关系的主属性不能取空值，即主属性不能是“不知道”或“不存在”的值。

例如在学生关系“学生（学号，姓名，出生年月，班级编号）”中，“学号”为该关系的主属性，则“学号”不能取空值。

根据实体完整性的要求，如果关系的主关键字由若干属性组成，则所有这些主属性都不能取空值。例如学生选课关系“选课（学号，课程编号，成绩）”中，“学号、课程编号”为主属性，则“学号”和“课程编号”都不能取空值。

2. 参照完整性

参照完整性规则定义了外关键字与主关键字之间的引用规则。下面首先给出外关键字的定义。

外关键字：如果关系 R 中的一个或一组属性 F 不是 R 的关键字，但却与关系 S 的主关键字相对应，则 F 称为 R 的外关键字。

参照完整性的含义为：

若属性（或属性组）F 是基本关系 R 的外关键字，它与基本关系 S 的主关键字 K_s 相对应（基本关系 R 和 S 不一定是不同的关系），则对于 R 中每个元组在 F 上的值必须：

1）取空值（F 的每个属性值均为空值）。

2）等于 S 中某个元组的主关键字值。

例如设有两个关系：学生和班级，表示如下：

学生（学号，姓名，出生年月，班级编号）

班级（班级编号，专业）

学生关系的主关键字为“学号”，班级关系的主关键字为“班级编号”，学生关系中的“班级编号”是该关系的外关键字，它参照了班级关系中的“班级编号”属性，所以，学生关系中的“班级编号”属性的取值只有以下两种情况。

1）空值：表示还没有给学生分配班级。

2）取班级关系中的“班级编号”属性中存在的值：表示该学生被分配在某一个存在的班级中。

3. 用户定义的完整性

关系数据库可应用在不同的环境中，不同的环境对数据库中数据的要求也不同，这些要求就需要用户根据自己的需要来定义，这就是用户定义的完整性，即用户定义的完整性就是针对某一具体关系数据库的约束条件。例如，学生成绩的取值可定义在 0 到 100 之间。

1.4 数据库设计

数据库设计是指对于给定的应用环境，优化设计数据库逻辑模式和物理结构，并据此建立数据库及其应用系统，使其能够有效地存储和管理数据，满足用户的应用需求。数据库的设计和开发是一项庞大的工程，需要用到信息资源管理的理论与方法，运用软件开发工具进行软件开发，应用数据库理论知识与概念等。

1.4.1 数据库设计的基本过程

数据库应用系统以数据库为核心和基础，数据库设计要与整个数据库应用系统的设计开发结合起来进行，只有设计出高质量的数据库，才能开发出高质量的数据库应用系统，也只有着眼于整个数据库应用系统的功能要求，才能设计出高质量的数据库。

数据库设计包括需求分析、概念结构设计、逻辑结构设计、物理结构设计、数据库实施、数据库运行和维护六个阶段。

1. 需求分析

需求分析的任务是通过详细调查现实世界要处理的对象（组织、部门、企业等），充分了解原系统（手工系统或计算机系统）工作概况，明确用户的各种需求，然后在此基础上确定新系统的功能。新系统必须充分考虑今后可能的扩充和改变，不能仅按当前的使用需求来设计数据库。这一阶段的重点是对建立数据库的必要性及可行性进行分析和研究，确定数据库在整个数据库应用系统中的地位以及各个数据库之间的关系。

2. 概念结构设计

概念结构设计是整个数据库设计的关键，它通过对需求分析阶段得到的用户需求进行综合、归纳和抽象，形成一个独立于具体 DBMS 之外的概念模型。

3. 逻辑结构设计

逻辑结构设计就是把概念结构设计阶段的 E－R 图转换成与具体的数据库管理系统产品所支持的数据模型相一致的逻辑结构。逻辑结构设计包括两个步骤：将 E－R 图转换为关系模型和对关系模型进行优化。

4. 物理结构设计

数据库在实际物理设备上的存储结构和存取方法称为数据库的物理结构。对于设计好的逻辑模型选择一个最符合应用要求的物理结构就是数据库的物理结构设计，物理结构设计依赖于给定的硬件环境和数据库产品。

5. 数据库实施

数据库实施阶段的工作就是根据逻辑设计和物理设计的结果，在选用的 DBMS 上建立起数据库，主要包括建立数据库的结构、载入实验数据并测试应用程序、载入全部实际数据并试运行应用程序等几项工作。

6. 数据库运行和维护

数据库经过试运行就可以投入实际运行了。但是，由于应用环境在不断变化，对数据库设计进行评价、调整、修改等维护工作是一个长期的任务，也是设计工作的继续和提高。

1.4.2 概念结构设计

概念结构设计是指将需求分析阶段得到的用户需求抽象为信息结构，即概念模型的过程。它是整个数据库设计的关键。

概念结构有以下一些特点：

- 能真实、充分地反映现实世界。
- 易于理解，因而可以以此为基础和不熟悉数据库专业知识的用户交换意见。
- 当应用环境和用户需求发生变化时，很容易实现对概念结构的修改和完善。
- 易于转换成关系、层次、网状等各种数据模型。

概念结构从现实世界抽象而来，又是各种数据模型的共同基础，实际上是现实世界与逻辑结构（机器世界）之间的一个过渡。

描述概念模型常用的工具是 E－R 模型。下面将使用 E－R 模型来描述生成的概念结构。

概念结构是对现实世界的一种抽象，也就是抽取现实世界中人、物、事等的共同特征，并把这些特征用各种概念精确地加以描述。在建立概念结构的过程中，可以先根据对象的特征和行为进行分类，将具有共同特征和行为的对象作为一类，每一类都是概念模型中的一个实体型。

例如，在学校的学生信息管理中，除管理学生的基本信息之外，还需要管理学生的班级信息和选课情况。根据分类的方法，可以把学生信息管理中的事物分为以下几个实体型：学生、班级、课程，它们具有的属性如下：

学生（<u>学号</u>，姓名，出生日期，入学时间）

班级（<u>班级编号</u>，专业，学生数）

课程（<u>课程编号</u>，课程名称，学分）

其中，加下划线的属性是实体型的关键字属性。

图 1-6 为这些实体型的 E－R 图表示。

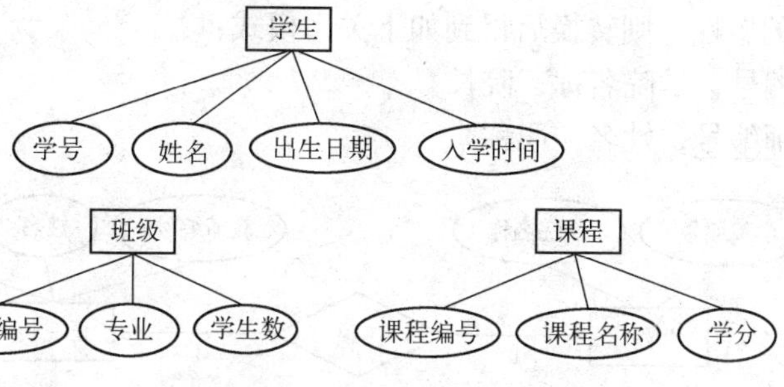

图 1-6　学生信息管理系统中的实体型及其属性

接下来，需要考虑实体之间的联系：

- 班级与学生之间是一对多联系；
- 学生与课程之间是多对多联系。

用 E－R 图表示这些实体型之间的联系，如图 1-7 所示。

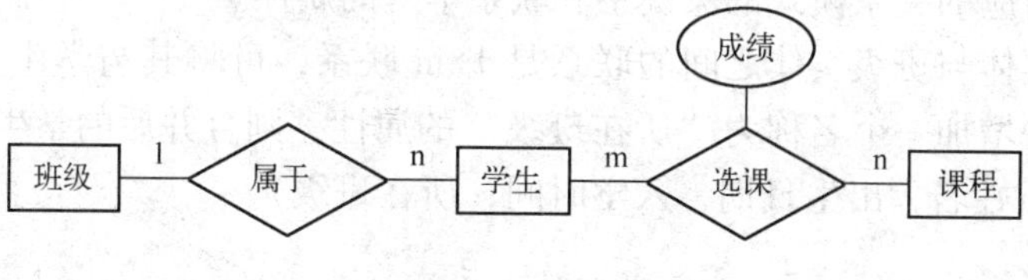

图 1-7　学生信息管理系统中的实体联系

1.4.3　逻辑结构设计

使用 E－R 图可以清晰地描述现实世界中的事物以及事物之间的联系，便于人们的理解以及更完整地了解现实世界中的事物。但 E－R 图并不能被计算机所识别，因此，还需要将 E－R 图转换为数据库管理系统所支持的逻辑数据模型。转换之后，为了确保关系结构设计合理，通常还需要对关系进行规范化设计。

1. 概念模型向关系模型的转换

概念模型向关系模型的转换实际上就是将 E－R 图中的实体型、实体的属性和实体型之间的联系转换为关系模式，这种转换一般遵循以下原则。

1）一个实体型转换为一个关系模型，实体的属性就是关系的属性，实体的关键字就是关系的关键字。

2）实体型之间联系的转换。

①1∶1 联系。

一个 1∶1 联系可以转换为一个独立的关系模式，也可以与任意一端对应的关系模式合并。如果转换为一个独立的关系模式，则与该联系相连的各实体的关键字以及联系本身的属性都应转换为关系的属性。如果与某一端实体对应的关系模式合并，则需要在该关系模式的属性中加入另一个关系模式的关键字和联系本身的属性。

例如，如图 1-8 所示的 E－R 中表示了学院和正院长两类实体，学院实体和正院长实体之间的管理联系是一个 1∶1 联系，可以把它与学院关系模式合并，即在学院关系中增加一个名称为“院长”的属性，则转换后得到如下关系模式：

学院（学院编号，学院名称，院长）

正院长（教师编号，姓名，职称）

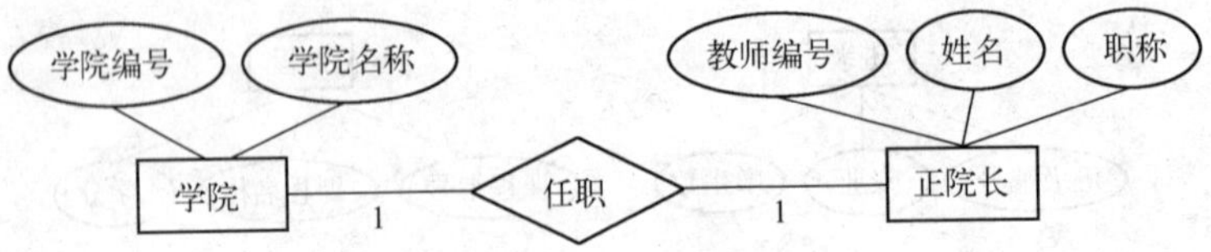

图 1–8　1∶1 联系

② 1∶m 联系。

一个 1∶m 联系可以转换为一个独立的关系模式，也可以与 m 端对应的关系模式合并。如果转换为一个独立的关系模式，则与该联系相连的各实体的关键字以及联系本身的属性都应转换为关系的属性。如果与 m 端实体对应的关系模式合并，则需要在该关系模式的属性中加入一端实体对应的关系模式的关键字和联系本身的属性。

例如，学生实体与班级实体之间的联系是 1∶m 联系，可将其与学生关系模式合并，即在学生关系模式中增加一个名称为“所在班级”的属性，则合并后的学生关系模式为：

学生（学号，姓名，出生日期，入学时间，所在班级）

③ m∶n 联系。

一个 m∶n 联系转换为一个关系模式。与该联系相连的各实体的关键字以及联系本身的属性都转换为关系的属性。

例如，学生实体与课程实体之间的联系为 m∶n 联系，可将其转换为一个新的关系模式，在该关系模式中包含学生实体和课程实体的关键字属性以及该联系本身所具有的属性，则转换后的关系模式为：

学生选课（学号，课程编号，成绩）

按照上述转换原则对图 1–6 和图 1–7 所示的学生信息管理系统的 E – R 图进行转换之后，可得到以下关系模式：

学生（学号，姓名，出生日期，入学时间，所在班级）

班级（班级编号，专业，学生数）

课程（课程编号，课程名称，学分）

学生选课（学号，课程编号，成绩）

2. 关系模型的规范化

为了确保关系结构设计合理，通常要对关系进行规范化设计。通过规范化设计，可以消除关系中存在的冗余。对于关系来说，存在着多种不同的规范化形式。从规范化的宽松到严格，分别为第一范式、第二范式、第三范式。本书仅介绍第一、二、三范式。

(1) 第一范式

一个满足第一规范化形式的关系中的每一个属性（字段）都是不可分的数据项。第一规范化形式简称为一范式或 1NF。1NF 是关系数据库应具备的最基本的条件，如果数据库设计不能满足第一范式，就不能称为关系型数据库。

例如，表 1–13 的“学生信息表”中“课程成绩”字段是一个可以拆分的字段项，因此该表不满足第一范式的要求。

表 1-13　学生信息表

学　号	姓　名	出生日期	入学时间	所在班级	专　业	课程成绩		
						课程编号	课程名称	成　绩
S001	王迪	1996-3-7	2013-9-1	201301	会计学	C001	大学计算机基础	90
S001	王迪	1996-3-7	2013-9-1	201301	会计学	C002	会计学	85
S002	李江涛	1995-7-10	2013-9-1	201301	会计学	C001	大学计算机基础	88
S002	李江涛	1995-7-10	2013-9-1	201301	会计学	C002	会计学	82
S003	张宏	1995-9-8	2013-9-1	201303	经济学	C015	现代经济学	86
S003	张宏	1995-9-8	2013-9-1	201303	经济学	C001	大学计算机基础	92

为了使表 1-13 符合第一范式，成为关系数据库中的数据表，必须对其进行数据表的规范化处理。方法是处理表头，使其成为只有一行表头的数据表。修改后的表如表 1-14 所示，是一个满足 1NF 的表。

表 1-14　学生信息表

学　号	姓　名	出生日期	入学时间	所在班级	专　业	课程编号	课程名称	成　绩
S001	王迪	1996-3-7	2013-9-1	201301	会计学	C001	大学计算机基础	90
S001	王迪	1996-3-7	2013-9-1	201301	会计学	C002	会计学	85
S002	李江涛	1995-7-10	2013-9-1	201301	会计学	C001	大学计算机基础	88
S002	李江涛	1995-7-10	2013-9-1	201301	会计学	C002	会计学	82
S003	张宏	1995-9-8	2013-9-1	201303	经济学	C015	现代经济学	86
S003	张宏	1995-9-8	2013-9-1	201303	经济学	C001	大学计算机基础	92

（2）第二范式

如果在一个满足 1NF 的关系中，所有非关键字属性都完全依赖于关键字，则称这个关系满足第二规范化形式，简称二范式或 2NF。

例如：在表 1-14 的学生信息表中，当给定"学号"和"课程编号"之后，可唯一确定一个记录，因此其关键字是"学号"和"课程编号"。但是，在表 1-14 中，非关键字属性"姓名""出生日期""入学时间""所在班级"和"专业"只依赖于"学号"，与"课程编号"无关，而非关键字属性"课程名称"仅依赖于"课程编号"，与"学号"无关，因此，在表 1-14 的学生信息表中，存在某些非关键字属性不完全依赖于关键字的情况，所以表 1-14 所示的学生信息表不满足第二范式的要求。

在数据库应用系统中如果存在不满足 2NF 的数据表，则将导致数据插入或删除的异常，所以需要修改数据表，使其满足 2NF 的要求。修改方法一般是对数据表进行拆分，例如，针对表 1-14 所示的学生信息表，可以将存在依赖关系的属性单独存放在一个数据表里，所以，表 1-14 可拆分为表 1-15～表 1-17。

表 1-15　学生信息表

学　号	姓　名	出生日期	入学时间	所在班级	专　业
S001	王迪	1996-3-7	2013-9-1	201301	会计学
S002	李江涛	1995-7-10	2013-9-1	201301	会计学
S003	张宏	1995-9-8	2013-9-1	201303	经济学

表 1-16　课程信息表

课程编号	课程名称
C001	大学计算机基础
C002	会计学
C015	现代经济学

表 1-17　学生选课表

学　号	课程编号	成　绩
S001	C001	90
S001	C002	85
S002	C001	88
S002	C002	82
S003	C015	86
S003	C001	92

（3）第三范式

对于那些满足 2NF 的关系，且其非关键字属性之间不存在函数依赖（即不存在一个非关键字属性，可以确定另外一些非关键字属性），则称这个关系满足第三规范化形式，简称三范式或 3NF。

一个满足 3NF 的数据库将有效地减少数据冗余。例如，在表 1-15 所示的学生信息表中，非关键字属性“所在班级”可以确定非关键字属性“专业”的值，所以非关键字之间存在函数依赖关系，表 1-15 不满足 3NF 范式。

不满足 3NF 的表在使用过程中会出现插入异常、删除异常以及数据冗余等问题。

为了使表 1-15 满足 3NF 范式，可以将它拆分成“学生信息表”和“班级信息表”两个表，每个表对应一个对象，如表 1-18 和表 1-19 所示。

表 1-18　学生信息表

学　号	姓　名	出生日期	入学时间	所在班级
S001	王迪	1996-3-7	2013-9-1	201301
S002	李江涛	1995-7-10	2013-9-1	201301
S003	张宏	1995-9-8	2013-9-1	201303

表 1-19　班级信息表

班级编号	专　业
201301	会计学
201301	会计学
201303	经济学

在设计表时，应该保证数据库中的所有表都能满足 2NF，并应力求绝大多数表满足 3NF。首先保证单层表头，使之成为 1NF 数据表；接着分解数据表并设定关键字，使之成为 2NF 数据表；如果包含冗余，则要继续拆分数据表以消除对非关键字段之间的函数依赖，使之成为 3NF 数据表。

一般来说，如果设计 E-R 图阶段正确表达了实体及实体间的联系，那么从 E-R 图转换而来的表会满足 3NF 的要求。而且，在设计表时，如果把握住一个表中只存放关于一个主题的信息的原则（即不要把多种不同的信息混杂在一起，如表 1-15 中就存放学生和班级两个主题的信息），也可以尽可能地避免出现不满足 3NF 的情况。

本章小结

本章首先介绍了数据管理技术发展的三个阶段：人工管理阶段、文件系统阶段和数据库阶段，然后介绍了数据模型的概念，并详细介绍了关系模型的数据结构、关系操作和完整性约束条件，最后以一个简单的例子说明了数据库设计的基本过程。通过本章的学习，可以了解数据库的基本概念和基本功能，建立对数据库的初步认识，为后面章节的学习奠定良好的基础。

习题

一、选择题

1. 把实体—联系模型转换为关系模型时，实体之间多对多联系在模型中是通过(　　)。

A. 建立新的属性来实现　　B. 建立新的关键字来实现

C. 建立新的关系来实现　　D. 建立新的实体来实现

2. 对关系 S 和关系 R 进行集合运算，结果中既包含 S 中元组也包含 R 中元组，这种集合运算称为（　　）。

A. 并运算　　B. 交运算　　C. 差运算　　D. 积运算

3. 在下列关系运算中，不改变关系表中的属性个数但能减少元组个数的是（　　）。

A. 并　　B. 选择　　C. 投影　　D. 笛卡尔乘积

4. 关系型数据库中所谓的“关系”是指（　　）。

A. 各个记录中的数据彼此间有一定的关联

B. 数据模型符合满足一定条件的二维表格式

C. 某两个数据库文件之间有一定的关系

D. 表中的两个字段有一定的关系

5. 一个教师可讲授多门课程，一门课程可由多个教师讲授，则实体教师和课程间的联系是（　　）。

A. 1∶1 联系　　B. 1∶m 联系　　C. m∶1 联系　　D. m∶n 联系

6. E－R 图是数据库设计的工具之一，它适用于建立数据库的（　　）。

A. 概念模型　　B. 逻辑模型　　C. 结构模型　　D. 物理模型

7. 数据库概念设计的 E－R 方法中，用属性描述实体的特征，属性在 E－R 图中，用（　　）表示。

A. 矩形　　B. 四边形　　C. 菱形　　D. 椭圆形

8. 在数据管理技术的发展过程中，可实现数据共享的是（　　）。

A. 人工管理阶段　　B. 文件系统阶段

C. 数据库系统阶段　　D. 系统管理阶段

9. 1970 年，美国 IBM 公司研究员 E. F. Codd 提出了数据库的（　　）。

A. 层次模型　　B. 网状模型　　C. 关系模型　　D. 实体联系模型

10. 设属性 A 是关系 R 的主键，则属性 A 不能取空值。这是（　　）。

A. 实体完整性规则　　　　　　　　B. 参照完整性规则

C. 用户定义完整性规则　　　　　　D. 域完整性规则

二、思考题

1. 什么是数据库管理系统？
2. 什么是参照完整性？举例说明关系参照完整性的含义。
3. 数据管理技术的发展经历了哪些阶段？
4. 数据库管理具有哪些功能？
5. 将图 1-9 中的 E-R 图转换为关系模式。

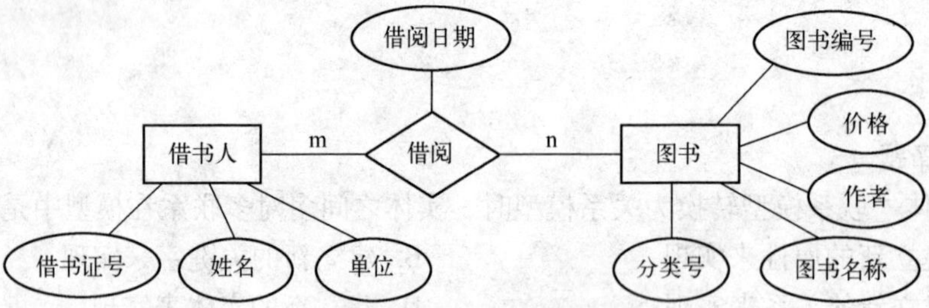

图 1-9　E-R 图

第2章 数据存储——表

内容提要：

- 在 Access 2010 中创建数据库
- 在 Access 2010 中创建表
- Access 2010 中表的操作

在关系数据库中，一个表就是一个关系，用于存储数据库中的数据，一个数据库中可以包含一个求多个表。在 Access 2010 中，其他的数据库对象，如查询、窗体、报表等，都是在表对象的基础上建立并使用的。完成表对象的创建后，再逐步完成应用系统所需的其他 Access 对象，如查询、窗体、报表、宏等，最终形成完整的数据库应用系统。

本章首先介绍 Access 2010 的基本特点，然后介绍数据库的创建、打开、关闭等数据库操作，最后介绍建立、维护、使用表的一些基本操作，主要包括创建表结构、向表中添加数据、创建表对象与表对象之间的关系、数据表的导入导出等。

2.1 Access 2010 简介

Access 2010 是 Office 2010 系列软件的一个重要组成部分，主要用于数据库管理。它简单方便，易学易用，使用它可以高效地完成各种类型的中小型数据库管理工作。目前，Access 2010 广泛地应用于财务、行政、金融、教育等众多领域。

2.1.1 Access 2010 的新特性

与之前的版本相比较，Access 2010 在安全性、智能性、对象创建以及数据类型等方面都有较大变化，从而使得数据库的管理、应用和开发工作变得更简单轻松。Access 2010 的新特性主要体现在以下几个方面。

1. 入门更快更轻松

利用 Access 2010 中的社区功能，可以以他人创建的数据库模板为基础开展工作，也可以共享自己的设计；可以使用 Office 在线上提供的数据库模板，或从社区提交的模板中选择一些数据库模板并对其进行修改，可以快速地完成用户开发数据库的具体需求。

2. 应用主题实现专业设计

使用 Access 2010 提供的主题工具，可以快速设置和修改数据库外观，以制作出美观的窗体界面、表格和报表。

3. 新的数据类型

在 Access 2010 中新增的计算数据类型，可以实现原来需要在查询、控件、宏或 VBA 代码中进行的计算。使用计算字段，可以显示根据同一个表中的其他数据计算而来的值。这样可以在数据库中更方便地显示和使用计算结果。Access 2010 的计算数据类型把 Excel 中强大的公式计算功能移植到了 Access 中，为用户带来了极大的方便。

4. 具有智能感知的表达式生成器

Access 2010 中的表达式生成器具有智能感知、快速提示和快速提供函数信息的特点，在用户输入表达式时，Access 会显示适合用户所在的上下文的可用标识符和函数的列表，用户可以单击列表中的每一项来查看该项的说明，而且 Access 会在用户输入函数时显示函数的语法。Access 2010 的表达式生成器可以帮助用户在自己的数据库中更快速、更轻松地编写逻辑和表达式。

5. 数据表中的总计行

在“数据表”视图中，使用功能区中的“合计”命令，可以为数据表添加总计行，在该行中可以显示数据的计数、总和、平均值、最大值、最小值等结果。

6. 全新的宏设计器

Access 2010 中包含一个全新的宏设计器，它具有智能感知功能和整齐简洁的界面。使用该设计器可以更轻松地创建、编辑宏，从而更高效地工作、减少编码错误，并轻松地整合更复杂的逻辑以创建功能强大的应用程序。通过使用数据宏将逻辑附加到用户的数据中来增加代码的可维护性，从而实现源表逻辑的集中化。

2.1.2 Access 2010 的用户界面

Access 2010 的用户界面包含三个主要组件：Backstage 视图、功能区和导航窗格。

1. Backstage 视图

在启动了 Access 2010，但未打开数据库时，会首先进入到 Access 2010 的 Backstage 视图界面，如图 2-1 所示。

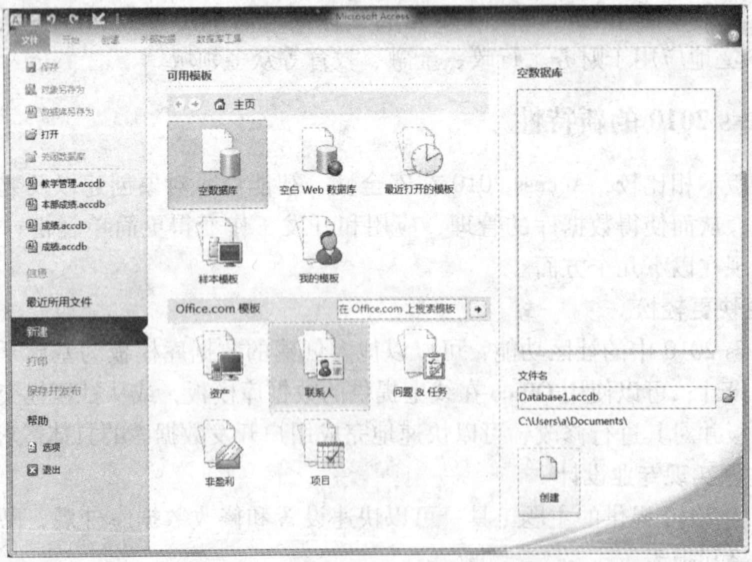

图 2-1　Access 2010 Backstage 视图界面

在 Access 2010 的 Backstage 视图界面中，可以创建新数据库、打开现有数据库、通过 Share Server 将数据库发布到 Web，以及执行很多文件和数据库维护任务。

2. 功能区

功能区代替了 Access 2007 之前版本中的菜单和工具栏的主要功能，提供了 Access 2010 中主要的命令界面。功能区将通常需要使用菜单、工具栏、任务窗格和其他用户界面组件才能显示的任务或入口点集中在了一个地方，更便于用户查找各种命令。打开数据库时，功能区显示在 Access 主窗口的顶部，如图 2-2 所示。

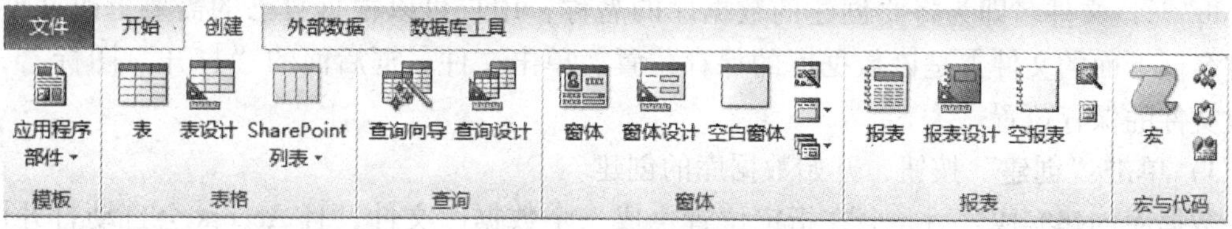

图 2-2 Access 2010 的功能区

功能区由一系列包含命令的命令选项卡组成。在 Access 2010 中，主要的命令选项卡包括“文件”“开始”“创建”“外部数据”和“数据库工具”。

除标准命令选项卡外，Access 2010 还有上下文命令选项卡。根据上下文（即进行操作的对象以及正在执行的操作）的不同，标准命令选项卡旁边可能会出现一个或多个上下文命令选项卡。

3. 导航窗格

打开一个数据库后，就可以看到导航窗格，如图 2-3 所示。

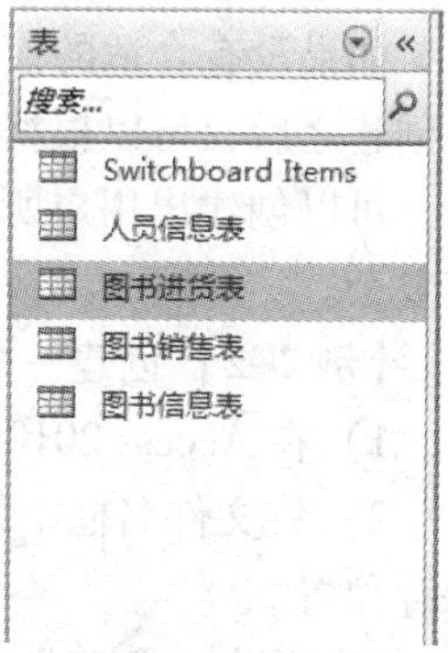

图 2-3 导航窗格

导航窗格实现了对当前数据库中所有对象的管理和对相关对象的组织。导航窗格显示了数据库中的所有对象，并按类型将它们分组。在导航窗格中，用鼠标右击任何对象就可以打开快捷菜单，可从快捷菜单中选择某个任务来执行。

2.2 数据库的创建、打开与关闭

Access 2010 提供了两种创建数据库的方法：使用模板创建数据库和创建空白数据库。模板是预设的数据库，其中包含执行特定任务时所需的所有表、查询、窗体和报表。用户可以按原样使用模板数据库，也可以对这些数据库进行自定义，以更好地满足需要。如果不想使用模板，用户可以创建空白数据库，然后再添加所需的数据库对象。另外，Access 2010 可以直接创建能够发布到网络上的 Web 数据库，本节介绍的是不发布到网络的传统数据库的创建。

2.2.1 创建数据库

在创建数据库中的表、查询等对象之前，首先需要创建数据库，创建数据库之后会在磁盘上生成一个扩展名为“accdb”的文件。

1. 使用模板创建数据库

使用模板是创建数据库的最快捷的方式。Access 2010 附带了各种各样的模板，除此之外，还可以在 Office. com 上找到更多的模板。如果某个模板非常符合用户的使用要求，则应选择使用模板创建数据库。

【例 2-1】使用模板创建罗斯文数据库，操作步骤如下：

1）启动 Access 2010 后，在 Backstage 视图的可用模板区域单击“样本模板”。

2）选中“罗斯文”，Access 在右侧窗格的文件名框中自动生成一个文件名“罗斯文. accdb”，该文件名即为将要创建的数据库的名称，用户可以根据自己的需要更改文件名。文件名框下面的文件夹是该数据库的保存位置，单击文件名框后面的“打开”图标，可更改文件的保存位置。

3）单击“创建”按钮，开始数据库的创建。

数据库创建完成之后，会在指定位置生成一个数据库文件，且 Access 会自动打开该数据库，此时用户就可以对数据库进行操作了。

2. 创建空白数据库

如果没有合适的模板，那么可以创建空白数据库。空白数据库中没有任何数据库对象，在创建之后，可以根据实际需要添加所需要的表、查询、窗体、报表等对象。这种方法最灵活，可以创建出用户所需要的各种数据库，但由于需要用户自己创建各个对象，所以过程比较复杂。

【例 2-2】创建一个名为图书销售管理系统的空白数据库，步骤如下：

1）在 Access 2010 的 Backstage 视图的中间窗格中单击“空数据库”。

2）将文件名框中的文件名改为“图书销售管理系统. accdb”，再根据需要指定文件的保存位置。

3）单击“创建”按钮，开始数据库的创建。

数据库创建完成之后，会在指定位置生成一个数据库文件，且 Access 会自动打开该数据库，用户就可以对数据库进行表的设计工作了。

2.2.2 数据库的打开和关闭

1. 数据库的打开

可以使用“文件”选项卡中的“最近所用文件”和“打开”两种方式打开已经创建的数据库。

在“文件”选项卡中单击“最近所用文件”命令，则会在中间窗格中出现最近使用过的数据库，如果用户需要打开的数据库在其中，则可以直接单击打开。

单击“文件”选项卡中的“打开”命令，则会出现“打开”对话框，用户可以选择数据库所在的文件夹，并选择需要打开的数据库，然后单击“打开”按钮，或者单击“打开”按钮旁的小箭头，选择不同的打开方式，如图 2-4 所示。数据库的打开方式有以下几种。

1）共享方式打开数据库：如果要在多用户环境下以共享方式打开数据库，以便对数据库进行读写操作，可单击“打开”。使用共享方式打开数据库时，多个用户同时打开使用并修改同一数据库。

2）只读方式打开数据库：若要以只读访问方式打开数据库，以便可查看但不可编辑数据库，单击“打开”按钮旁的箭头，并单击“以只读方式打开”。以只读方式打开数据库时，只能对数据库中的对象进行浏览，不能对这些对象进行修改，可以防止误操作而修改数

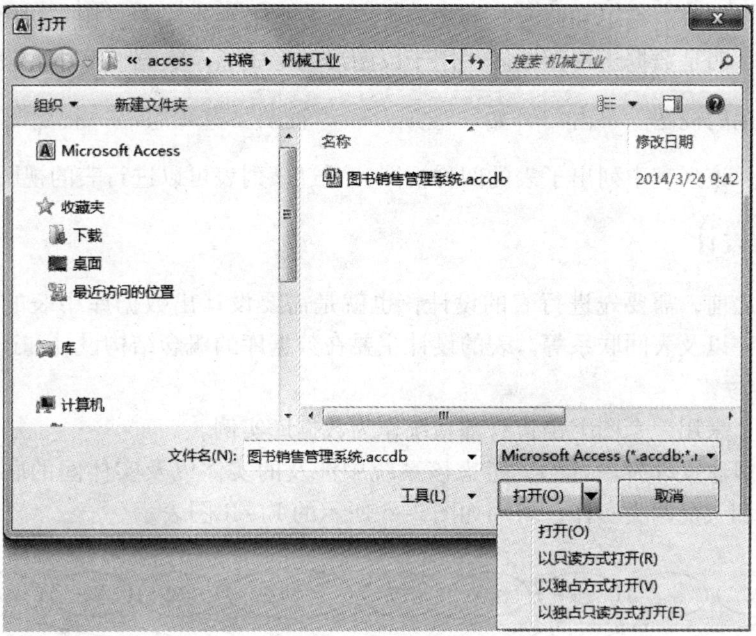

图 2-4　打开对话框及打开方式

据库。

3）独占方式打开数据库：若要以独占方式打开数据库，单击“打开”按钮旁的箭头，并单击“以独占方式打开”。使用独占方式打开数据库时，其他用户就不能再打开该数据库了，这样可以有效地保护自己对网络上共享数据库的修改。

4）独占只读访问方式：如果要以独占只读访问方式打开数据库，并且防止其他用户打开，可单击“打开”按钮旁的箭头，并单击“以独占只读方式打开”。该方式同时具有“只读”和“独占”的特点。

2. 数据库的关闭

如果只关闭数据库文件而不关闭 Access 2010，可单击“文件”选项卡中的“关闭数据库”命令。

如果关闭数据库同时退出 Access 2010，可单击窗口的关闭按钮，或者单击“文件”选项卡中的“退出”命令。

2.3　创建表

完成数据库的创建之后，就可以创建数据库中的对象了。在 Access 2010 数据库中，一般可以包含表、查询、窗体、报表、宏、VBA 模块等对象，其中表对象用于存储数据，其他的数据库对象都是在表对象的基础上建立并使用的。所以，在创建完数据库之后，应首先创建表对象。

表对象由表结构和表数据两部分组成，创建表时，首先需要创建表结构，然后再向表中输入数据，或通过导入的方式将已有的数据导入到 Access 2010 中。

在 Access 2010 中，表有四种视图，一是设计视图，用于创建和修改表的结构；二是数据表视图，用于浏览、编辑和修改表的内容；三是数据透视表视图，用于按照不同的方式组织和分析数据；四是数据透视图视图，用于以图形的形式显示数据。其中，设计视图和数据表视图是最常用的视图。单击“开始”选项卡→“视图”选项组→“视图”按钮，可以打开一个列表，该列表中列出了表的四种视图，通过该列表可以进行表的视图切换。

2.3.1　表的设计

在创建表之前，需要先进行表的设计，也就是需要设计出数据库中表的个数、表的结构、表的关键字以及表间联系等。表的设计主要在数据库的概念结构设计和逻辑结构设计阶段完成。

在本书中，采用一个图书销售管理系统作为数据库实例。

首先，从概念设计阶段开始，考虑该系统中涉及的实体以及实体间的联系。在该系统中，涉及图书和人员两类实体，可用如图 2-5 所示的 E-R 图表示。

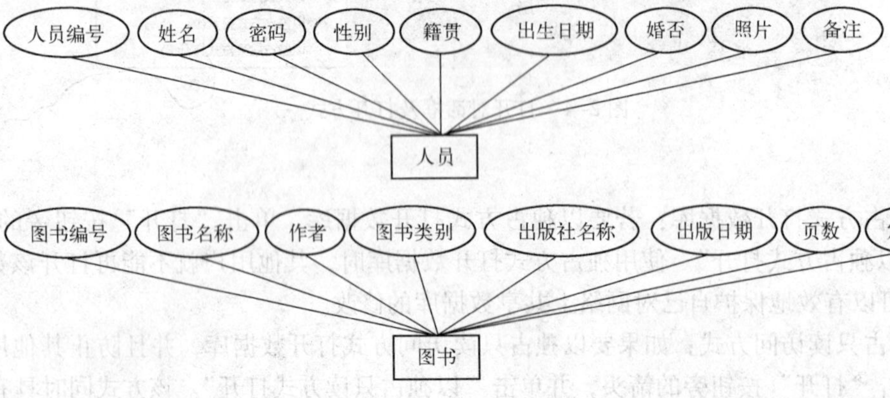

图 2-5　图书销售管理系统中的实体类型及其属性

这两类实体之间存在以下两种联系：

- 进书联系，任何一个人员都可以购入多种图书，任何一种图书都可以由多个人员购入，所以该联系为多对多联系。
- 售书联系，任何一个人员都可以销售多种图书，任何一种图书都可以由多个人员销售，所以该联系也为多对多联系。

可用如图 2-6 所示的 E-R 图表示这两种联系。

接下来，需要将 E-R 图转换为相应的关系模式。根据 E-R 图向关系模型转换的基本原则，可将上述 E-R 图转换为以下关系模式：

人员信息表（人员编号，姓名，密码，性别，籍贯，出生日期，婚否，照片，备注）

图书信息表（图书编号，图书名称，作者，图书类别，出版社名称，出版日期，页数，定价）

图书销售表（售书编号，售货员，图书编号，售书日期，售书数量）

图书进货表（进书编号，进货员，图书编号，进书日期，进书数量，图书进价）

其中，加下画线的字段为表的关键字字段。另外，图书销售表中的“售货员”字段和

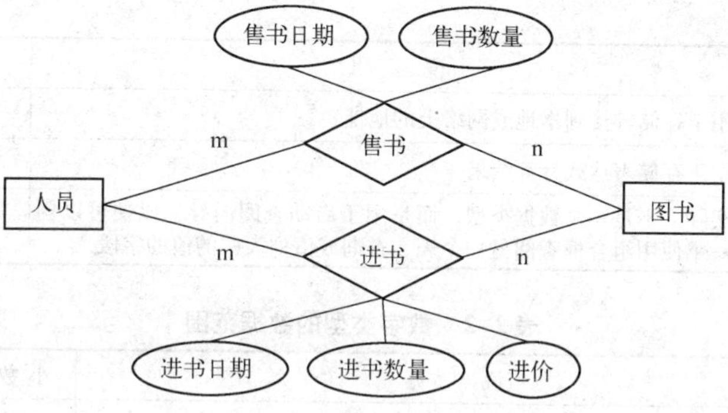

图 2-6　图书销售管理系统中的实体联系

图书进货表中的“进货员”字段都参照了人员信息表中的“人员编号”字段；图书销售表中的“图书编号”字段和图书进货表中的“图书编号”字段都参照了图书信息表中的“图书编号”字段。

2.3.2　数据类型

在创建表时，仅确定每个表的结构、关键字以及表间联系是不够的，除此之外，还应为表中的每个字段选择合适的数据类型。

Access 2010 中有文本、数字、日期/时间、查阅向导、计算等 12 种数据类型，如表 2-1 所示，其中的数字类型还细分为字节型、整型、长整型、单精度型和双精度型等 7 种类型，如表 2-2 所示。

表 2-1　Access 2010 的数据类型

数据类型名称	说　明	大　小
文本	用于存储文本、数字或文本与数字的组合 对于不需要计算的数字，如电话号码、邮政编码等可以使用该类型进行存储	最多 255 个字符
数字	用于存储除货币值（货币值使用货币数据类型）外的用来进行算术运算的数字数据	1，2，4，8 或 12 字节，用于同步复制 ID 时为 16 字节
日期/时间	用于存储日期和时间值	8 字节
货币	用于存储货币值，整数位为 15 位，小数位为 4 位	8 字节
是/否	用于存储布尔值，可以使用以下三种格式之一：Yes/No，True/False 或 On/Off	1 位
自动编号	在添加记录时，Access 自动插入的一个唯一的数值 用于生成可作为主键的唯一值，“自动编号”字段的值可按顺序或指定的增量增加，也可随机分配	4 字节 用于同步复制 ID 时为 16 字节
备注	用于存储长文本或文本与数字的组合（长度超过 255 个字符），或使用 RTF 格式的文本	最多 65535 个字符
OLE 对象	用于存储其他 Microsoft Windows 程序中的 OLE 对象	最大为 1GB
附件	用于存储图片、图像、二进制文件和 Office 文件 是存储数字图像和任何类型的二进制文件的首选数据类型	对于压缩附件为 2 GB，对于未压缩附件大约为 700 KB

（续）

数据类型名称	说　明	大　小
超链接	用于存储链接到本地或网络上的地址	
计算	用于存储表达式计算结果	
查阅向导	实际上不是一个数据类型，而是用于启动查阅向导，以便可以创建一个使用组合框查阅另一个表、查询或值列表中的值的字段	

表 2-2　数字类型的数据范围

设　置	说　明	小数位数	大　小
字节	保存 0 ~ 255（无小数位）的数字	无	1 字节
小数	存储 -10^{28} ~ 10^{28} 的数字	28	12 字节
整型	保存 -32,768 ~ 32,767（无小数位）的数字	无	2 字节
长整型	（默认值）保存 -2,147,483,648 ~ 2,147,483,647 的数字（无小数位）	无	4 字节
单精度型	保存 -3.4×10^{38} ~ 3.4×10^{38} 的值	7	4 字节
双精度型	保存 -1.797×10^{308} ~ 1.797×10^{308} 的值	15	8 字节
同步复制 ID	全球唯一标识符（GUID）。随机生成的 GUID 很长，不可能出现重叠		16 字节

不同的数据类型，不仅数据的存储方式可能不同，而且占用的计算机存储器空间大小也不同，同时所能保存的信息长度也是不同的。在为表中的字段选择合适的数据类型时，可从以下方面考虑。

（1）字段中允许什么类型的值

例如，不能在“数字”数据类型的字段中保存文本数据。

（2）用多少存储空间保存字段中的值

例如，对于文本数据，如果长度超过了 255 个字符时，应该考虑使用“备注”数据类型。

（3）要对字段中的值执行什么类型的运算

例如，Access 2010 能够将“数字”类型或“货币”类型字段中的值求和，但不能对“文本”或“OLE 对象”类型字段中的值进行此类操作。

（4）是否需要排序或索引字段

如“OLE 对象”类型字段不能排序或索引。

（5）是否需要在查询或报表中使用字段对记录进行分组

如“OLE 对象”类型字段不能用于分组记录。

（6）如何排序字段中的值

在“文本”类型字段中，将数字以字符串的形式来进行排序（如 1、10、100、2、20、200 等），而不是作为数值来进行排序。使用“数字”类型或“货币”类型字段按照数值排序数字。如果将日期数据输入到“文本”类型字段中，将不能正确排序。使用“日期/时间”类型字段可确保正确地对日期排序。

另外，在选择合适的数据类型后，有些类型的字段要求设置字段的大小，此时应以能够存储完整数据所需要的最少存储空间为基本原则，例如，在为手机号码字段确定字段大小时，应考虑到手机号码固定为11位，所以可以设置该字段的字段大小为11，这样选择既可保证存储数据的完整和正确，也可以尽可能地节省存储空间，避免造成存储空间的浪费，从而避免对数据库的性能造成不良的影响。

根据以上原则，为图书销售管理系统中“人员信息表”中的字段选择的数据类型如表2-3所示。

表2-3 “人员信息表”中的字段及其数据类型

字 段 名	数 据 类 型	字段长度/字节	格 式
人员编号	文本	10	
姓名	文本	20	
密码	文本	10	
性别	文本	1	
籍贯	文本	20	
出生日期	日期/时间		长日期
婚否	是/否		
照片	OLE 对象	最大1 GB	
备注	备注		

2.3.3 建立表结构

完成表的设计并确定了字段的数据类型之后，就可以在数据库中建立表的结构了，建立表结构也就是在数据库中完成表的定义，属于数据库管理系统的数据定义功能。表结构的创建主要包括以下几方面内容。

（1）字段名称

用于标识表中的一列，即数据表中的一列称为一个字段，而每一个字段均具有唯一的名字，被称为字段名称。

（2）数据类型

根据关系数据库理论，一个数据表中的同一列数据必须具有共同的数据特征，称为字段的数据类型。

（3）字段大小

一个数据表中某个字段值在存储时占用最大存储空间的大小，往往采用字节数予以表示。

（4）字段的其他属性

上面三项是字段对象的最基本属性。此外，数据表中的字段对象还具有其他一些属性，包括“索引”“格式”等，这些属性值的设置将决定各个字段对象在被操作时的特性。

Access 2010提供了多种创建表的方法，这里只介绍使用数据表视图和设计视图创建新表的操作。

1. 使用数据表视图创建新表

数据表视图以行列格式显示来自表、窗体、查询等对象的数据。使用数据表视图创建新表的过程如下。

1）单击“创建”选项卡→“表格”选项组→“表”按钮，如图 2-7 所示，此时将创建名为“表 1”的新表，并在“数据表”视图中打开它，该表中仅有一个名为“ID”的字段，如图 2-8 所示。

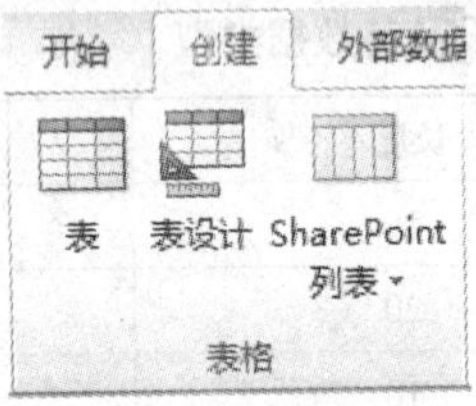

图 2-7　表格组

图 2-8　新建表

2）单击图 2-8 中的“单击以添加”后，出现一个显示数据类型的下拉菜单，如图 2-9 所示，单击其中一个数据类型之后可添加一个新字段。另外，也可以通过在“单击以添加”列中输入数据来添加新字段，新字段默认以“字段 1”“字段 2”等命名，双击“ID”“字段 1”等字段名可以对字段进行重新命名，图 2-10 是表中添加了两个新字段后的状态。

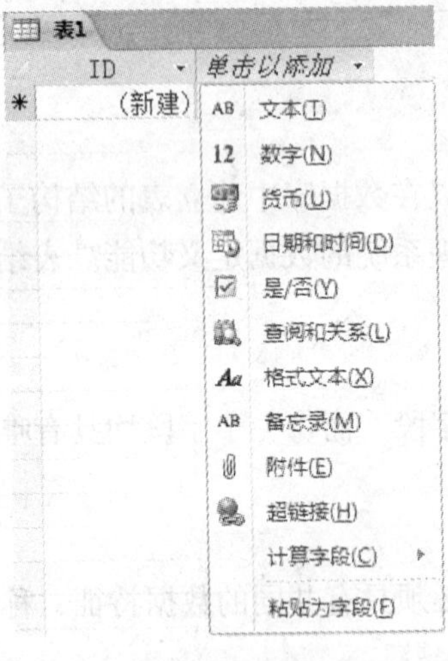

图 2-9　下拉菜单

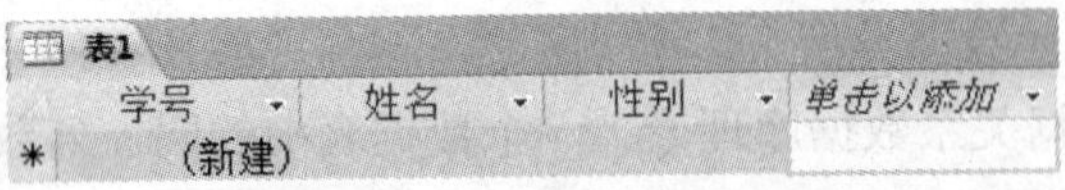

图 2-10　添加新字段后的表

3）添加完所需要的字段之后，就可以向表录入数据了。

4）单击快速访问工具栏中的“保存”按钮，弹出“另存为”对话框，此时可以修改表的名字后保存新创建的表。

2. 使用设计视图创建新表

设计视图是数据库对象的设计窗口，在设计视图中，可以新建数据库对象，也可以修改现有的数据库对象。

使用设计视图创建表对象，是最灵活的方法，也是最常用的方法。使用其他方法创建的表对象，一般也都需要进一步在设计视图中继续完善。

【例 2-3】在设计视图中创建人员信息表，步骤如下：

1）在功能区中的“创建”选项卡的“表格”选项组中，单击“表设计”按钮（参见图 2-7），进入表的设计视图。

2）根据表 2-3 的内容，建立人员信息表中的字段：在字段名称列中输入字段名称，在数据类型列中选择相应的数据类型，在常规属性窗格中设置字段的大小。需要注意的是，字段名称不能与同一表中的其他字段名称相同。

3）定义主键：

设计视图中的第一列为字段选定器，单击字段选定器可以选中一个字段的所在行。

在人员信息表中，其主键字段为“人员编号”，单击“人员编号”字段所在行的字段选定器，选中该行，然后单击“设计”选项卡的工具组中的“主键”按钮。完成主键设置，此时“学号”所在行的字段选定器上会出现钥匙图形。

如果表的主键是由两个或更多个字段联合构成的，则在定义主键时，需要将构成主键的所有字段同时选中，然后再单击“设计”选项卡的工具组中的“主键”按钮。完成主键的设置之后，构成主键的所有字段的所在行的字段选定器上都会出现钥匙图形。

一般来说，在创建一个新表之后，都需要确定表的主键，设置主键可以保证表中数据的实体完整性（关系的完整性约束中的第 1 类），即主键字段不可以取空值，还可以保证主键字段的取值具有唯一性。例如，在人员信息表中设置“人员编号”字段为主键之后，在输入数据时，“人员编号”字段必须输入值，不允许不输入任何内容，而且输入的值在整个人员信息表中是唯一的，没有重复值，这也符合实际生活中人员编号的作用。

因为主键字段的取值具有唯一性，所以在为表选择主键字段时，应选择不允许出现重复值的字段（或字段组合）来充当表的主键。

4）保存新建的表：单击快速访问工具栏中的“保存”按钮，在弹出的对话框中输入表名“人员信息表”，单击“确定”按钮。

新建的人员信息表的结构如图 2-11 所示。

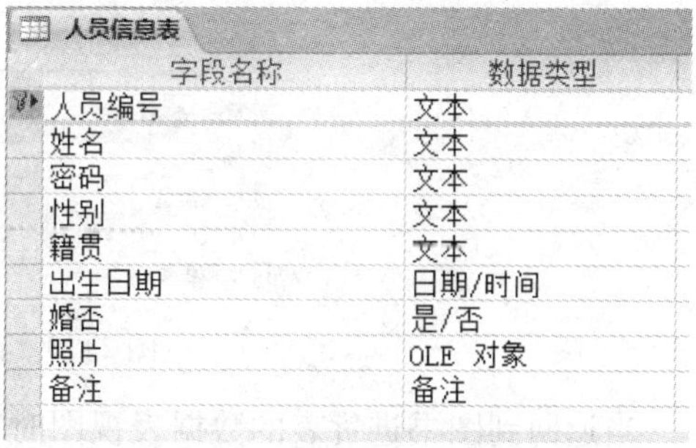
人员信息表

字段名称	数据类型
人员编号	文本
姓名	文本
密码	文本
性别	文本
籍贯	文本
出生日期	日期/时间
婚否	是/否
照片	OLE 对象
备注	备注

图 2-11　人员信息表的设计视图

3. 添加计算字段

计算数据类型是 Access 2010 新增的数据类型，使用这种数据类型可以在数据表中完成一些原来必须通过查询完成的计算任务。

在添加计算字段时，需要用到表达式，关于表达式中可以使用的运算符将在第 3 章中详细介绍。

【例 2-4】在图书进货表中增加一个“图书总价”字段，计算每次进书的总价值，该字段的数据类型设置为计算数据类型。操作步骤如下：

1）以设计视图打开图书进货表，在新行中输入“图书总价”，并设置为“计算”数据类型，此时 Access 2010 会自动打开表达式生成器。

2）在表达式生成器的编辑窗格中输入“[进书数量] * [图书进价]”，如图 2-12 所示。

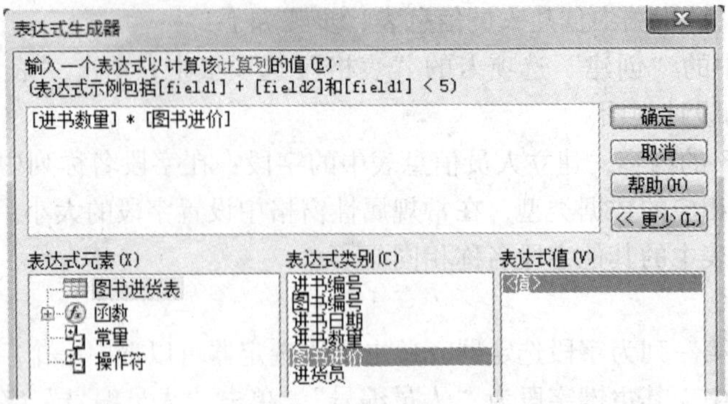

图 2-12　表达式生成器

3）单击“确定”按钮，返回设计视图，此时，“图书总价”字段的“表达式”属性中显示的就是在表达式生成器中输入的表达式，然后设置“图书总价”字段的“结果类型”属性为“货币”，如图 2-13 所示。

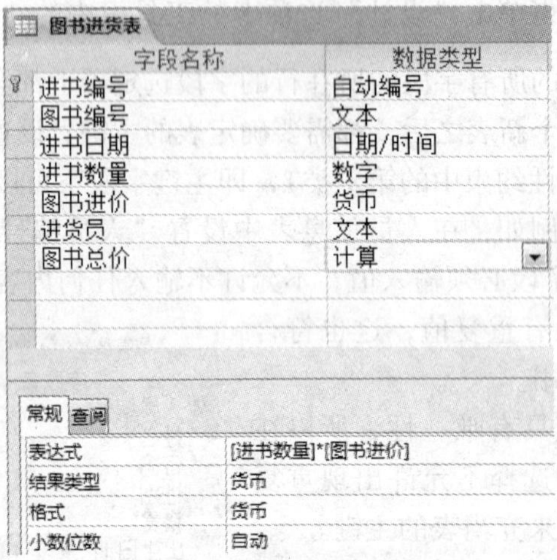

图 2-13　计算字段的属性设置

当返回到图书进货表的数据表视图时，Access 2010 会根据“图书总价”字段的计算表达式自动填充所有行的该字段的值。

2.3.4　设置字段属性

在 Access 2010 的表对象中，一个字段的属性是这个字段特征值的集合，该特征值集合将控制字段的工作方式和表现形式。在表对象的设计视图中，可以设置各个字段的属性，从而决定字段的数据存储、处理和显示方式。

字段属性可分为常规属性和查阅属性两类。

1. 字段的常规属性

字段的常规属性如图 2-14 所示，以下将介绍一些常用的常规属性的含义。

（1）字段大小

只有当字段数据类型设置为“文本”“数字”或“自动编号”类型时，这个字段的“字段大小”属性才是可设置的，其可设置的值将随着该字段数据类型的不同而不同。

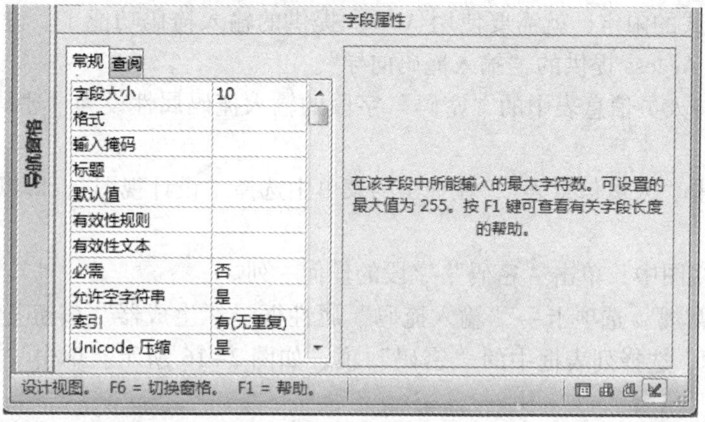

图 2-14　字段的常规属性

当设定字段类型为文本类型时，字段大小可设置的值为 1 ~ 255，表示该字段可容纳的字符个数最少为 1 个字符，最多为 255 个字符。

当设定字段类型为数字类型时，字段大小可设置的值如表 2-2 所示。

设置“字段大小”属性时，应该注意以下几点：

1）应该使用尽可能小的字段大小属性设置，因为较小的数据处理速度更快，需要的存储空间更少。

2）如果在一个已包含数据的字段中，将字段大小属性设置值由大转换为小，可能会因此而丢失数据。

例如，如果把某一“文本”类型字段的“字段大小”设置由 255 改变成 50，则超过 50 个字符以外的数据都会丢失。

如果“数字”类型字段中的数据长度大于新的“字段大小”设置，小数位可能被四舍五入，或得到一个 Null 值（表明字段没有值或者是字段的值未知）。

如果将“单精度”数据类型变为“整数”数据类型，则小数值将四舍五入为最接近的整数，而且如果值大于 32767 或小于 -32768，转换结果将成为空字段。

3）如果要对含有 1 ~4 位小数位的数据字段执行大量的运算，可以使用“货币”数据类型，这样可以提高运算速度。这是因为“单精度”和“双精度”数据类型字段要求浮点运算，“货币”数据类型字段则使用较快的定点运算。

（2）格式

格式属性用于定义数字、日期、时间及文本等数据显示及打印的方式。针对不同的数据类型，设置项不同。例如，如果一个“日期/时间”型字段，可以将它的格式属性设置为图 2-15 中的任意一种。如果设置格式属性为“长日期”，则输入“2012 - 1 - 10”，将显示为“2012 年 1 月 10 日”。

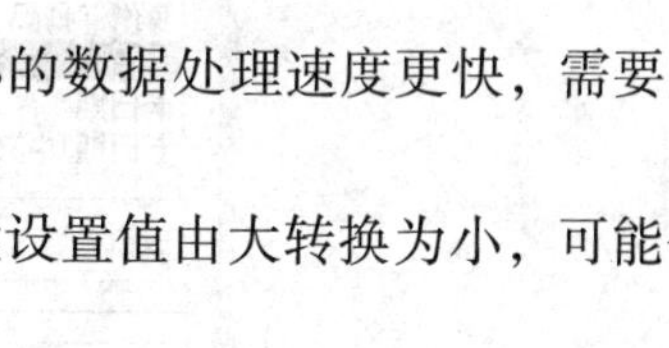

图 2-15　日期/时间型数据的格式

（3）输入掩码

在数据库的使用过程中，有时会要求以指定的格式和长度输入数据，例如输入邮政编码、身份证号等，既要求只能输入数字，又要求输入完整的位数，不能多也不能少。若要完成这样的输入格式的限定，就需要使用 Access 提供的输入掩码功能了。设置输入掩码的最简单方法是使用 Access 提供的“输入掩码向导”。

【例 2-5】 将人员信息表中的“密码”字段的输入掩码属性设为“密码”。具体操作步骤如下：

1）右键单击“人员信息表”，在弹出的菜单中选择“设计视图”，即以设计视图打开人员信息表。

2）在设计视图中，单击“密码”字段的任何一列。

3）单击“常规”选项卡→“输入掩码”属性框→“生成器”按钮[...]，打开“输入掩码向导”对话框，选择列表框中的“密码”项，如图 2-16 所示。单击“完成”按钮，结束设置。

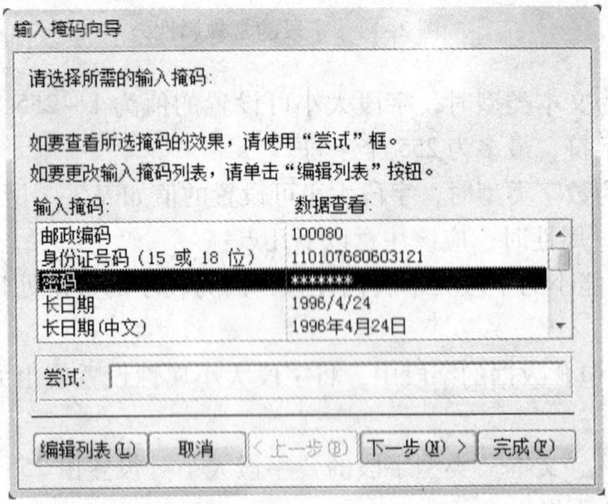

图 2-16 “输入掩码向导”对话框

在将人员信息表的“密码”字段属性设置为“密码”，并输入掩码之后，在输入该字段值时，键入的任何字符都将以原字符保存，但显示为星号（*），这样可以避免在屏幕上显示键入的密码字符。

如果不使用输入掩码向导，还可以在设计视图的属性列表中直接输入掩码。定义输入掩码属性使用的字符集其含义如表 2-4 所示。

表 2-4 输入掩码属性使用的字符集及其含义

字　符	用　法
0	数字（0～9），必须在该位置输入一个一位数字
9	数字或空格，也可以不输入
#	在该位置输入一个数字、空格、加号或减号。如果跳过此位置，Access 会输入一个空格
L	字母，必须在该位置输入一个字母
?	字母，也可以不输入
A	字母或数字，必须在该位置输入一个字母或数字
a	字母或数字，也可以不输入
&	任何字符或空格，必须在该位置输入一个字符或空格

（续）

字　符	用　法
C	任何字符或空，也可以不输入
. , : ; - /	小数分隔符、千位分隔符、日期分隔符和时间分隔符。选择的字符取决于 Microsoft Windows 区域设置
>	将其后的所有字符转换为大写
<	将其后的所有字符转换为小写
!	使输入掩码从右向左显示，输入掩码一般都是从左向右显示的，可以在输入掩码的任意位置包含感叹号（输入掩码中的字符始终都是从左向右填入）
\	使其后的字符按原样显示
密码	在表或窗体的设计视图中，将“输入掩码”属性设置为“密码”，会创建一个密码输入框。当用户在该框中输入密码时，Access 会存储这些字符，但是会将其显示为星号（*）

表 2-5 显示了部分有用的输入掩码定义以及可以向其中输入值的示例。

表 2-5　输入掩码字符使用示例

输入掩码定义	允许值示例
(000)000 - 0000	(206)555 - 0199
(999)000 - 0000!	(206)555 - 0199、( )555 - 0199
(000) AAA - AAAA	(206)555 - TELE
#999	- 20、2000
>L???? L? 000L0	GREENGR339M3、MAY R 452B7
00000 - 9999	98115 - ?、98115 - 3007
>L<??????????????	Maria、Pierre
ISBN 0 - &&&&&&&&& - 0	ISBN 1 - 55615 - 507 - 7
>LL00000 - 0000	DB51392 - 0493

（4）标题

标题属性值在显示表中数据时出现在字段名称的位置，取代字段名称。即在显示表中数据时，表列的栏目名将是标题属性值，而不是字段名称值。

（5）默认值

在表中新增加一条记录，并尚未填入数据时，如果希望 Access 2010 自动为某字段填入一个特定的数据，则应为该字段设定默认属性值。此处设置的默认值将成为新增记录中 Access 为该字段自动填入的值。

（6）有效性规则和有效性文本

有效性规则属性用于指定对输入到该字段中的数据的要求。当输入的数据违反了有效性规则的设置时，将给用户显示有效性文本设置的提示信息。可用“生成器”辅助完成有效性规则的设置。

表的有效性规则可以看作是用户定义的完整性（关系的完整性约束中的第 3 类）。

例如，可以为数字类型字段定义有效性规则表达式“>9”；定义有效性文本“请输入大于 9 的数据”，防止用户输入小于等于 9 的数作为字段值。如果用户输入了小于等于 9 的数据，Access 则会提示“请输入大于 9 的数据”。

表 2–6 是一些有效性规则的示例。

表 2–6　有效性规则示例

有效性规则设置	含　义
<>0	输入一个非零值
0 Or >100	值必须为 0 或大于 100
Like "K???"	值必须是以 K 打头的 4 个字符
< #1996 – 1 – 1#	输入一个 1996 年之前的日期
>= #2010 – 1 – 1# And < #2011 – 1 – 1#	日期必须是在 2010 年之内

【例 2–6】设置人员信息表中“出生日期”字段的有效性规则为大于 1970 – 1 – 1，当输入的数据不满足此要求时，显示提示信息“应输入大于 1970 – 1 – 1 的日期”。操作步骤如下：

1）以设计视图打开人员信息表，选中“出生日期”字段。

2）在“常规”选项卡中设置“出生日期”字段有效性规则属性为“>#1970/1/1#”。请注意，日期型数据的两端应该用“#”号括起来。

3）设置“出生日期”字段的有效性文本属性为“应输入大于 1970 – 1 – 1 的日期”，如图 2–17 所示。

设置完成后，如果输入的出生日期字段的值小于等于 1970 – 1 – 1，则系统会给出如图 2–18 所示的提示信息，提示信息中的“应输入大于 1970 – 1 – 1 的日期”来源于所设置的有效性文本属性的内容。

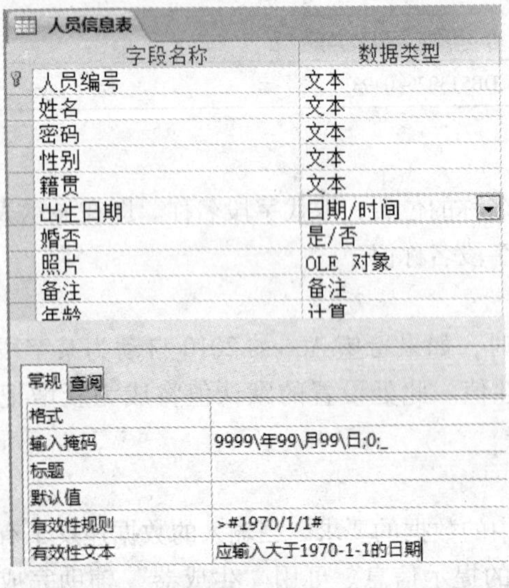

图 2–17　设置有效性规则和有效性文本属性

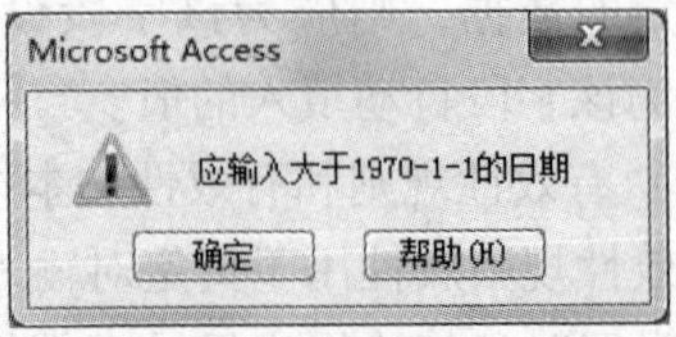

图 2–18　违反有效性规则后的提示信息

（7）索引

本属性可以用于设置单一字段的索引。设置索引可加速对索引字段的查询速度，还能加速排序及分组操作。所以，通常对经常查询的字段、查询中的联接字段、排序字段建立索引，以提高这些操作的速度。

索引属性可有以下取值：“无”，表示本字段无索引；“有（有重复）”，表示本字段有索引，且各记录中的索引字段的值可以重复；“有（无重复）”，表示本字段有索引，且各记录中的索引字段的值不允许重复。

2. 字段的查阅属性

设置字段的查阅属性，可以使该字段的内容取自于一组固定的数据。用户向带有查阅属性的字段中输入数据时，该字段提供一个列表，用户可以从列表中选择数据作为该字段的值。

在表设计视图中，单击“字段属性”下面的“查阅”选项卡，可以为字段设置查阅属性；或者利用“数据类型”中的“查阅向导”，也可以设置字段的查阅属性。

在查阅属性中，经常需要设置“显示控件”“行来源类型”和“行来源”三个属性的值，这三个属性的含义如下。

（1）显示控件

使用显示控件属性可以定义在输入该字段值时，用何种类型的控件显示数据列表。

（2）行来源类型

该属性用来定义在输入该字段的值时，列表中的数据来源于何种类型的数据源。表 2–7 分别说明了三种可能的数据源类型的含义。

表 2–7 数据源类型说明

设　　置	说　　明
表/查询	数据来自行来源属性指定的表、查询或 SQL 语句
值列表	数据是由行来源属性指定的数据项列表
字段列表	数据是行来源属性指定的表、查询或 SQL 语句中的字段名列表

（3）行来源

该属性的设置取决于行来源类型属性的设置，表 2–8 列出了各种行来源类型所对应的行来源应该如何设置。

表 2–8 行来源说明

行来源类型	“行来源”属性应该设置为
表/查询	表名称、查询名称或者 SQL 语句
值列表	以分号（;）作为分隔符的数据项列表
字段列表	表名、查询名或 SQL 语句

【例 2–7】设置人员信息表中的性别字段的查阅属性，使得在输入性别字段的值时，可以从值列表中选择，操作步骤如下：

1）在人员信息表的设计视图中选中“性别”字段，单击“查阅”选项卡，设置“显示控件”属性为“组合框”，以便在输入数据时，可以显示“男、女”列表。

2）设置行来源类型为“值列表”。

3）在行来源属性中输入："男";"女"，如图 2–19 所示。

【例 2–8】设置图书销售表中“售货员”字段的查阅属性，使得在输入“售货员”字段的值时，可以从列表中选择人员编号。列表中的人员编号来源于人员信息表中的“人员编号”字段。操作步骤如下：

1）以设计视图打开图书销售表，选中“售货员”字段，单击“查阅”选项卡，设置“显示控件”属性为组合框。

2）设置“行来源类型”为“表/查询”。

3）在“行来源”属性中输入查询语句“select 人员编号 from 人员信息表”，如图 2-20 所示（关于查询语句的详细讲解见第 3 章）。

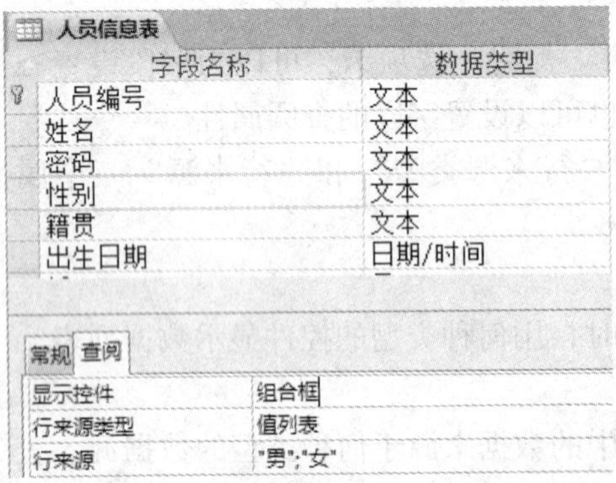

图 2-19　设置性别字段的查阅属性

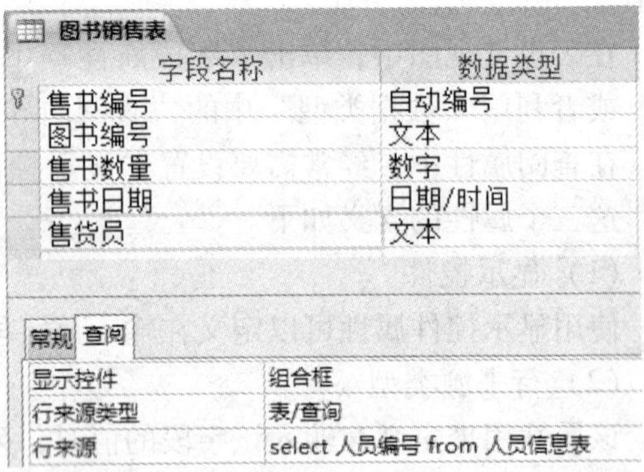

图 2-20　售货员字段的查阅属性设置

2.3.5　建立表间关系

通常，一个数据库应用系统中包含多个表，表中的数据表示的是现实世界中的事物，而在现实世界中，事物之间存在着各种各样的联系，所以在数据库中，需要建立表之间的关系，以反映现实世界中事物之间的联系。另外，建立正确的表间关系保证了关系数据库的参照完整性，同时，也为连接查询建立了正确的连接条件（详见第 3 章）。

1. 参照完整性

现实世界中的实体之间往往存在某种联系，在关系模型中实体及实体之间的联系都是用关系表来描述的，这样自然存在着关系表与关系表之间的参照，即相互约束的关系。参照完整性是一种约束机制，主要约束了两个表的主键和外键之间的关系，保证了表之间主、外键数据的一致性，防止了数据丢失或无意义的数据在数据库中扩散。

例如，在图书销售管理系统中，图书销售表中的“售货员”字段的值参照人员信息表中“人员编号”字段的值，而“人员编号”是人员信息表的主键，所以，人员信息表中的“人员编号”字段和图书销售表中的“售货员”字段就形成了主外键关系，人员信息表称为主表，图书销售表称为相关表，参照完整性约束对主表和相关表中的数据有如下要求。

1）如果在主表的主键中没有某个值，则不能在相关表的外键中输入该值。但是，可以在外键中输入一个空值。

例如，假设“008”是一个在人员信息表中不存在的人员编号，则该人员编号不能出现在图书销售表中，否则将会出现一个不存在的人员在进行销售的情况，这不符合客观实际。但是，可以在图书销售表的“售货员”字段中输入空值。

2）如果主表中的某行在相关表中存在相匹配的行，则不能在主表中删除该行。

例如，若在图书销售表中存在某个班级编号，如“001”，表示该人员有销售记录，在这种情况下，则不能删除人员信息表中人员编号为“001”的人员信息。若试图删除班级信息表中该班级的记录，则会出现如图 2-21 所示的提示信息。

3）如果主表中某个主键值在相关表中也存在，则不能更改主表中该主键的值。

例如，若人员信息中的某个主键值，如“001”，在图书销售表中也存在，则表示该人员编号正在被图书销售表使用，此时，不允许修改该人员编号的值，如若试图修改，则会出现如图 2-21 所示的提示信息。

图 2-21　参照完整性对删除操作的影响

在 Access 2010 中，可通过设定表与表之间的“实施参照完整性”保证以上 3 条规则的成立，也使关系表中的数据存在状况更符合现实世界的情况。如图 2-22 所示为设定人员信息表和图书销售表之间的“实施参照完整性”。

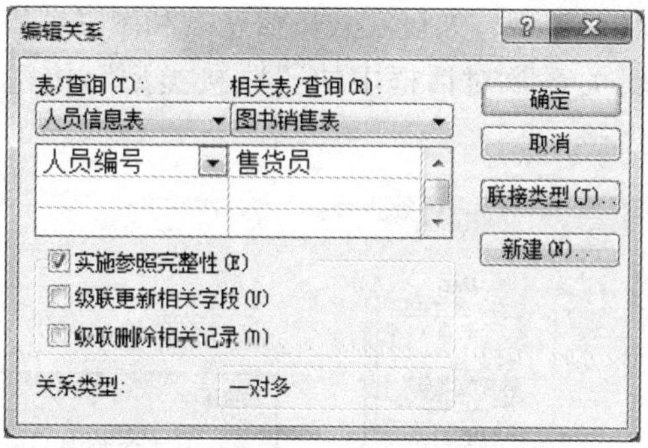

图 2-22　人员信息表与图书销售表之间的“实施参照完整性”

对已经“实施参照完整性”的关系，可以指定是否允许 Access 2010 自动对相关记录进行级联更新和级联删除（如图 2-22 所示，在“级联更新相关字段”“级联删除相关记录”前打勾即可）。如果设置了这些选项，通常被参照完整性约束所禁止的删除及更新操作就会获准进行。在删除记录或更改主表中主键的值时，Access 2010 将对相关表做必要的更改以保证各关系表中的数据符合参照完整性的要求。具体情况如下。

（1）级联更新

对于在表之间实施参照完整性的关系，当更改主表中某主键的值时，Access 2010 会自动在所有相关表的记录中将该主键更新为新值。

例如，在建立关系时，如果人员信息表和图书销售表之间实施了参照完整性，并选择了级联更新，那么在更改人员信息表中某一人员的“人员编号”时，如将“001”改为“008”，则图书销售表中每个使用了该人员编号的记录，其“售货员”字段都会自动更新为“008”。

（2）级联删除

对于在表之间实施参照完整性的关系，当删除主表中的记录时，相关表（一个或多个）中的所有相关记录也随之删除。

例如，在建立关系时，如果图书信息表与图书销售表和图书进货表之间实施了参照完整性，并选择了级联删除，那么如果在删除图书信息表中某个记录时，会出现如图 2-23 所示的提示信息，如果选择“是”，则图书销售表和图书进货表中与此图书相关的所有销售记录都会自动删除。

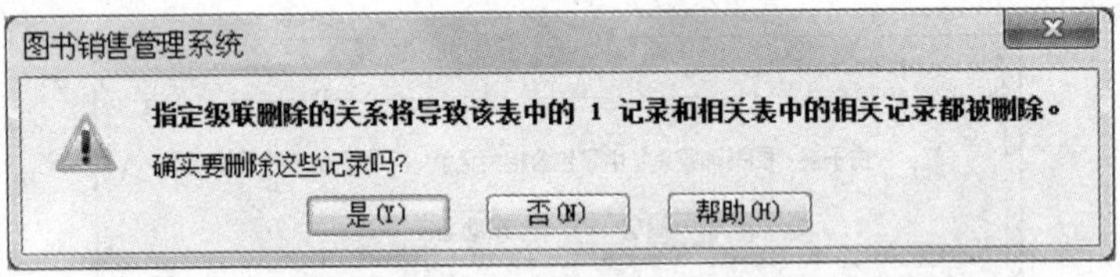

图 2-23　级联删除提示信息

2. 表关系的联接属性

Access 2010 支持两类关系联接类型：内部联接和外部联接，其中外部联接又分为左外部联接和右外部联接，两个表的联接类型的设定，将会影响在对两个表进行联接查询时的查询结果。

若想设定两个表间的联接类型，如设定人员信息表和图书销售表的联接类型，则通过单击如图 2-24 所示的“编辑关系”对话框中的“联接类型”按钮，进入如图 2-25 所示的“联接属性”对话框进行设定。

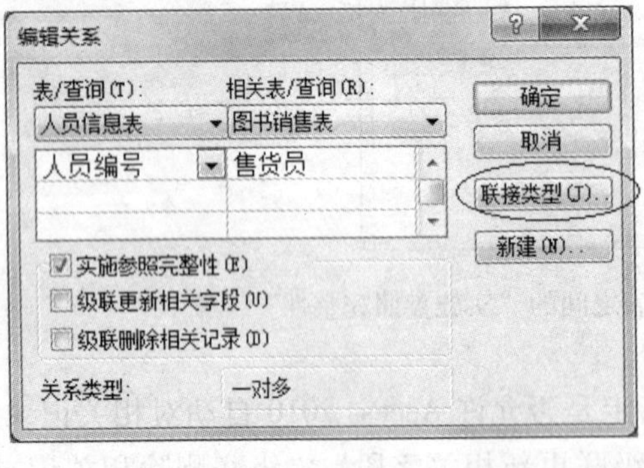

图 2-24　“编辑关系”对话框

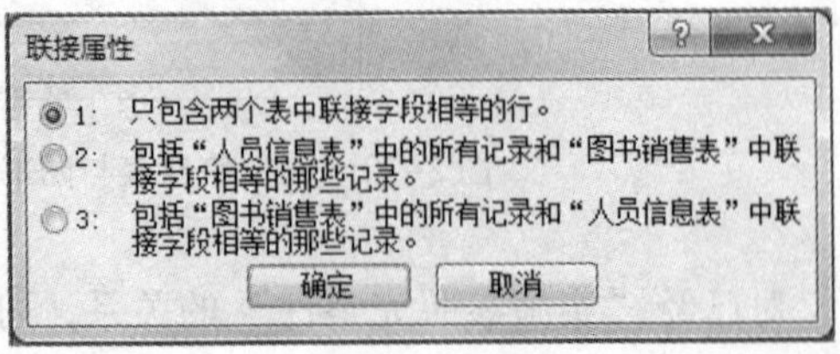

图 2-25　“联接属性”对话框

具体联接类型的含义，以及不同联接类型对联接查询结果造成的影响，请参见第 3 章的相关内容。

3. 定义表关系

创建表之间的关系时，相关联的字段不一定要有相同的名称，但必须有相同的字段类型，除非主键字段是个自动编号字段，而且仅当自动编号字段与数字字段的字段大小属性相同时，才可以依据自动编号字段和数字字段建立表间关系。例如，如果一个表中的自动编号字段和另一个表中的数字字段的字段大小属性均为长整型，则可以依据它们建立两个表之间的关系。即使两个表中的两个字段都是数字字段，也必须具有相同的字段大小属性设置，才可以依据这两个字段建立两个表之间的关系。

创建表之间关系的操作步骤如下：

1）关闭所有打开的表（不能在已打开的表之间创建或修改关系）。

2）单击“数据库工具”选项卡→“关系”选项组→“关系”按钮，打开“关系”窗口。

如果数据库中尚未定义任何关系，则窗口会自动显示“显示表”对话框；如果未出现该对话框，在“关系”窗口中单击鼠标右键，在出现的快捷菜单中单击“显示表”，也会出现该对话框。“显示表”对话框会显示数据库中的所有表和查询。若想只查看表，则单击“表”；若想只查看查询，则单击“查询”；若是同时查看表和查询，则单击“两者都有”。

3）选择一个或多个表或查询，然后单击“添加”。将表和查询添加到“关系”窗口后，单击“关闭”。

4）从某个表中将所要的相关字段拖到其他表中的相关字段。若要拖动多个字段，请按下〈Ctrl〉键并单击每一字段，然后拖动这些字段。

5）系统将显示“编辑关系”对话框。用户可以根据需要设置关系选项，如设置“实施参照完整性”“联接类型”等。

6）单击“创建”按钮创建关系。两个表之间出现连线，表示关系已经建立。如图2-26所示，建立了班级信息表和学生信息表之间的一对多关系，并实施了参照完整性。一对多关系的主键方由“1”符号表示，外键方由“∞”符号表示。

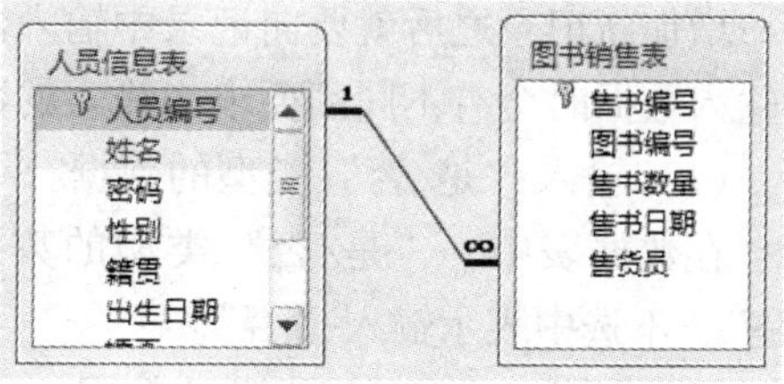

图2-26　建立表间关系

4. 显示、编辑、删除表关系

（1）显示表关系

单击“数据库工具”选项卡→“关系”选项组→“关系”按钮，打开“关系”窗口，即可显示数据库中已定义的表间关系。

（2）编辑表关系

Access数据库中的表关系建立之后，可以编辑现有的表关系，其操作步骤如下：

1）关闭所有打开的表（因为不能修改已打开的表之间的关系）。

2）单击“数据库工具”选项卡→“关系”选项组→“关系”按钮，打开“关系”窗口。

3）双击要编辑表关系的关系连线，系统将显示“编辑关系”对话框。

4）根据需要设置关系选项，并单击“确定”按钮。

（3）删除表关系

删除表关系的操作步骤如下：

1）关闭所有打开的表（因为不能删除已打开的表之间的关系）。

2）单击“数据库工具”选项卡→“关系”选项组→“关系”按钮，打开“关系”窗口。

3）单击要删除表关系的关系连线（当选中时，关系连线会变成粗黑），然后按〈Delete〉键或单击鼠标右键，在弹出的菜单中选择“删除”。

2.4 表的操作

Access 数据表的操作主要包括增加记录、输入数据、删除记录、修改记录、查找数据、记录排序以及记录筛选等操作。

2.4.1 表中数据的输入及编辑

建立了表结构之后，就可以向表中输入数据记录了。在 Access 2010 中，可以利用数据表视图向表中输入数据。

1. 增加新记录

增加新记录有 3 种方法：

- 直接将光标定位在表的最后一行。
- 单击“记录导航器 第 14 项(共 26 ”最右侧的“ ”按钮。
- 单击“开始”选项卡→“记录”组→“ 新建”按钮。

2. 输入数据

增加新记录之后就要向记录中输入数据了。由于字段的数据类型和属性不同，对不同字段输入数据时会有不同的要求，输入的数据必须满足这些要求才能成功输入。

（1）输入“是/否”类型的数据

在数据表中，“是/否”类型的数据字段上显示一个复选框。选中复选框则表示输入“是”，不选中表示输入“否”。

（2）输入日期/时间类型的数据

可以用图 2-27 所示的格式中的任意一种来输入日期型数据，但是在输入后，Access 2010 会自动按照设计表时在格式属性中定义的格式显示这类数据。例如，出生日期字段的格式属性为“短日期”，则无论采用何种格式输入出生日期值，其结果会自动显示为短日期所示的格式，如“2010 - 3 - 12”。需要注意的是，如果在日期的后面带有时间，日期和时间之间要用空格分隔，例如，“2010 - 3 - 12 3:20”。

常规日期	2007/6/19 17:34:23
长日期	2007年6月19日
中日期	07-06-19
短日期	2007/6/19
长时间	17:34:23
中时间	5:34 下午
短时间	17:34

图 2-27 日期格式

另外，当光标定位到日期型数据字段时，在该字段的右侧会出现一个日期选取器图标，单击该图标可打开“日历”控件，可在该控件中选择日期进行输入。

（3）输入 OLE 对象字段

OLE 对象字段用来存储诸如 Microsoft Word 或 Microsoft Excel 文档、图片、声音的数据以及在别的程序中创建的其他类型的二进制数据。OLE 类型的字段应该使用插入对象的方式来输入。

（4）输入带有查阅属性的字段

用户向带有查阅属性的字段中输入数据时，该字段提供一个列表，用户可以从列表中选择数据作为该字段的值。

3. 修改记录

在 Access 2010 的数据表视图中，只需将光标移动到所需修改的数据处，就可以修改光标所在处的数据。

4. 删除记录

用数据表视图打开表，选中需要删除的那些记录，单击鼠标右键，选择“删除记录”菜单项。

需要注意的是，在删除数据时，可能需要同时删除其他相关联的表中的数据。例如，在删除“人员信息表”中的某一图书记录时，如果设置了级联删除，则会同时删除“图书销售表”中该人员的销售记录。在某些情况下，通过实施参照完整性并打开级联删除，可以确保删除适当的数据。

2.4.2 数据的导入和导出

在 Access 2010 中，除了可以利用数据表视图向表中输入数据外，还可以通过导入操作，将其他数据库中的表或其他文件中的数据导入到本数据库中。

1. 数据的导入

可以通过导入的方法将其他文件中的数据导入到 Access 数据库中，通常，可以将以下类型的数据文件导入到 Access 表中：其他 Access 数据库中的表、文本文件、Microsoft Excel、Lotus、dBASE、FoxPro 和 HTML 文档等。具体操作步骤如下。

1）打开需要导入数据的数据库。

2）在如图 2-28 所示的“外部数据”选项卡的“导入并链接”选项组中，单击与要导入的文件类型相对应的命令。例如，如果要从 Excel 工作表中导入数据，则单击“Excel”，此时将出现“获取外部数据”对话框。如果没有看到所需的程序类型，单击“其他”。

图 2-28 “导入并链接”选项组

3）在“获取外部数据”对话框中，单击“浏览”找到源数据文件，或在“文件名”框中输入源数据文件的完整路径。在“指定数据在当前数据库中的存储方式和存储位置”下单击所需的选项，可以创建使用导入数据的新表；将数据追加到现有表中，或者创建保存数据源链接的链接表。然后，单击“确定”按钮。

4）按照“导入数据表向导”对话框的提示进行操作。以 Excel 文件的导入为例，导入向导共有 5 步。

第 1 步：如果工作簿中有多个工作表，选中要导入的数据工作表，单击“下一步”按钮，如图 2-29 所示。

第 2 步：在复选框中选择要导入的数据中是否包含标题（能够提供字段名的行），如图 2-30 所示。

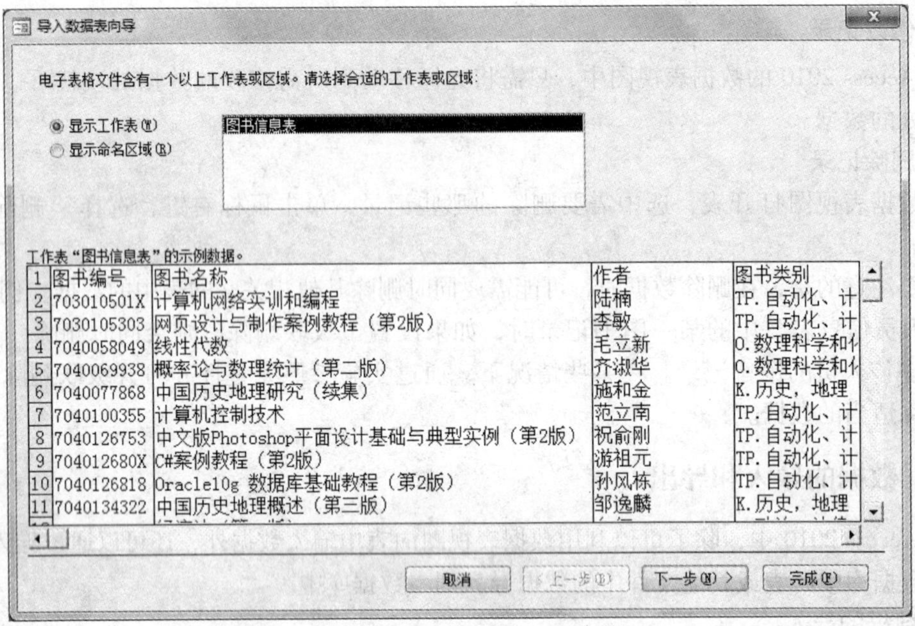

图 2-29 "导入数据表向导"第 1 步

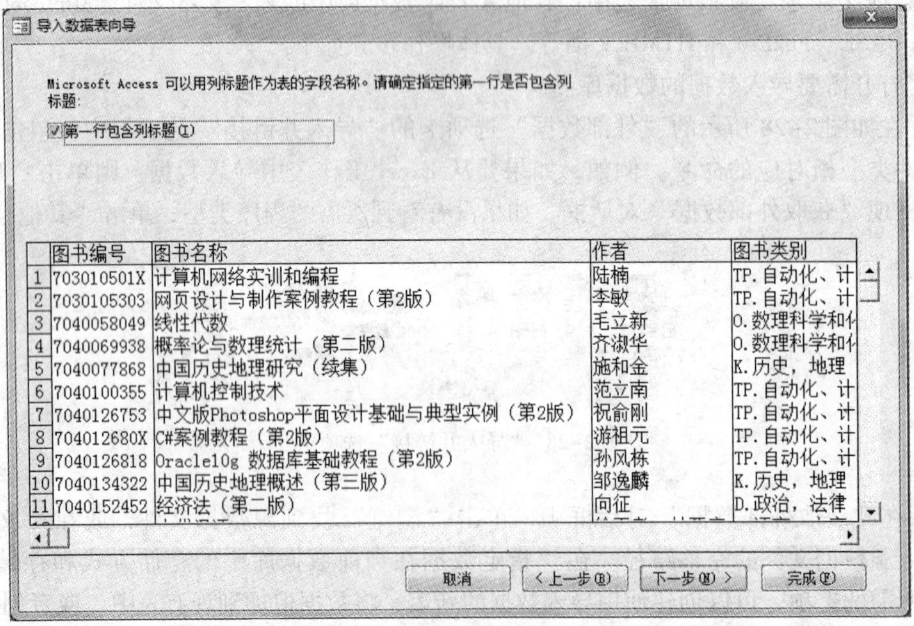

图 2-30 "导入数据表向导"第 2 步

第 3 步:指定正在导入的数据的每一个字段信息。包括:命名新表的字段名、定义字段有无索引、是否要跳过该字段等。如图 2-31 所示。

第 4 步:定义主键。可以选择"让 Access 添加主键""自己选择主键""不要主键"。如果让 Access 添加主键,Access 将添加字段名为"ID"的自动编号类型字段;如果自己选择主键,可以从下拉列表中选择导入表中的某字段作为表的主键,如图 2-32 所示。

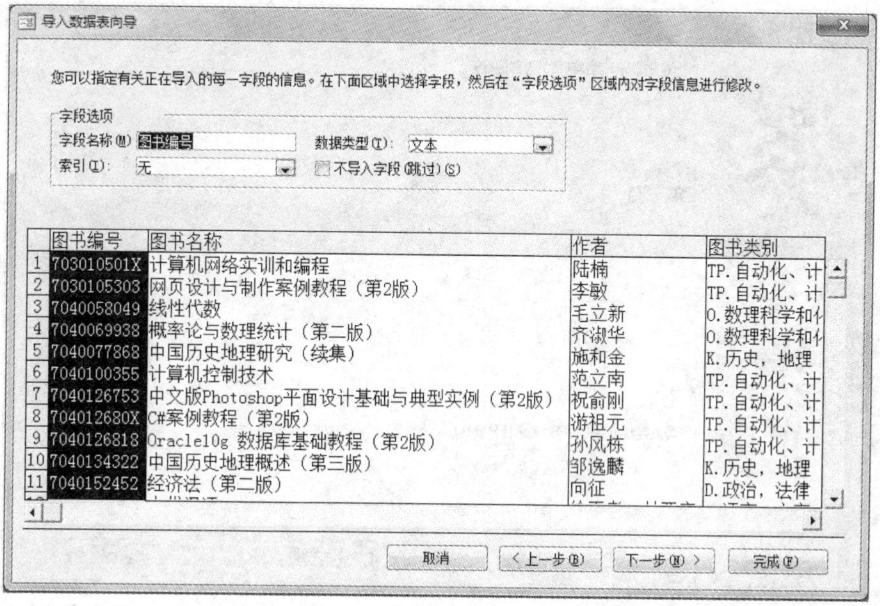

图 2-31 “导入数据表向导”第 3 步

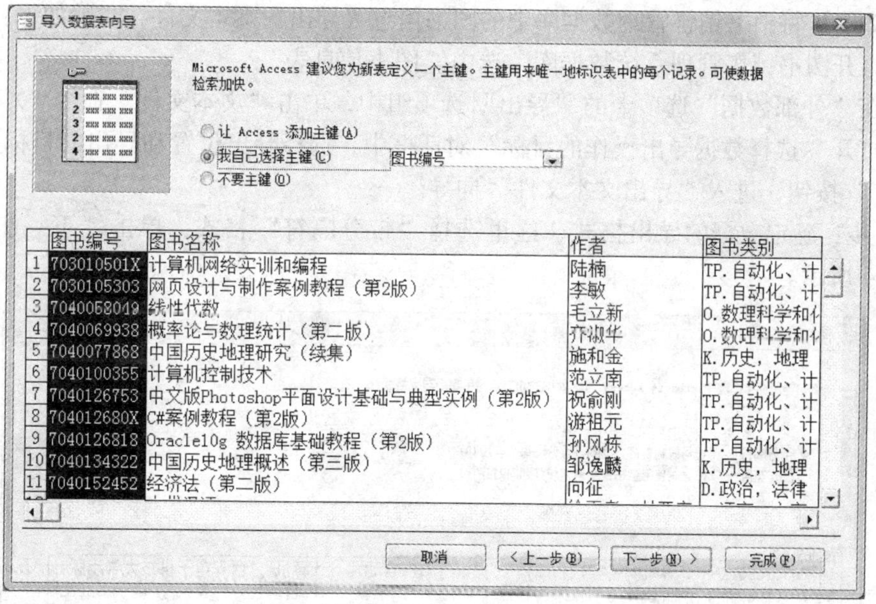

图 2-32 “导入数据表向导”第 4 步

第 5 步：命名导入后的 Access 表名，如图 2-33 所示。

通过执行以上向导步骤，即可把 Excel 工作表中的数据导入到 Access 表中。

对于其他类型数据源的导入，根据导入对象的类型不同，导入向导的各个步骤也不同。用户可以按照向导的指引，完成导入表的操作。

2. 数据的导出

通过 Access 2010 的数据导出功能，可以将数据表中的数据导出为其他格式的文件。下面以文本文件为例讲解数据的导出过程。

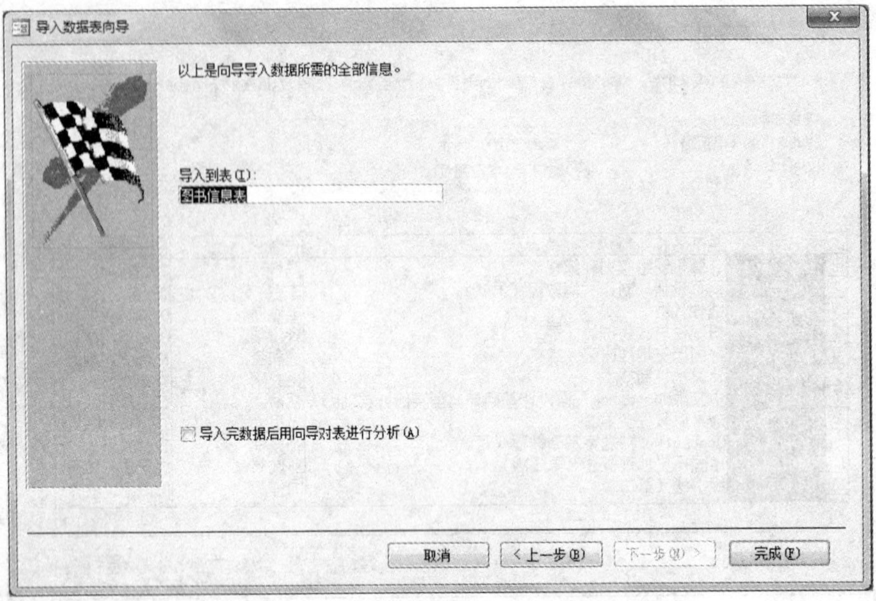

图 2-33 “导入数据表向导”第 5 步

【例 2-9】将图书销售管理数据库中的图书信息表导出为文本文件，步骤如下：

1）打开图书销售管理系统数据库，选中“图书信息表”。

2）在“外部数据”选项卡的“导出”选项组中，单击“文本文件”命令。

3）打开“选择数据导出操作的目标”对话框中，选择导出位置和导出的目标文档，单击“确定”按钮，进入“导出文本文件”向导。

第 1 步：确定数据的导出格式，这里选择“带分隔符”格式，单击“下一步”按钮，如图 2-34 所示。

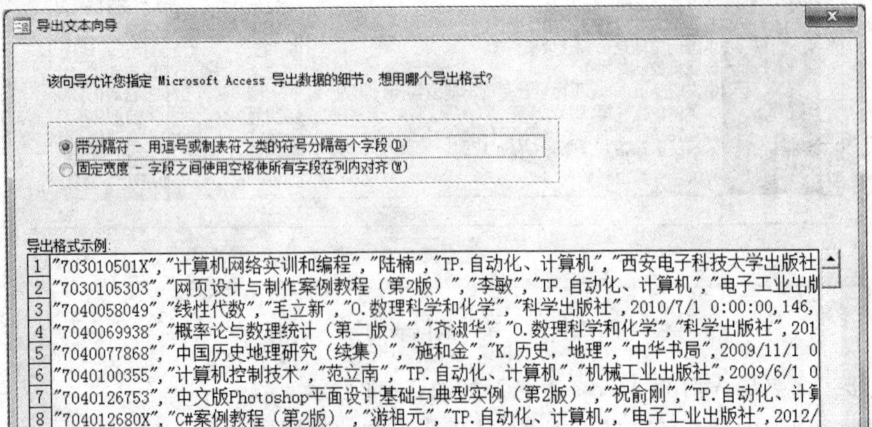

图 2-34 “导出文本向导”第 1 步

第 2 步：选择需要的字段分隔符，这里选择的是逗号，单击“完成”按钮，如图 2-35 所示。

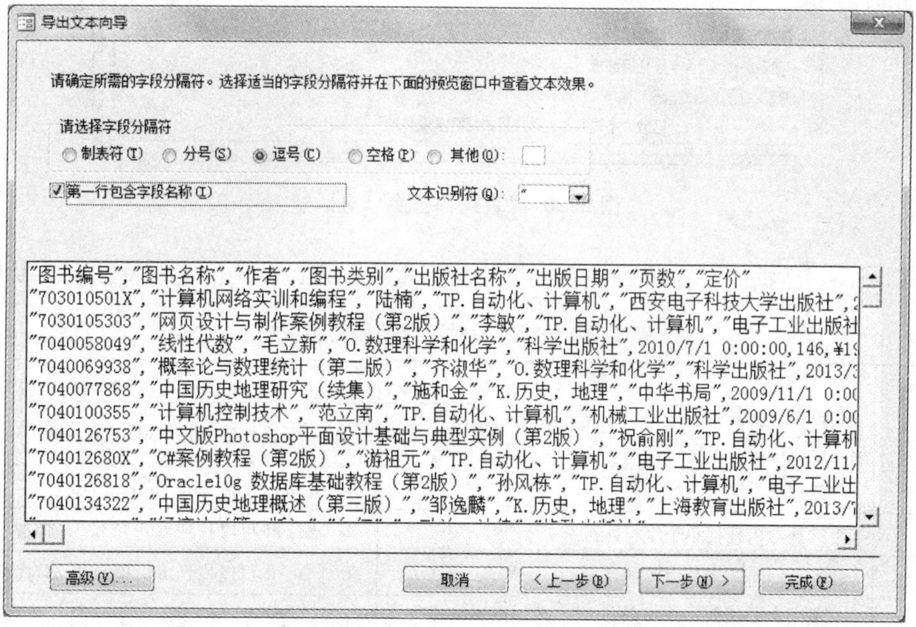

图 2-35 “导出文本向导”第 2 步

第 3 步：在打开的“保存导出步骤”对话框中，可以选择把导出步骤保存起来，这适用于需要经常导出同样文档的情况，也可以不保存导出步骤，直接单击“关闭”按钮。

除文本文件外，还可以将数据导出为其他格式的文件，格式不同，导出步骤也不同，用户可以根据导出向导，完成表的导出。

2.4.3 查找记录

当数据表中的数据很多时，可以使用 Access 2010 的查找功能快速定位所需要的内容。

1. 查找操作

【例 2-10】 查询图书信息表图书名称中包含“计算机”的图书，具体操作如下：

1）打开图书信息表，将光标放置在“图书名称”字段。

2）单击“开始”选项卡→“查找”选项组→“查找”按钮 查找 。

3）在“查找和替换”对话框中，单击“查找”选项卡，在“查找内容”框中输入“计算机”，设置“查找范围”为“当前字段”，“匹配”列表选择“字段任何部分”，“搜索”列表选择“全部”，如图 2-36 所示。设置“查找范围”为“当前字段”，可限定查找范围仅限于某个字段，从而提高搜索效率。

4）单击“查找下一个”，可以逐一进行查找。在查找时，如果不完全知道要查找的内容或者要查找符合某种样式的指定内容，则可以在“查找内容”框中使用通配符。

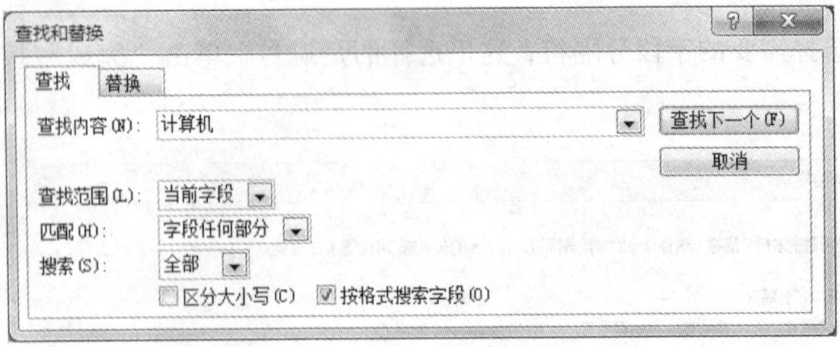

图 2-36 “查找和替换”对话框

对于 Access 数据库，在“查找和替换”对话框中，可以使用的通配符如表 2-9 所示。

表 2-9 进行查找时可以使用的通配符

字 符	用 法	示 例
*	与任何个数的字符匹配，它可以在字符串中，当作第一个或最后一个字符使用	wh * 可以找到 what、white 和 why
?	与任何单个字符匹配	b? ll 可以找到 ball、bell 和 bill
[ ]	与方括号内任何单个字符匹配	b [ae] ll 可以找到 ball 和 bell，但找不到 bill
!	匹配任何不在括号之内的字符	b[! ae]ll 可以找到 bill 和 bull，但找不到 bell
-	与范围内的任何一个字符匹配。必须以递增排序次序来指定区域（A ~ Z，而不是 ~ A）	b [a - c] d 可以找到 bad、bbd 和 bcd
#	与任何单个数字字符匹配	1#3 可以找到 103、113、123

2. 替换操作

在操作数据表时，如果需要同时修改多处相同的数据，则可以使用 Access 2010 的替换功能。

【**例 2-11**】将图书信息表出版社名称字段中的“机械出版社”替换为“机械工业出版社”，操作步骤如下：

1）打开图书信息表，将光标放置在“出版社名称”字段。

2）单击“开始”选项卡→“查找”选项组→“替换”按钮 替换 。

3）在“查找和替换”对话框中，单击“替换”选项卡，在“查找内容”框中输入“机械出版社”，在“替换为”框中输入“机械工业出版社”，设置“查找范围”为“当前字段”，单击“全部替换”按钮，完成替换。

2.4.4 排序记录

排序是根据表中一个或多个字段的值对表中的所有记录进行重新排列，以便于查看和浏览。在 Access 2010 中，可以对数据表中的数据进行两种类型的排序：简单排序和复杂排序。

1. 简单排序

简单排序是在数据表视图中进行排序。这种排序方法可以按单关键字排序，也可以按两个或两个以上的相邻字段来排序。对两个或两个以上的相邻字段排序时，这些字段只能选择同一种次序排序，都是升序或者都是降序，但是不能有些字段按升序、另外一些字段按降序。

【例 2-12】按“图书类别”字段对图书信息表进行升序排序，操作步骤如下：

1）在数据表视图中打开图书信息表。

2）选择要排序的字段，即“图书类别”字段。

3）单击“开始”选项卡→“排序和筛选”选项组→“排序”按钮升序。

2. 复杂排序

复杂排序操作需要打开“高级筛选/排序”窗口进行排序。当要排序的多个关键字字段不是相邻字段，或者这些关键字字段不按同一种次序排序（某些字段按升序排序，对其他字段按降序排序）时，则要使用复杂排序。

【例 2-13】按照“出版社名称”升序，“图书类别”降序的顺序对学生信息表进行排序，操作步骤如下：

1）在数据表视图中打开图书信息表。

2）单击“开始”选项卡→“排序和筛选”选项组→“高级”按钮高级，在出现的下拉菜单中选择“高级筛选/排序”，则屏幕显示“图书信息表筛选 1”窗口。窗口的上半部分是要进行排序的表，下半部分是设计网格。

3）单击设计网格中第一列的“字段”单元格，从下拉列表中，选择“出版社名称”，再单击第一列的“排序”单元格，从下拉列表中选择“升序”。

4）单击设计网格中第二列的“字段”单元格，从下拉列表中，选择“图书类别”，再单击第二列的“排序”单元格，从下拉列表中选择“降序”，如图 2-37 所示。

5）单击“开始”选项卡→“排序和筛选”选项组→“高级”按钮高级，在出现的下拉菜单中选择“应用筛选/排序”命令，则 Access 2010 将按上述设置排列表中的数据。

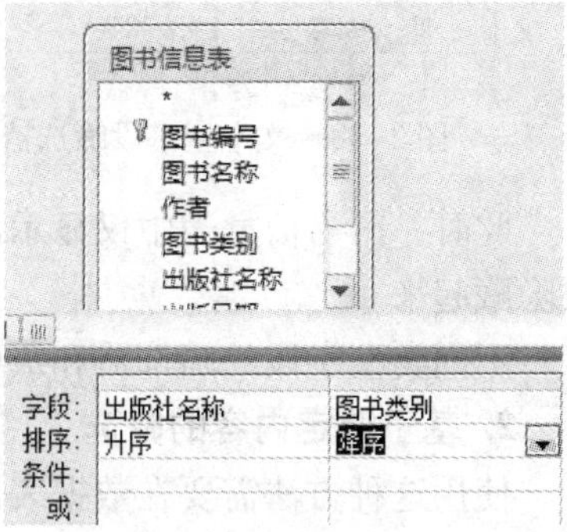

图 2-37　复杂排序

如果要取消之前的排序，在“开始”选项卡的“排序和筛选”选项组中，单击“取消排序”按钮取消排序。

2.4.5　筛选记录

筛选记录的操作是按某种条件选择数据的操作，把符合条件的数据筛选出来，不符合条件的数据隐藏不予显示。

在数据表中主要可以使用四种方法筛选记录：利用“筛选器”筛选、基于选定内容的筛选、按窗体筛选、高级筛选。

1. 利用“筛选器”筛选

除了 OLE 对象字段、附件字段和显示计算值的字段外，所有字段类型都提供了公用筛选器。可用筛选列表取决于所选字段的数据类型和值。

【例 2-14】利用“筛选器”筛选出图书信息表中所有图书名称以“计算机”开头的图书信息，操作步骤如下：

1）在数据表视图中打开图书信息表。

2）单击要进行筛选的“图书名称”字段，单击“开始”选项卡→“排序和筛选”选项组→“筛选器”按钮，出现如图 2-38 所示的文本型字段筛选器。

3）单击筛选器中的“文本筛选器”选项，出现级联菜单，如图 2-38 所示。

4）在级联菜单中选择“开头是”选项，出现“自定义筛选”对话框，输入“计算机”，单击“确定”按钮，如图 2-39 所示，完成筛选。

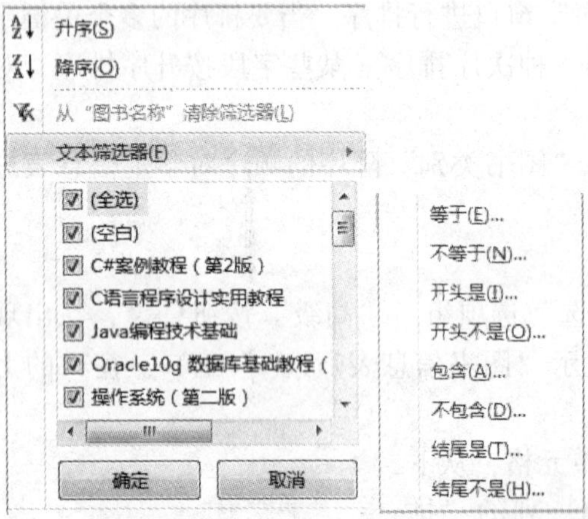

图 2-38　文本型字段筛选器及其级联菜单

图 2-39　自定义筛选对话框

此时，图书信息表中仅显示所有以“计算机”开头的图书的信息，其他图书的信息都被隐藏起来。

不同类型字段的筛选器和级联菜单有所不同，但使用方法类似。

2. 基于选定内容的筛选

使用这种方法需要在数据表的字段中，首先选择某一字段的一个值，然后按这个值进行筛选。

【例 2-15】使用基于选定内容筛选的方法，筛选出 2013 年出版的图书信息，操作步骤如下：

1）在数据表视图中打开图书信息表。

2）在“出版日期”字段的字段值选择“2013”，在“开始”选项卡上的“排序和筛选”选项组中，单击“选择”按钮，出现如图 2-40 所示的下拉菜单。

3）在菜单中选择“开头是 2013”选项，完成筛选。

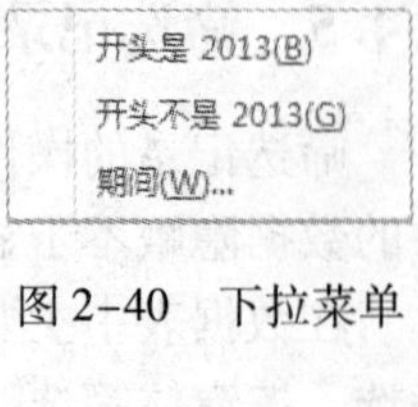

图 2-40　下拉菜单

筛选后，仅显示图书信息表中 2013 年出版的图书的信息。

在进行基于选定内容的筛选时，根据所选内容的数据类型以及在整个字段值中的位置，所出现的下拉菜单也有所不同。

3. 按窗体筛选

使用“按窗体筛选”的方法，可以同时根据两个及两个以上的字段值进行筛选。单击“按窗体筛选”命令时，数据表转变为一个空白记录的形式，并且每个字段都变为一个下拉列表框，可以从每个列表中选取一个值作为筛选的条件。

【例 2-16】使用“按窗体筛选”的方法，筛选出图书信息表中机械工业出版社定价大于 30 元的图书，操作步骤如下：

1）在数据表视图中打开图书信息表。

2）单击“开始”选项卡→“排序和筛选”选项组→“高级”按钮 高级，在出现的下拉菜单中选择“按窗体筛选”。

3）此时，数据表转变为一个空白记录，单击“出版社名称”字段，选择“机械工业出版社”；在单击“定价”字段，输入“>30”，如图 2-41 所示。

图 2-41　在“按窗体筛选”窗口中定义筛选条件

4）单击“开始”选项卡→“排序和筛选”选项组→“切换筛选”按钮 切换筛选，完成筛选，显示筛选结果。

4. 高级筛选

前几种筛选方法虽然简单易用，但是功能有限。使用高级筛选，可以进行复杂的筛选。并且在通过筛选器、基于选定的内容筛选、按窗体筛选进行筛选后，可以切换到高级筛选窗口来查看筛选条件的设置。

【例 2-17】使用高级筛选，筛选图书信息表中所有页数超过 300 页的图书，操作步骤如下：

1）在数据表视图中打开图书信息表。

2）单击“开始”选项卡→“排序和筛选”选项组→“高级”按钮 高级，在出现的下拉菜单中选择“高级筛选/排序”，则屏幕显示“图书信息表筛选 1”窗口。

3）单击设计网格中第一列的“字段”单元格，从下拉列表中，选择“页数”，再在第一列的“条件”行中输入“>300”，如图 2-42 所示。

4）单击“开始”选项卡→“排序和筛选”选项组→“切换筛选”按钮 切换筛选，完成筛选，显示筛选结果。

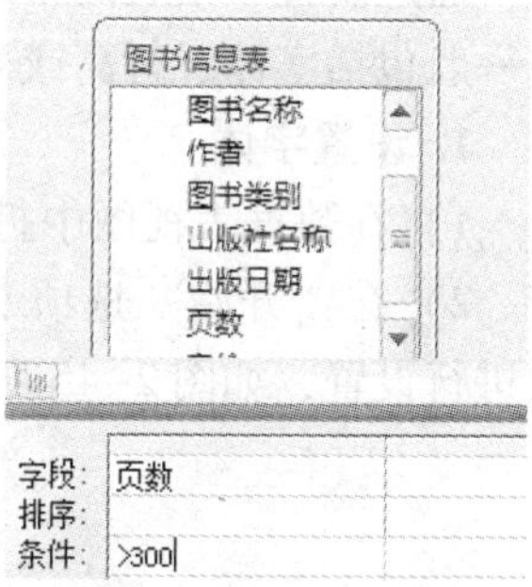

图 2-42　高级筛选条件

在高级筛选中，还可以添加更多的字段列设置更复杂的筛选条件。高级筛选实际上是创建了一个查询，通过查询可以实现各种复杂条件的筛选。在 Access 2010 中查询是极其常用的操作，有关查询的内容将在第 3 章中详细介绍。

2.4.6　数据表的行汇总统计

数据表的汇总统计是一项经常使用的操作。在 Access 2010 中，可以通过向表中添加汇总行来对表中的数据进行汇总统计。

显示汇总行时，可以从下拉列表中选择聚集函数（如 SUM、AVERAGE、MIN、MAX 或 COUNT 等）。

【例 2-18】统计图书信息表中图书的平均定价，操作步骤如下：

1）向数据表添加汇总行。

在数据表视图中打开图书信息表，单击“开始”选项卡→“记录”选项组→“合计”按钮Σ 合计，在数据表的最下部自动添加一个空的汇总行。

2）使用汇总行进行汇总统计。

单击“定价”字段的汇总行的单元格，出现一个箭头，单击此箭头，在打开的汇总函数列表框（见图 2-43）中选择“平均值”，汇总结果就显示在该单元格中，如图 2-44 所示。

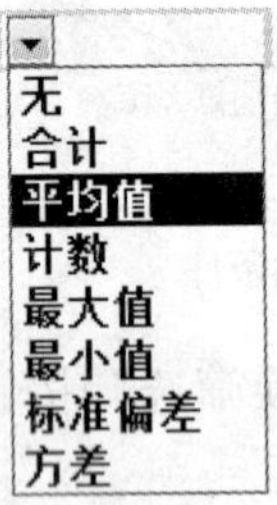

图 2-43　汇总函数列表框

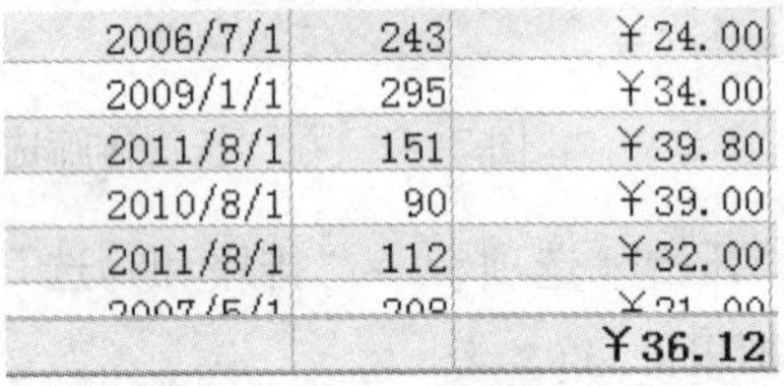

图 2-44　汇总结果

如果不再需要汇总的结果，可以再单击“开始”选项卡→“记录”选项组→“合计”按钮Σ 合计，将汇总结果隐藏起来。

2.5　设置数据表的格式

通过设置数据表的格式可以调整表的外观，使表看上去更清楚、美观。数据表格式的调整一般包括字体、行高或列宽、样式、字段的隐藏和冻结等操作。

1. 设置字体

1）在数据表视图中打开表。

2）在“开始”选项卡的“文本格式”选项组中，可以对表中数据的显示字体、显示格式进行设置，如图 2-45 所示。

图 2-45　“开始”选项卡的“文本格式”选项组

单击字体组右下角的“显示对话框”按钮，出现如图 2-46 所示的对话框，可以用来设置数据表的格式。

2. 调整行高或列宽

可以通过鼠标拖动调整行高或列宽，也可以通过对话框精确调整行高、列宽。

（1）通过鼠标拖动调整行高、列宽

具体操作过程如下。

1）调整行高：在数据表视图中打开表，如果要调整行高，将指针放在数据表左侧的任

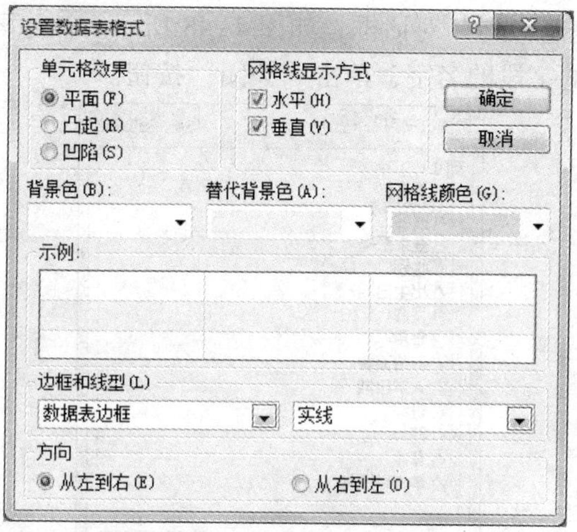

图 2-46　设置数据表格式

意两个记录之间，然后一直拖动到所需行高。

2）调整列宽：鼠标指针指向要调整大小的列字段名的右边缘，然后一直拖动到所需列宽。

（2）通过对话框精确调整行高、列宽

在数据表视图中打开表，用鼠标右键单击表格任意一行（或一列），在弹出的菜单中单击“行高”（或“字段宽度”），弹出“行高”（或“列宽”）对话框，如图 2-47 所示。设置行高（或列宽），单击“确定”按钮。

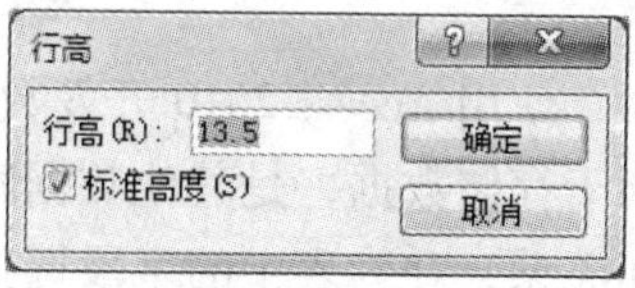

图 2-47　调整行高

3. 冻结和解除冻结数据表中的字段

使用数据表时，若遇到一个很宽的数据表，屏幕上无法显示其全部字段，则有些字段必须通过拖动滚动条才能看到。在这种情况下，如果希望某些字段不参与滚动，可以冻结数据表中的这些字段，这样无论表怎样滚动，这些被冻结的字段都会成为最左侧的字段，并且始终是可见的。

具体操作过程如下：

在数据表视图中打开表，用鼠标右键单击要冻结的一个或多个字段，在弹出的菜单中选择“冻结字段”。

若要解除对所有字段的冻结，用鼠标右键任意单击一字段，在弹出的菜单中选择“取消冻结所有字段”。

4. 显示或隐藏数据表中的字段

在浏览数据时，如果数据表中的字段太多，可以将某些字段隐藏起来，需要时再重新显示。

（1）隐藏字段

在数据表视图中打开表，用鼠标右键单击要隐藏的字段，在弹出的菜单中选择“隐藏字段”。

（2）显示所隐藏的一个或多个字段

在数据表视图中打开表，用鼠标右键任意单击任一字段，在弹出的菜单中选择“取消隐藏字段”，弹出“取消隐藏列”对话框，如图 2-48 所示。被隐藏的字段名前是未被选中的复选框，选中要显示的字段的名字，单击“关闭”按钮。

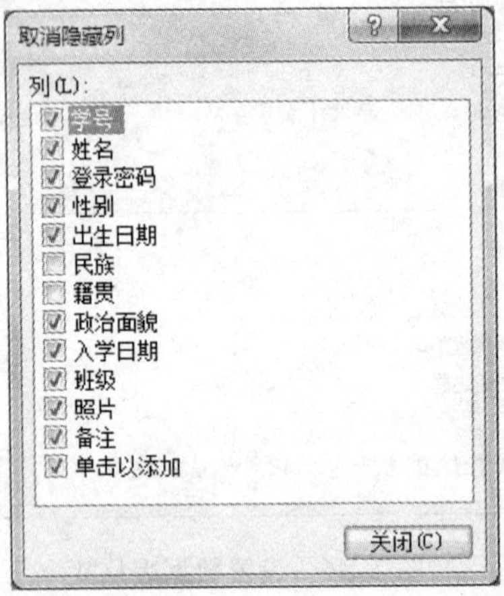

图 2-48 “取消隐藏列”对话框

本章小结

使用 Access 2010 开发数据库应用系统时，首先需要建立数据库，然后建立表。表对象用于存储数据，是其他数据库对象的基础。在创建表之前，需要设计合理的表结构，确定表间关系，并为表中的字段选择合适的数据类型。

表的常用视图包括设计视图和数据表视图。在表的设计视图中，可以创建或修改表的结构，设置表中字段的属性；在数据表视图中可以对表中的数据进行操作，包括查找、排序和筛选等。

习题

一、选择题

1. 若要确保输入的联系电话值只能为 8 位数字，应将该字段的输入掩码设置为(　　)。

   A. 00000000　　B. 99999999　　C. ########　　D. ????????

2. 某数据库的表中要添加一个 Word 文档，则应采用的字段类型是（　　）。

   A. OLE 对象数据类型　　B. 超级链接数据类型

   C. 查阅向导数据类型　　D. 自动编号数据类型

3. Access 数据库是（　　）。

   A. 层状数据库　　B. 网状数据库

   C. 关系型数据库　　D. 树状数据库

4. 以下说法正确的是（　　）。

   A. 一个数据库可以包含多个表　　B. 一个表可以包含多个数据库

   C. 一个表只能包含一个数据库　　D. 一个数据库只能包含一个表

5. 假设数据库中表 A 与表 B 是“一对多”的关系，B 为“多”的一方，则以下说法正确的是（　　）。

A. 表 A 中的一个记录能与表 B 中的多个记录匹配

B. 表 B 中的一个记录能与表 A 中的多个记录匹配

C. 表 A 中的一个字段能与表 B 中的多个字段匹配

D. 表 B 中的一个字段能与表 A 中的多个字段匹配

6. Access 提供的数据类型中不包括（　　）。

A. 数值　　B. 多媒体　　C. 备注　　D. 货币

7. 以下关于输入掩码的叙述中，错误的是（　　）。

A. 在定义字段的输入掩码时，既可以从键盘输入，也可以使用输入掩码向导

B. 定义字段的输入掩码，是为了设置密码，保护字段

C. 输入掩码中的“L”表示必须输入“A”到“Z”的字母

D. 直接使用字符定义输入掩码时，可以根据需要将字符组合起来

8. 以下可以导入到 Access 2010 中的数据源是（　　）。

A. Excel　　B. FoxPro　　C. 文本文件　　D. 以上都是

9. 以下叙述中，错误的是（　　）。

A. 文本型字段最长为 255 个字符

B. 创建表之间的关系时，应关闭这些表

C. 在创建一对一关系时，要求两个表的相关字段都是主关键字（主键）

D. 修改表结构时，如果想把字段长度由大改成小，而已经存在的数据长度大于修改后的字段长度，则修改不能成功

10. 在已经建立的数据表中，如果在显示表中内容时，使某些字段不能移动显示位置，可以使用的方法是（　　）。

A. 排序　　B. 筛选　　C. 隐藏　　D. 冻结

二、思考题

1. Access 2010 提供了哪些数据类型？定义字段时，如何选择字段类型？

2. 使用字段的有效性规则属性和有效性文本属性有何意义？

3. 什么是参照完整性？级联更新和级联删除各指什么？

4. 什么情况下使用“冻结列”，什么情况下使用“隐藏列”？

5. 主键是什么，怎样创建主键？

6. 为表创建索引的目的是什么？

三、实验

1. 创建一个名为“项目管理 . accdb”的空数据库。

2. 在数据库“项目管理 . accdb”中，创建一个名为“负责人”的表，并在表中添加如下字段，并设置相应的字段属性。

字段名称	数据类型	字段大小/字节	格　式
人员编号	文本	10	
姓名	文本	20	
出生日期	日期/时间		长日期

（续）

字段名称	数据类型	字段大小	格式
性别	文本	1	
联系电话	文本	12	
职称	文本	10	
党员否	是/否		
简历	备注		

3. 设置“负责人”表的主键为“职工ID”。

4. 设置“出生日期”字段的有效性规则为：根据出生日期计算的年龄大于等于30岁，有效性文本为“负责人年龄应大于等于30岁”。

5. 设置“性别”字段的查阅属性，使得在输入性别字段的值时可以在列表中选择，列表中的值为“男”和“女”（显示控件使用组合框）。

6. 设置“性别”字段的默认值为“男”。

7. 设置“党员否”字段的默认值为“是”。

8. 设置“联系电话”字段的相应属性，使其输入形式为“010－********”，其中“010－”为系统自动输出部分，其他部分必须输入0~9的任意数字。

9. 在“负责人”表中录入如下数据。

00189	李静	1975－3－4	女	010－12345678	副教授	是	曾经承担过多项省级课题，发表多篇高水平论文

10. 为“负责人”表中的“姓名”字段建立合适的索引。

第3章 应用系统的数据重组——查询

内容提要：

- 查询的基本概念
- 创建选择查询
- 创建操作查询
- 创建交叉表查询
- 创建参数查询
- 创建 SQL 查询

对于数据库系统来说，存储在数据库中的数据量非常大，从表中直接查看数据将会非常不方便。因此，查询就成为一个必不可少的功能。利用查询可以通过不同的方式来查看、更改以及分析数据，也可以将查询作为窗体和报表的记录源。使用查询可以迅速获得所需要的数据。

本章将详细介绍查询的基本概念和各种查询类型的创建及使用。

3.1 查询概述

查询是数据库中最重要和最常见的应用。它是指根据给定条件在一个或多个数据表或查询中进行检索，从而构成一个新的数据集合。

一个数据库中通常包含多个数据表，数据库中的数据分别存储在这多个数据表里，而在使用数据时，经常需要从一个或多个表中检索出符合条件的数据，以便执行相应的查勘、计算等。查询实际上就是将这些分散的数据按一定的条件重新组织起来，形成一个动态的数据记录集合，而这个记录集在数据库中并没有真正存在，只是在查询运行时从查询源表的数据中抽取创建，数据库中只是保存查询的方式。当关闭查询时，动态数据集会自动消失。

3.1.1 查询的作用

查询的基本作用有：

1）通过查询浏览表中的数据，分析数据或修改数据。

2）利用查询可以屏蔽当前不需要的数据，使用户的注意力集中在自己感兴趣的数据上。

3）将经常处理的原始数据或统计计算定义为查询，可大大简化处理工作。用户不必每次都在原始数据上进行检索，从而提高了整个数据库的性能。

4）查询的结果可以用于生成新的基本表，可以进行新的查询，还可以作为窗体、报表的数据源。

3.1.2 查询的类型

Access 2010 支持五种查询类型：选择查询、交叉表查询、操作查询、参数查询、SQL 查询。

1. 选择查询

选择查询是最常见的查询类型，它从一个或多个表中检索数据，也可以使用选择查询来对记录进行分组，并且对记录作总计、计数、平均值以及其他类型的汇总计算。

2. 交叉表查询

使用交叉表查询可以计算并重新组织数据的结构，这样可以更加方便地分析数据。交叉表查询计算数据的总计、平均值、计数或其他类型的汇总。交叉表查询中的分组数据可以分为两类：一类作为行标题，出现在数据表左侧排列；另一类作为列标题，出现在数据表的顶端。

3. 操作查询

操作查询是指通过执行查询操作数据表中的记录。操作查询分为以下 4 种。

- 生成表查询：将一个或多个表中数据的查询结果创建成新的数据表。生成表查询有助于数据表备份，也方便将数据导出到其他数据库中。
- 更新查询：根据指定条件对一个或多个表中的记录进行修改。
- 追加查询：将查询结果添加到一个或多个表的末尾。
- 删除查询：从一个或多个表中删除一组记录。

4. 参数查询

参数查询在执行时通过对话框来提示用户输入信息，例如条件，进而检索相应的记录或值。例如，通过设计参数查询提示输入两个日期，检索在这两个日期之间出版的所有图书信息。

5. SQL 查询

SQL 是 Structured Query Language（结构化查询语言）的缩写，它是一种国际化的标准语言，可以使用 SQL 来查询、更新和管理数据库。SQL 查询指的就是用户使用 SQL 语句创建的查询。

在查询设计视图中创建查询时，Access 2010 将在后台构造等效的 SQL 语句。实际上，在查询设计视图的属性表中，大多数查询属性在 SQL 视图中都有等效的可用子句和选项。如果需要，可以在 SQL 视图中查看和编辑 SQL 语句。但是，在对 SQL 视图中的查询做更改之后，查询可能无法再以之前在设计视图中所显示的方式进行显示。

3.1.3 查询条件

查询条件是一种规则，用来标识包含在查询结果中的记录，如果需要查看基本记录源中满足特定条件的记录，而不是全部记录，则需要在设计查询时使用查询条件。在 Access 2010 中，查询条件也称为表达式，是运算符、常数、函数和字段名称、控件和属性的任意组合，计算结果为单个值。在 Access 2010 中，许多操作都要使用表达式，如创建有效性规则、查询或筛选的准则、默认值、报表的计算控件以及宏的条件等。

在 Access 2010 的表达式中，使用的运算符包括算术运算符、关系运算符、逻辑运算符、字符运算符。

1. 算术运算符

使用算术运算符可以根据两个或更多个数字计算值，也可以将数字符号从正号更改为负号。Access 2010 中可以使用 7 个算术运算符：+、-、*、/、\、Mod 和^。

（1）“\”运算符

“\”为整除运算符，其作用为首先将两个数字按照四舍五入的原则（当小数部分恰好为 0.5 时，将其舍入到最接近的偶数）舍入为整数，再用第一个数字除以第二个数字，然后将结果取为整数。

例如，20.6\4.5 的结果为 5，其计算过程为首先将 20.6 根据舍入原则化为整数 21，将 4.5 化为 4，然后再进行 21/4 运算，得到结果 5.25，最后取 5.25 的整数部分，所以 20.6\4.5 的结果为 5。

（2）“Mod”运算符

“Mod”为求模运算符，也称为求余运算符，其作用是首先将两个数字舍入为整数，再将第一个数字除以第二个数字，然后返回余数。

例如，20.6 Mod 4 的结果为 1。

（3）“^”运算符

“^”为指数运算符，作用是进行指数运算。

例如，3^2 的结果为 9。

2. 关系运算符

Access 2010 可以使用六个关系运算符，包括 >、<、>=、<=、= 和 <>。通过关系运算符可对两个值或表达式进行比较运算，运算结果是逻辑值 True、False 或 Null。如果进行比较的两个值中有一个是 Null，则比较结果为 Null。

表 3-1 列出了一些使用关系运算符的查询条件。

表 3-1 使用关系运算符的查询条件

查询条件	查询功能
定价 >30	查询定价大于 30 的图书记录
Len([作者])=2	查询作者为两个字的图书记录
Left([图书编号],2)="71"	查询图书编号以“71”开始的图书记录
Right([图书编号],2)="22"	查询图书编号最后两个字符是“22”的图书记录
Mid([图书编号],3,2)="01"	查询图书编号第 3、4 个字符是“01”的图书记录
Year(Date())-Year([出版日期])<3	查询最近 3 年内出版的图书
婚否 = Yes	查询已婚人员记录

3. 逻辑运算符

逻辑运算符也称为布尔运算符，包括 And、Or、Not、Eqv 和 Xor，逻辑运算的结果为 True、False 或 Null。下面详细介绍 And、Or 和 Not 运算符。

（1）And 运算符

And 为逻辑与运算符，当两个操作数都为 True 时，表达式的结果为 True；当两个操作数中只要有一个为 False，表达式的结果为 False；否则为 Null。

表 3-2 列出了一些使用 And 运算符的查询条件。

表 3-2　使用 And 运算符的查询条件

查询条件	查询功能
作者 = "李敏" And 出版社名称 = "机械工业出版社"	查询机械工业出版社出版的作者为李敏的图书
图书类别 = "TP. 自动化、计算机" And 出版日期 >= #2012 - 1 - 1#	查询图书类别为 TP. 自动化、计算机且在 2012 - 1 - 1 之后出版的图书

（2） Or 运算符

Or 为逻辑或运算符，当两个操作数中只要有一个为 True，表达式的结果就为 True；两个操作数都为 False 时，表达式结果才为 False；否则为 Null。

表 3-3 列出了一些使用 Or 运算符的查询条件。

表 3-3　使用 Or 运算符的查询条件

查询条件	查询功能
作者 = "李敏" Or 作者 = "程莉"	查询作者是李敏或程莉的图书
作者 = "程莉" Or 出版社名称 = "机械工业出版社"	查询作者是程莉或机械工业出版社出版的图书

（3） Not 运算符

Not 为逻辑非运算符，表示取操作数的相反值，即操作数为 True 时表达式的结果为 False；操作数为 False 时表达式结果为 False；操作数为 Null 时表达式结果为 Null。

表 3-4 列出了一些使用 Not 运算符的查询条件。

表 3-4　使用 Not 运算符的查询条件

查询条件	查询功能
Not 出版社名称 = "科学出版社"	查询非科学出版社出版的图书
作者 Not Like "王 *"	查询作者不姓王的图书

4. 连接运算符

Access 2010 中可使用“&”和“+”这两个连接运算符，其作用是将两个文本值组合成为一个文本值。例如，"ab" & "cd" 的结果是得到字符串 "abcd"，同样，"ab" + "cd" 的结果也是得到字符串 "abcd"。“&”和“+”的不同之处在于，“+”运算符传播 Null 值，例如，"ab" & Null 的结果是得到字符串 "ab"，而 "ab" + Null 的结果是 Null。而且，“+”要求两个运算数都是文本类型的，否则会出现错误结果。

5. 特殊运算符

Access 2010 查询中常用的特殊运算符有 Between…And、Like、In、Is Null 和 Is Not Null。

（1） Between…And 运算符

Between…And 运算符用于确定表达式的值是否在指定值范围内，其基本语法为：

```
expr Between value1 And value2
```

如果 expr 的值在 value1 与 value2 之间（包含 value2 和 value2），则 Between…And 运算

符返回 True；否则，返回 False。

表 3-5 列出了一些使用 Between…And 运算符的查询条件。

表 3-5　使用 Between…And 运算符的查询条件

查询条件	查询功能
出版日期 Between #2012-1-1# And #2013-12-31#	查询在 2012～2013 年之间出版的图书
定价 Not Between 20 And 40	查询定价不在 20～40 元之间的图书记录

（2）Like 运算符

Like 运算符用于查找与指定模式匹配的值。在所定义的模式中，可以指定完整值，也可以使用通配符查找值范围。表 3-6 中列出了可以与 Like 运算符一起使用的通配符。

表 3-6　可与 Like 一起使用的通配符

通配符	匹配内容
?	任意单字符
*	零个或多个字符
#	任意一个数字（0 - 9）
[字符列表]	字符列表中的任意单字符
[！字符列表]	不在字符列表中的任意单字符

Like 运算符的语法如下：

```
expr Like "pattern"
```

如果 expr 的值与指定的模式相匹配，返回 True；否则，返回 False。

表 3-7 列出了一些使用 Like 运算符的查询条件。

表 3-7　使用 Like 运算符的查询条件

查询条件	查询功能
图书名称 Like "*计算机*"	查询图书名称中包含"计算机"的图书记录
作者 Like "??"	查询作者名字为两个字的图书记录
作者 Not Like "[王,方]*"	查询作者不姓王和方的图书记录

（3）In 运算符

In 运算符用于确定表达式的值是否等于指定列表内若干值中的任意一个。In 运算符的基本语法如下：

```
expr [Not] In (value1, value2, …)
```

如果 expr 的值等于指定列表内若干值中的任意一个，返回 True；否则，返回 False。

表 3-8 列出了一些使用 In 运算符的查询条件。

表 3-8　使用 In 运算符的查询条件

查询条件	查询功能
出版社名称 In（"机械工业出版社","科学出版社"）	查询机械工业出版社和科学出版社出版的图书记录
图书类别 Not In（"H. 语言,文字","J. 艺术"）	查询图书类别不是"H. 语言,文字"和"J. 艺术"的图书

（4）Is Null 和 Is Not Null

Null 是数据库中经常使用的一个常量，表示空值。Is Null 用于确定一个值是否为空值，Is Not Null 用于确定一个值是否为非空值。

空值是使用 Null 或空白来表示字段的值。空字符串（""）是用英文半角双引号括起来的字符串，且左右双引号之间没有任何符号。在查询时常常需要使用空值或空字符串作为查询的准则。Null 适用于所有类型的字段，而空字符串只适用于文本型字段。

表 3-9 列出了一些使用空字段值和空字符串的查询条件。

表 3-9　使用空字段值和空字符串的查询条件

查询条件	查询功能
图书类别 Is Null	查询图书类别为空值的图书
图书类别 Is not Null	查询图书类别有值(不为空值)的图书
图书类别 = ""	查询图书类别为空字符串的图书记录

3.2　创建选择查询

选择查询是最常见的查询类型，它从一个或多个表中检索数据，并且允许在可以更新记录（带有一些限制条件）的数据表中进行各种操作数据。也可以使用选择查询来对记录进行分组，并且对记录作总计、计数、平均以及其他类型汇总的计算。选择查询的优点在于能将多个表或查询中的数据集合在一起，或对多个表或查询中的数据执行操作。

一般情况下，建立查询的方法有两种：使用查询向导和查询设计，下面分别介绍使用这两种方法创建不同的查询。

3.2.1　使用向导创建查询

图 3-1　“创建”选项卡的“查询”选项组

【例 3-1】 查找并显示“图书信息表”中的“图书编号”“图书名称”“作者”和“出版社名称”四个字段。其操作步骤如下：

1）打开“图书销售管理系统”，单击“创建”选项卡→“查询”选项组→“查询向导”，如图 3-1 所示。单击之后，出现“新建查询”窗口，如图 3-2 所示。

2）在“新建查询”窗口中，单击“简单查询向导”，出现“简单查询向导”第一个对话框，如图 3-3 所示。

3）在“简单查询向导”第一个对话框中单击“表/查询”下拉列表框右侧的向下箭头按钮，然后从弹出的列表中选择“表：图书信息表”，这时“可用字段：”列表框中显示

“图书信息表”中包含的所有字段。分别双击“图书编号”“图书名称”“作者”和“出版社名称”四个字段，把它们添加到“选定的字段:”列表框中。结果如图 3-4 所示。

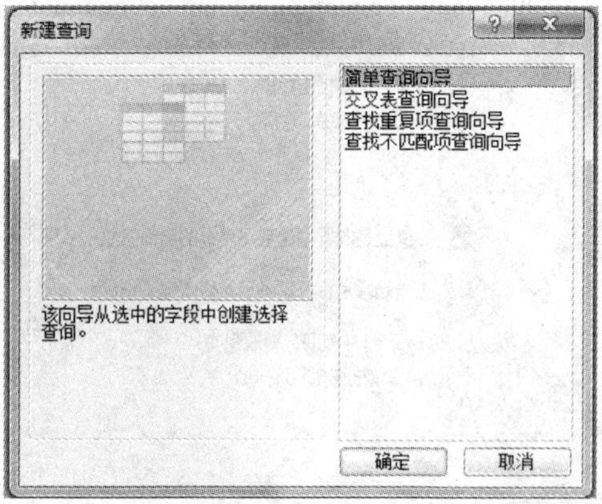

图 3-2 “新建查询”窗口

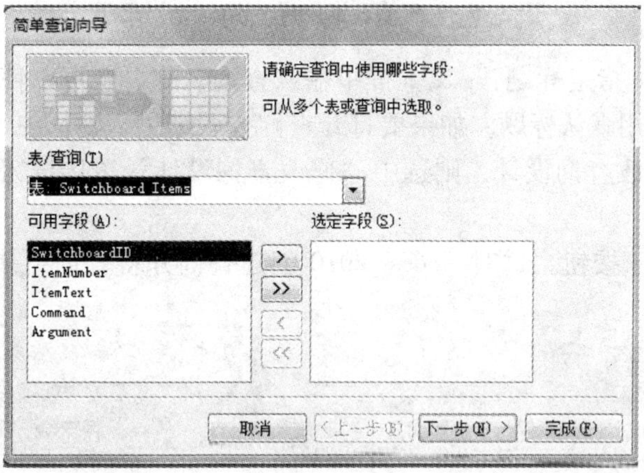

图 3-3 “简单查询向导”第一个对话框

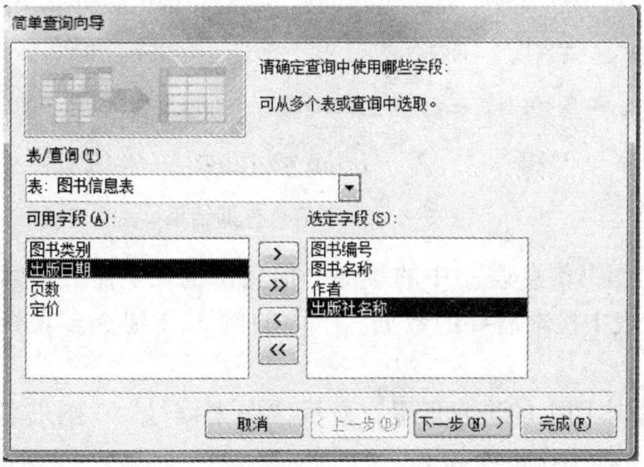

图 3-4 选择查询的来源表和结果字段

4）确定所需字段后，单击“下一步”按钮，这时屏幕显示“简单查询向导”第二个对话框，如图 3-5 所示。

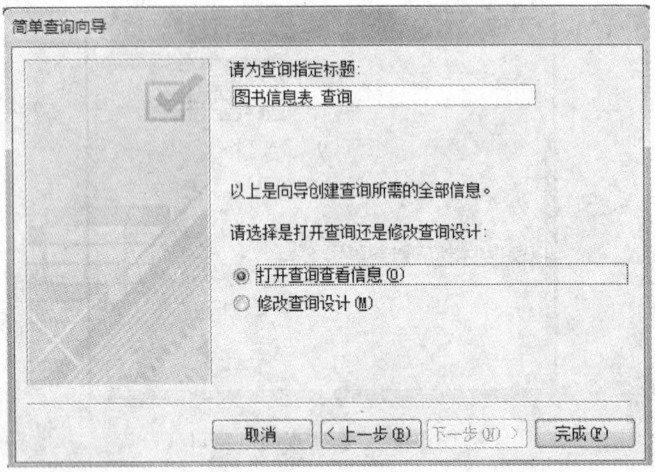

图 3-5 “简单查询向导”第二个对话框

5）在“请为查询指定标题：”文本框中输入查询名称，也可以使用默认的“图书信息表 查询”，这里就使用默认标题。如果要打开查询查看结果，则选中“打开查询查看信息”单选按钮；如果要修改查询设计，则选中“修改查询设计”单选按钮。这里选中“打开查询查看信息”。

6）单击“完成”按钮。这时 Access 2010 创建查询并将查询结果显示出来，如图 3-6 所示。

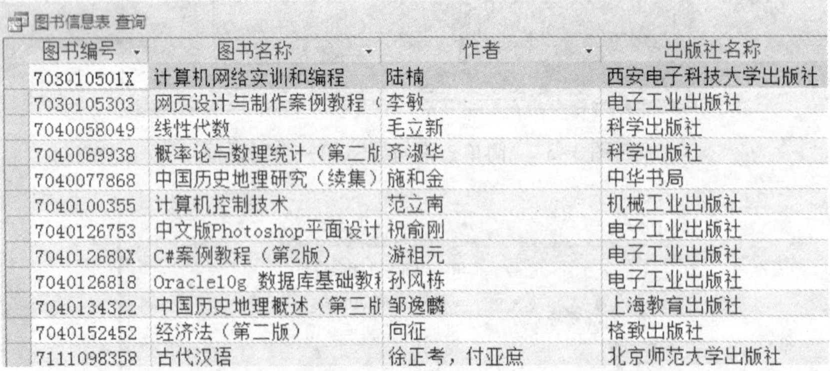

图书信息表 查询

图书编号	图书名称	作者	出版社名称
703010501X	计算机网络实训和编程	陆楠	西安电子科技大学出版社
7030105303	网页设计与制作案例教程（	李敏	电子工业出版社
7040058049	线性代数	毛立新	科学出版社
7040069938	概率论与数理统计（第二版	齐淑华	科学出版社
7040077868	中国历史地理研究（续集）	施和金	中华书局
7040100355	计算机控制技术	范立南	机械工业出版社
7040126753	中文版Photoshop平面设计	祝俞刚	电子工业出版社
704012680X	C#案例教程（第2版）	游祖元	电子工业出版社
7040126818	Oracle10g 数据库基础教	孙风栋	电子工业出版社
7040134322	中国历史地理概述（第三版	邹逸麟	上海教育出版社
7040152452	经济法（第二版）	向征	格致出版社
7111098358	古代汉语	徐正考，付亚庶	北京师范大学出版社

图 3-6 图书信息查询结果

图 3-6 显示了“图书信息表”中的一部分信息，也就是需要检索的信息。这是一个比较的例子，仅从一个表中检索需要的数据。下面的例 3-2 建立多表查询，即查询的结果来源于多个数据表。

【例 3-2】查询每本图书的进货情况，显示“图书编号”“图书名称”“进书日期”和“进货员”四个字段。其操作步骤如下：

1）打开“图书销售管理系统”，单击“创建”选项卡→“查询”选项组→“查询向导”按钮。单击之后，出现“新建查询”窗口。

2）在“新建查询”窗口中，单击“简单查询向导”，出现“简单查询向导”第一个对话框。

3）在“简单查询向导”第一个对话框中单击“表/查询”下拉列表框右侧的向下箭头按钮，然后从弹出的列表中选择“表：图书信息表”。这时“可用字段：”列表框中显示“图书信息表”中包含的所有字段，分别双击“图书编号”“图书名称”；然后再在“表/查询”下拉列表框中选择“表：图书进货表”，并双击“进书日期”“进货员”，将这两个字段也添加到“选定的字段：”列表框中。结果如图3-7所示。

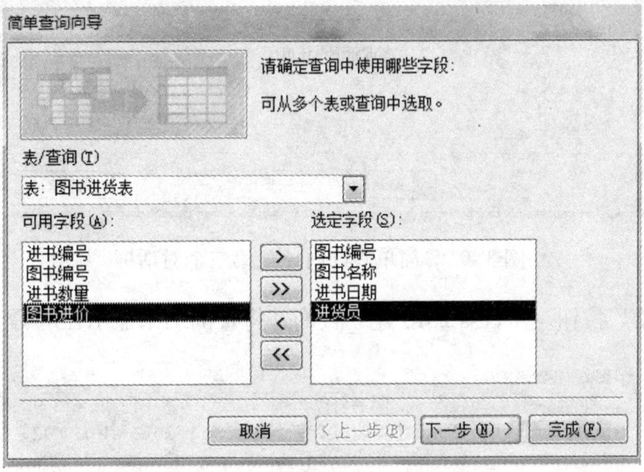

图3-7　确定查询中所需字段

4）单击“下一步”按钮，这时屏幕上显示“简单查询向导”第二个对话框。在这个对话框中，用户需要选择“明细”或“汇总”两种查询类型。“明细”查询可以显示每个记录的每个字段，“汇总”查询可以计算字段的总值、平均值、最小值、最大值、记录数等，如图3-8所示。

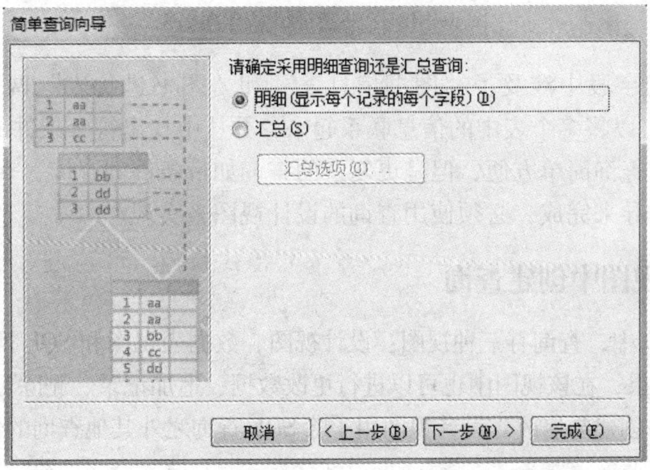

图3-8　“简单查询向导”第二个对话框

5）选择“明细”单选按钮后，单击“下一步”按钮。系统显示“简单查询向导”第三个对话框，提示用户指定查询的标题以及向导结束后系统的动作。在指定标题文本框中输入“图书进货查询”并选择“打开查询查看信息”，如图 3-9 所示。

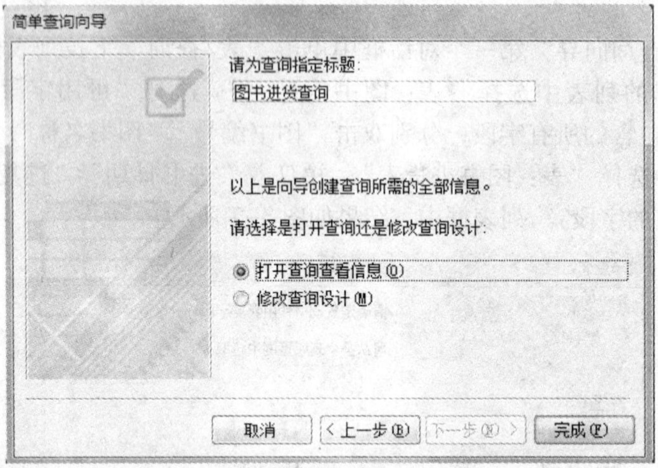

图 3-9 “简单查询向导”第三个对话框

6）单击“完成”按钮。Access 2010 建立查询并将查询结果显示在屏幕上，如图 3-10 所示。

图书进货查询

图书编号	图书名称	进书日期	进货员
703010501X	计算机网络实训和编程	2013-04-19	002
703010501X	计算机网络实训和编程	2013-05-11	002
703010501X	计算机网络实训和编程	2013-05-18	002
7030105303	网页设计与制作案例教程（第2版）	2013-04-19	001
7030105303	网页设计与制作案例教程（第2版）	2013-04-30	002
7030105303	网页设计与制作案例教程（第2版）	2013-05-11	002
7040058049	线性代数	2013-04-20	001
7040058049	线性代数	2013-05-18	002
7040069938	概率论与数理统计（第二版）	2013-04-20	001
7040069938	概率论与数理统计（第二版）	2013-05-11	003

记录: 第 1 项(共 32 项 无筛选器 搜索

图 3-10 图书进货信息查询结果

此查询显示的字段中涉及了“图书信息表”和“图书进货表”两个表。由此可见，Access 2010 查询可以将多个表中的信息联系起来，并从中找出符合条件的记录。

通过向导创建查询简单方便，但是更复杂的查询如带条件的查询、查询结果的排序、计算等都不能使用向导来完成，必须使用查询的设计视图来实现。

3.2.2 在设计视图中创建查询

在 Access 2010 中，查询有三种视图：设计视图、数据表视图和 SQL 视图。数据表视图主要用于查看查询结果，在该视图中也可以进行更改数据、追加记录、删除记录等操作。SQL 视图用于 SQL 查询的创建与修改。设计视图用于除 SQL 查询之外其他查询的创建和修改。

1. 设计视图

查询设计视图窗口分为两个部分，上部分显示查询所使用的表对象，下部分是定义查询设计的网格。查询设计网格每一列对应着查询结果数据集中的一个字段，每一行分别是字段的属性和要求，如图 3-11 所示，其中：

- 字段：设置定义查询对象时需要选择的表对象的字段。
- 表：设置字段的来源。
- 排序：定义字段的排序方式。
- 显示：设置选择字段是否在数据表视图中显示出来。
- 条件：设置字段限制条件。

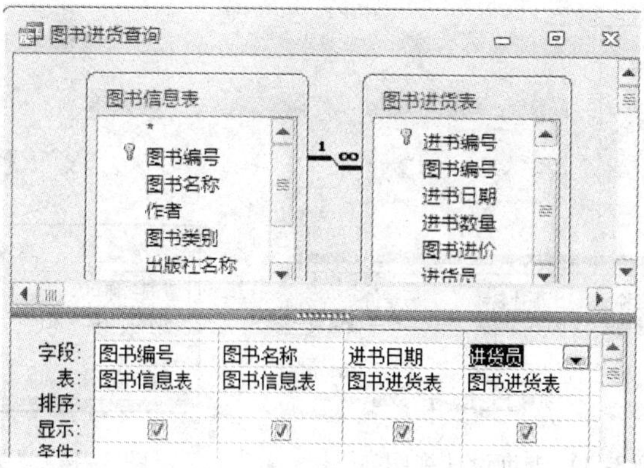

图 3-11　查询设计视图窗口

2. 使用设计视图建立新查询

【例 3-3】查询机械工业出版社出版的定价大于 30 元的图书，显示“图书编号”“图书名称”“出版社名称”和“定价”字段，创建过程如下：

1）打开“图书销售管理系统”，单击“创建”选项卡→“查询”选项组→“查询设计”按钮，这时屏幕显示查询设计视图，如图 3-12 所示。

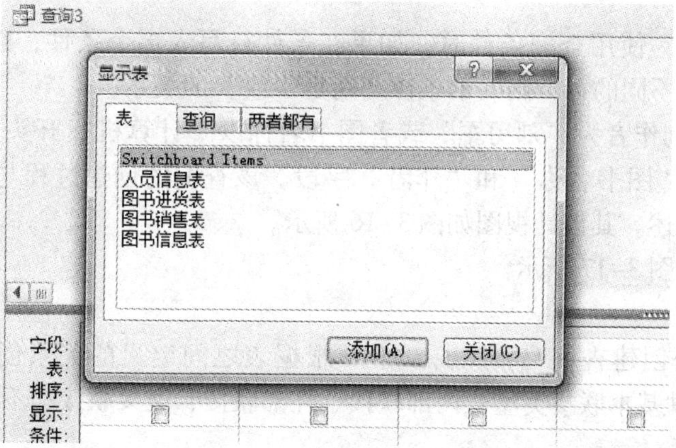

图 3-12　选择查询数据来源

2）在“显示表”对话框中，单击“表”选项卡，由于该查询使用的数据源为“图书信息表”，所以双击“图书信息表”，将“图书信息表”添加到查询“设计视图”的上半部分中，然后单击“关闭”按钮。

3）双击“图书信息表”中的“图书编号”“图书名称”“出版社名称”和“定价”四个字段，此时这四个字段依次显示在“设计视图”下面窗格的“字段”行的相应列中，同时“表”行显示出这些字段所在表的名称，并在“出版社名称”字段所在列的“条件”行输入查询条件“机械工业出版社”，在“定价”字段所在列的“条件”行输入查询条件“>30”，如图 3-13 所示。

4）单击快速访问工具栏上的“保存”按钮，这时出现“另存为”对话框，在“查询名称”文本框中输入“机械工业图书查询”，如图 3-14 所示，然后单击“确定”按钮。

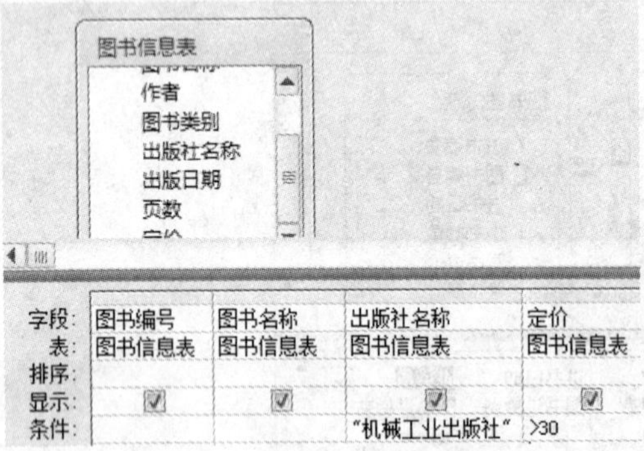

图 3-13 【例 3-3】查询设计视图

图 3-14 “另存为”对话框

5）单击“设计”选项卡→“结果”选项组→“运行”按钮，运行查询并显示查询结果，如图 3-15 所示。

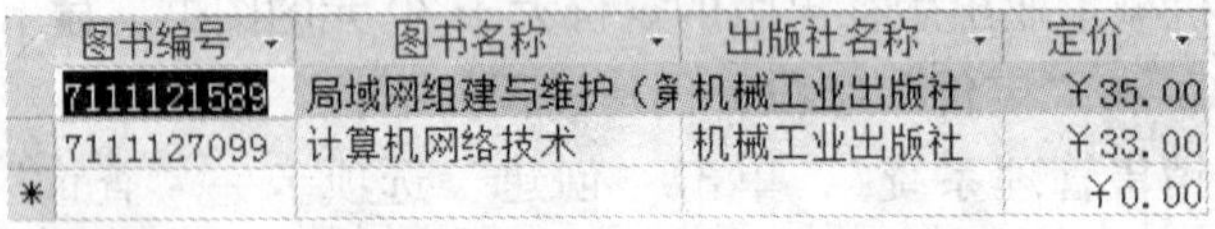

图书编号	图书名称	出版社名称	定价
7111121589	局域网组建与维护（第	机械工业出版社	￥35.00
7111127099	计算机网络技术	机械工业出版社	￥33.00
*			￥0.00

图 3-15 【例 3-3】查询结果

需要说明的是：使用查询条件时，如果在条件行写入多个条件，则条件之间是“与”的关系，如果写在不同的行，则表示条件之间是“或”的关系。

【例 3-4】查询作者为“刘勇军”或者图书名称以“计算机”开头的所有图书的信息，显示“图书编号”“图书名称”和“作者”字段。该查询的创建过程与【例 3-3】的创建过程相似，不再赘述。其设计视图如图 3-16 所示。

其查询结果如图 3-17 所示。

3. 联接类型

当使用多个表创建查询时，Access 2010 根据表之间定义的关系创建表之间的联接。Access 2010 有四种基本联接类型：内部联接、外部联接、交叉联接和不等联接。

（1）内部联接

内部联接是最常见的联接类型。当运行带有内部联接的查询时，查询操作中将只包括这两个联接表中存在公共值的行。内部联接是 Access 2010 中默认的联接类型。

【例 3-5】查询所有人员的进货信息，显示“人员编号”“姓名”“进书编号”“图书编号”和“进书数量”字段。

1）选择表：由于该查询所需数据来源于“人员信息表”和“图书进货表”，因此该查询的数据源设置为“人员信息表”和“图书进货表”。

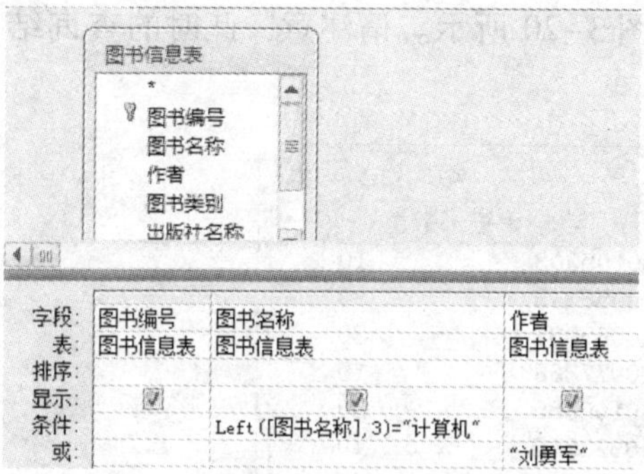

图 3-16 【例 3-4】查询设计视图

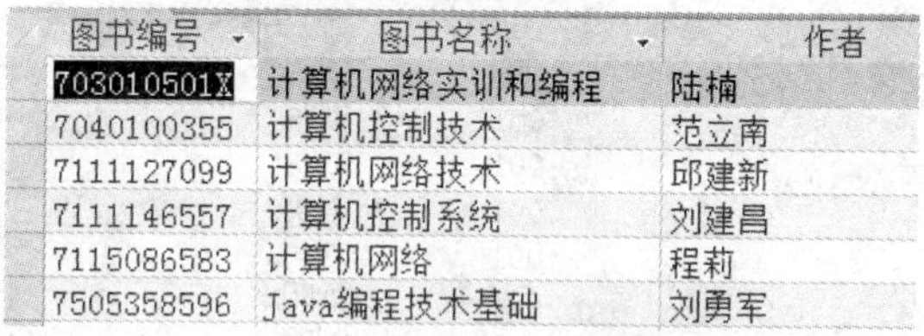

图书编号	图书名称	作者
703010501X	计算机网络实训和编程	陆楠
7040100355	计算机控制技术	范立南
7111127099	计算机网络技术	邱建新
7111146557	计算机控制系统	刘建昌
7115086583	计算机网络	程莉
7505358596	Java编程技术基础	刘勇军

图 3-17 【例 3-4】查询结果

2）设置联接类型

将“人员信息表”和“图书进货表”之间的联接类型设置为内部联接，设置方法为：双击查询设计视图中两表之间的联接线，则出现如图 3-18 所示的“联接属性”对话框，该对话框中包含三个选项，选项“1”为内部联接。若两表之间没有连线，则鼠标单击“人员编号”字段并拖动到“进货员”字段，从而建立两表之间的连线。

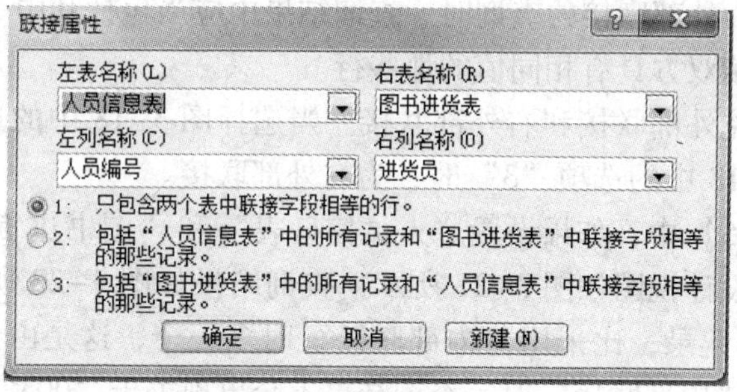

图 3-18 “联接属性”对话框

3）选择查询所需要的字段：“人员编号”“姓名”“进书编号”“图书编号”和“进书数量”。

该查询的设计视图如图 3-19 所示。

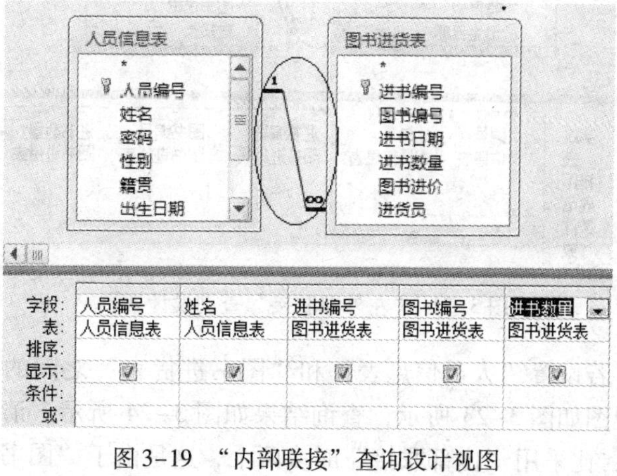

图 3-19 “内部联接”查询设计视图

将查询设计完之后运行该查询，则查询结果如图 3-20 所示。请注意，此时的查询结果中共有 30 个记录。

图 3-20 “内部联接”查询结果

(2) 外部联接

当运行联接类型为外部联接的查询时，查询结果中应当包括其中一个表中的所有行，并且包括另一个表中联接双方具有相同值的那些行。

外部联接又分为左外部联接和右外部联接。当选择图 3-18 中的选项“2”时，为左外部联接；当选择图 3-18 中的选项“3”时，为右外部联接。

例如，在【例 3-5】中，如果设置“人员信息表”和“图书进货表”之间的联接类型为左外部联接，则其设计视图如图 3-21 所示，查询结果如图 3-22 所示。请注意，此时的查询结果中共有 31 个记录，比采用“内部联接”时多一个，这是由于“005”人员没有进货记录，所以在采用“内部联接”时，查询结果不会出现关于“005”的信息。

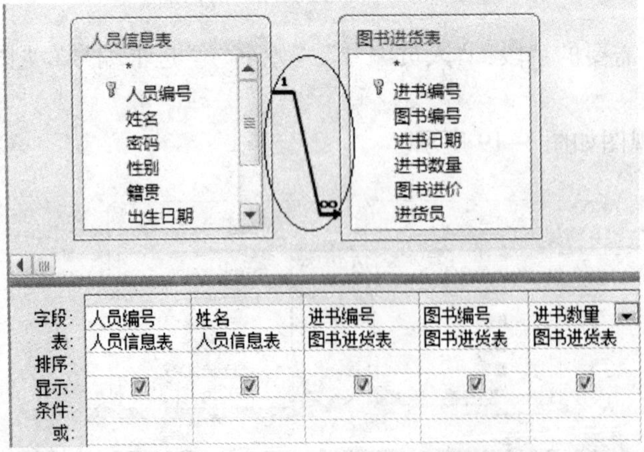

图 3-21 “左外部联接”查询设计视图

针对上述查询，若设置“人员信息表”和“图书进货表”之间的联接类型为右外部联接，则其查询设计视图如图 3-23 所示，查询结果如图 3-24 所示。请注意，此时的查询结果中共有 32 个记录，比采用“内部联接”时多两个，这是由于“图书进货表”中的最后两个进货记录的“进货员”字段的值为 Null，所以，它们不会出现在采用“内部联接”时的查询结果中。

人员编号	姓名	进书编号	图书编号	进书数量
003	王胜利	16	7040077868	20
003	王胜利	22	7040069938	20
003	王胜利	23	7111119096	40
003	王胜利	27	7505358596	10
004	赵洁	9	7302038171	10
004	赵洁	14	7502560297	10
004	赵洁	20	7501010730	20
004	赵洁	28	7501010285	10
005	李丽			
*		（新建）		

记录: 第 1 项(共 31 项 无筛选器 搜索

图 3-22 “左外部联接”查询结果

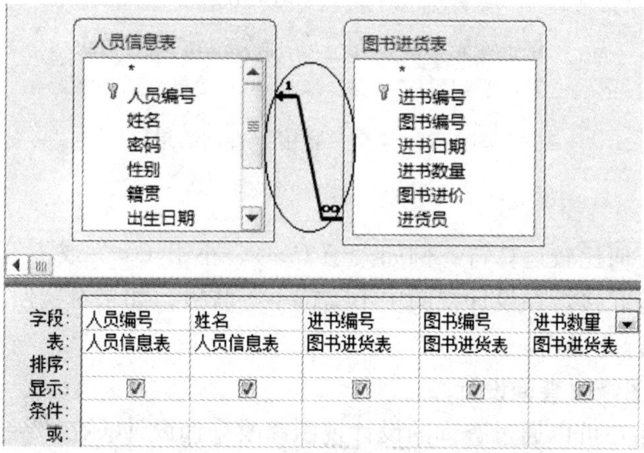

图 3-23 “右外部联接”查询设计视图

人员编号	姓名	进书编	图书编号	进书数量
		21	7560923518	40
		29	7560923518	10
001	刘明	2	7030105303	10
001	刘明	3	7040058049	80
001	刘明	4	7040069938	30
001	刘明	5	7040077868	15
001	刘明	7	7040100355	50
001	刘明	10	7560923518	40
001	刘明	12	7111127099	24
001	刘明	17	7111098358	40
001	刘明	19	7302038171	10

记录: 第 1 项(共 32 项 无筛选器 搜索

图 3-24 “右外部联接”查询结果

(3) 交叉联接

在交叉联接中，一个表中的每一行与另一个表中的每一行合并，导致生成叉（笛卡尔）

积，联接结果中记录的数目为两个联接表的记录数目之积。只要运行的查询中没有显式联接的表，就会得到叉积。

例如，在上述查询中，若删除两表之间的联接线，则查询结果如图 3-25 所示。此时的查询结果中共有 160 个记录。这是因为，在采用交叉联接时，“人员信息表”中的每个记录都会和“图书进货表”中的每个记录进行联接，“人员信息表”中有五条记录，“图书进货表”中有 32 条记录，所以，查询结果中的记录数为 5 * 32，即 160。

人员编号	姓名	进书编	图书编号	进书数量
001	刘明	1	703010501X	48
002	李娜	1	703010501X	48
003	王胜利	1	703010501X	48
004	赵洁	1	703010501X	48
005	李丽	1	703010501X	48
001	刘明	2	7030105303	10
002	李娜	2	7030105303	10
003	王胜利	2	7030105303	10
004	赵洁	2	7030105303	10
005	李丽	2	7030105303	10
001	刘明	3	7040058049	80

图 3-25 “交叉联接”查询结果

（4）不等联接

联接可以基于任何比较运算符，例如大于（>）、小于（<）或不等于（<>）。不基于等价的联接称为不等联接。在设计视图中不支持不等联接，如果希望使用不等联接，则必须使用 SQL 视图来执行此操作。

4. 使用设计视图修改查询设计

查询建立后，用户可以通过查询的设计视图修改查询设计。在“导航窗格”的“查询”对象中右键单击要修改的查询，然后在弹出的快捷菜单中选择“设计视图”，则可进入查询的设计视图进行修改。修改查询设计可以改变查询的数据源，增加、删除查询字段，改变原来查询字段的顺序等。

（1）改变查询的数据源

1）添加表/查询。单击“设计”选项卡→“查询设置”选项组→“显示表”按钮，打开“显示表”对话框，可以根据查询需求添加相应的表或查询等。

2）删除表/查询。在设计视图上半部分单击查询的源数据表/查询，然后选择“编辑”菜单中的“删除”菜单项或者按键盘上的〈Delete〉键。

（2）查询字段操作

1）添加字段。向设计网格中添加字段有以下几种方法：双击源字段名称；直接从源字段列表中拖动到设计网格中；在网格字段行中选择相应的字段。其中“*”表示选择所有字段。如果查询结果中显示所有字段，可以直接将“*”添加到设计网格中。

2）插入字段。从设计视图上半部分源字段列表中选中要插入的字段，然后用鼠标直接拖动到目标位置。

3）删除字段。将鼠标指向要删除字段的最上方，单击鼠标左键以选中整列，然后选择

“编辑”菜单中的“删除”或者按键盘上的〈Delete〉键。

4）改变字段顺序。选中要移动的一个或多个字段，然后通过鼠标拖放操作将字段移动到目标位置。

3.2.3 在查询中进行计算

Access 2010 的查询不仅具有记录检索的功能，还具有计算的功能。在 Access 2010 查询中可执行许多类型的计算。例如，可以计算一个字段值的总和或平均值，使两个字段的值相乘，或者计算从当前日期算起三个月后的日期等。Access 2010 查询中具有两种基本计算：预定义计算和自定义计算。

在字段中显示计算结果时，结果实际并不存储在基础表中，Access 2010 在每次执行查询时都将重新进行计算，以使计算结果永远都以数据库中最新的数据为准。因此，不能手动更新计算结果。

1. 预定义计算

预定义计算，即所谓的“总计”计算，用于对查询中的记录组或全部记录进行总和、平均值、计数、最小值、最大值、标准偏差或方差等数量计算，也可根据查询要求选择相应的分组、第一条记录、最后一条记录、表达式、条件等。

【例 3–6】统计图书信息表中各出版社出版图书的种数。操作步骤如下：

1）打开“图书销售管理系统”，单击“创建”选项卡→“查询”选项组→“查询设计”按钮。

2）在“显示表”对话框中双击“图书信息表”，单击“关闭”按钮。双击“出版社名称”和“图书编号”两个字段，将它们分别添加到设计网格中。

3）单击工具栏上的“汇总”按钮，设计网格中将会添加“总计”行，然后选择相应的总计方式：“出版社名称”字段所在列的“总计”行选择“分组（group by）”；“图书编号”所在列的“总计”行选择“计数”，并重新命名“图书编号”列的汇总结果为“图书种数”，方法为在“图书编号”前输入“图书种数:”，如图 3–26 所示。

4）单击快速访问工具栏上的“保存”按钮，输入“出版社图书种数查询”，单击“确定”按钮。

5）单击“设计”选项卡→“结果”选项组→“运行”按钮，查询的运行结果如图 3–27 所示。

在 Access 2010 中，表达式非常有用，在很多地方用于执行计算、操作字符或测试数据。表达式可以是以下全部或部分的组合：内置的或用户定义的函数、标识符、运算符和常量，如 Avg([考试成绩]),Left([学号],4) = "2013"，[考试成绩] * 0.6 + [平时成绩] * 0.4 等都是表达式。每个表达式的计算结果均为单个值。表、查询、窗体、报表和宏等都具有接受表达式的属性。例如，在表的属性设置时，“默认值”属性和“有效性规则”属性中已经使用过表达式，本章前面讲述的一些查询条件也都用到了表达式。在窗体或报表中的控件，其“控件来源”也可以使用表达式。此外，在为事件过程或模块编写 Microsoft Visual Basic for Applications（VBA）代码时，使用的表达式通常与在 Access 对象（如表或查询）中使用的表达式类似。

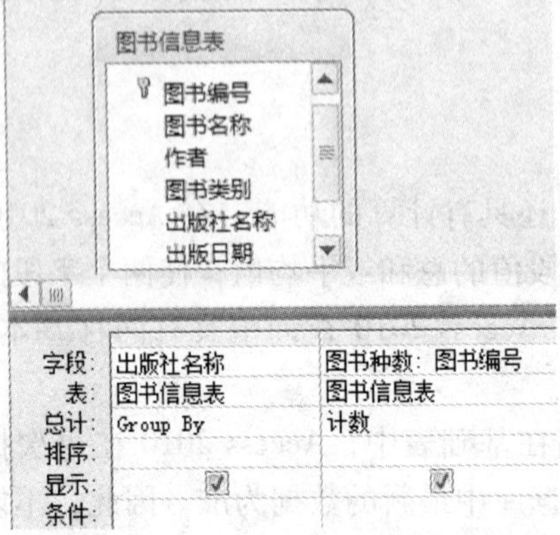

图 3-26　统计各出版社图书出版的数量

出版社名称	图书种数
北京师范大学出版社	1
大连理工大学出版社	1
电子工业出版社	7
格致出版社	1
化学工业	1
机械工业出版社	3
科学出版社	6
南京大学出版社	3
上海教育出版社	1
天津大学出版社	1
武汉大学出版社	1
西安电子科技大学出版社	1
中国铁道出版社	1
中华书局	1
中南大学出版社	1

记录: 第 1 项(共 15 项)　无筛选器

图 3-27　出版社图书数量查询结果

【例 3-7】统计图书信息表中各出版社 2012 年及以后出版图书的种数。操作步骤如下：

1）打开“图书销售管理系统”，单击“创建”选项卡→“查询”选项组→“查询设计”按钮。

2）在“显示表”对话框中双击“图书信息表”，单击“关闭”按钮。双击“出版社名称”“图书编号”和“出版日期”字段，将它们分别添加到设计网格中。

3）单击工具栏上的“汇总”按钮，设计网格中将会添加“总计”行，然后选择相应的总计方式，重新命名“图书编号”列的汇总结果为“图书种数”，在“出版日期”字段所在列的“条件”行中输入“> =#2012 - 1 - 1#”，请注意，此时“出版日期”字段所在列的“总计”行应选择“Where”，即“条件”，如图 3-28 所示。

4）单击“设计”选项卡→“结果”选项组→“运行”按钮，查询的运行结果如图 3-29 所示。

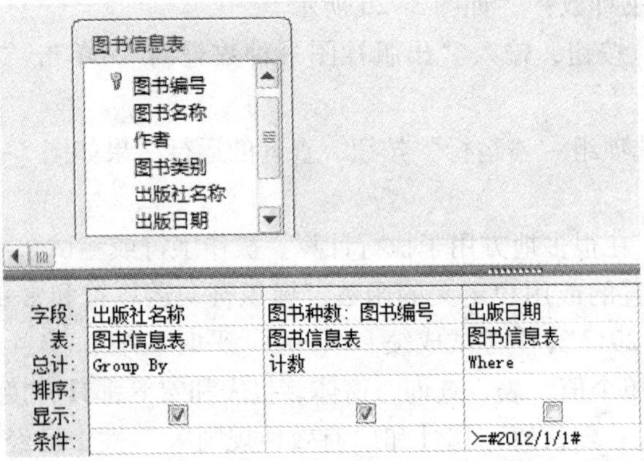

图 3-28　统计各出版社 2012 年及以后出版图书的数量

出版社名称	图书种数
大连理工大学出版社	1
电子工业出版社	5
机械工业出版社	1
科学出版社	3
上海教育出版社	1
西安电子科技大学出版社	1
中国铁道出版社	1

记录: 第 1 项(共 7 项)　无筛选器

图 3-29　查询运行结果

【例 3-8】查询售书总量大于等于 200 的售货员。操作步骤如下：

1）打开“图书销售管理系统”，单击“创建”选项卡→“查询”选项组→“查询设计”按钮。

2）在“显示表”对话框中双击“图书销售表”，单击“关闭”按钮。双击“售货员”和“售书数量”字段，将它们分别添加到设计网格中。

3）单击工具栏上的“汇总”按钮，设计网格中将会添加“总计”行，然后选择相应的总计方式：“售货员”字段所在列的“总计”行选择“分组（group by）”；“售书数量”字段所在列的“总计”行选择“总计”，重新命名“售书数量”列的汇总结果为“售书总量”，并在该列的“条件”行中添加条件“> =200”，如图 3-30 所示。

4）单击“设计”选项卡→“结果”选项组→“运行”按钮，查询的运行结果如图 3-31 所示。

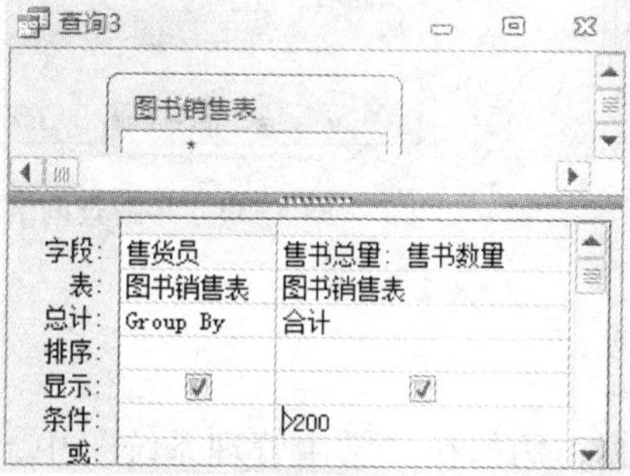

图 3-30　查询售书总量大于等于 200 的售货员

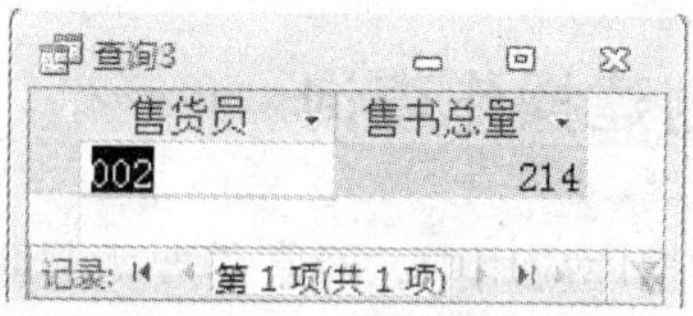

图 3-31　查询运行结果

需要注意【例 3-7】与【例 3-8】的不同之处。【例 3-7】的条件针对的是非汇总列，其执行过程为首先根据条件对数据源中的数据进行选择，然后再对选择结果进行汇总。【例 3-8】的条件针对的是汇总列，其执行过程为首先进行汇总，然后再根据条件对汇总结果进行选择。

2. 自定义计算

如果想对一个或多个字段中的数据进行数值、日期和文本计算，可以直接在设计网格中创建计算字段。计算字段是在查询中定义的字段，用于显示表达式的结果而不是显示存储的数据，因此当表达式中的值改变时，将重新计算该字段的值。

创建计算字段的方法是在查询设计视图的设计网格“字段”行中直接输入计算字段及其计算表达式。输入规则是：“计算字段名：表达式”，其中计算字段名和表达式之间分隔符是半角的“:”。在表达式中可以使用运算符、常数、函数和标识符（包括字段名称、控件名称和属性等）。

【例 3-9】 计算每个人的年龄，结果中显示“姓名”“年龄”。其中“年龄”为计算字段，根据系统当前日期和每个人的“出生日期”计算得到。查询设计步骤如下：

1）打开“图书销售管理系统”，单击“创建”选项卡→“查询”选项组→“查询设计”按钮。

2）在“显示表”对话框中双击“人员信息表”，然后单击“关闭”按钮。

3）在设计视图中双击“姓名”字段，将其添加到设计网格中。并在设计网格中第二列“字段”行输入“年龄:Year(Date()) - Year([出生日期])”，如图 3-32 所示。

4）单击工具栏上的“保存”按钮，输入查询名称“年龄查询”，然后单击工具栏上的“运行”按钮运行查询，查询结果如图 3-33 所示。

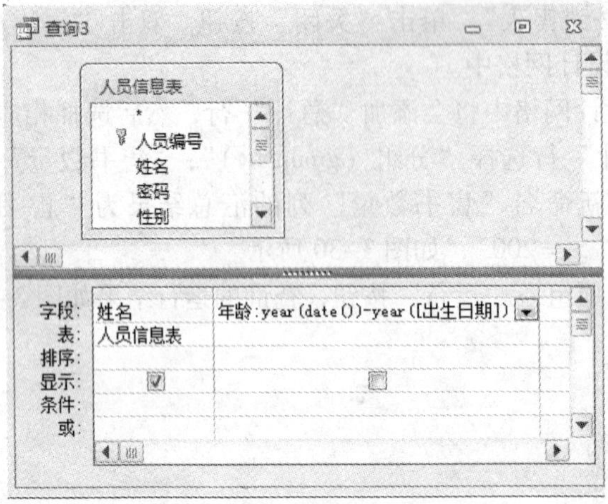

图3-32　查询每个人的年龄

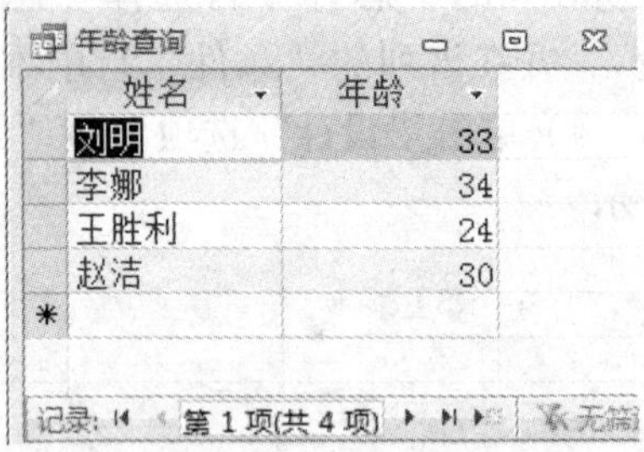

图3-33　年龄查询结果

3.3　创建操作查询

在数据库应用中，经常需要大量地修改数据，例如在“学生管理系统”中，当学生毕业时，需要把毕业生信息追加到“已毕业学生信息表”中，并且将这些信息从“在校学生信息表”中删除。这样的操作既需要检索记录，也需要更新记录。根据功能的不同，操作查询分为生成表查询、更新查询、追加查询和删除查询。

操作查询的运行与选择查询、交叉表查询的运行有很大不同。选择查询、交叉表查询的运行结果是从数据基本表中生成的动态记录集合，并没有物理存储，也没有修改基本数据表中的记录。用户可以直接在数据表视图中查看查询结果。而操作查询的运行结果是对数据表进行创建或更新，无法直接在数据表视图中查看其运行的结果，只能通过打开操作的表对象浏览操作查询运行的结果。由于操作查询可能对基本数据表中的数据进行大量的修改或删除，因此为了避免误运行操作查询带来的损失，在“查询”对象窗口中每个操作查询图标都有一个感叹号，以提醒用户注意。

3.3.1　生成表查询

生成表查询利用一个或多个表中的全部或部分数据创建新表。

【例3-10】 将机械工业出版社的图书信息存储到一个新的数据表中，数据表名称为“机械工业图书”，新表字段为“图书编号”“图书名称”“作者”和“出版社名称”。创建步骤如下：

1）打开“图书销售管理系统”，单击“创建”选项卡→“查询”选项组→“查询设计”按钮。

2）在“显示表”对话框中双击“图书信息表”，然后单击“关闭”按钮。

3）在查询设计视图中，将“图书编号”“图书名称”“作者”和“出版社名称”四个字段添加到设计网格的“字段”行上。

4）在“出版社名称”字段列的“条件”区域输入“机械工业出版社”，如图3-34所示。

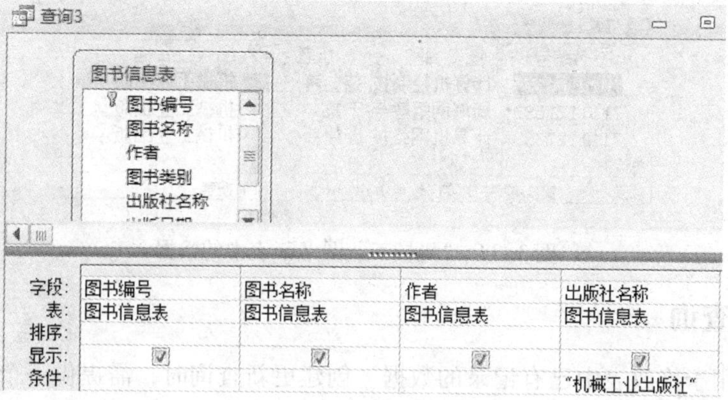

图 3-34　查询设计视图

5）单击“设计”选项卡→“查询类型”选项组→“生成表”按钮。此时屏幕显示“生成表”对话框，如图 3-35 所示。

图 3-35　“生成表”对话框

6）在“表名称:”文本框中输入要创建的表名“机械工业图书”，选择“当前数据库”，单击“确定”按钮。

7）单击快速访问工具栏上“保存”按钮，输入查询名称“生成机械工业图书表”。

8）单击“设计”选项卡→“结果”选项组→“运行”按钮，由于查询的结果要生成一个新的数据表，因此屏幕会出现一个提示框，提示用户将要向新创建的表中添加记录，如图 3-36 所示。

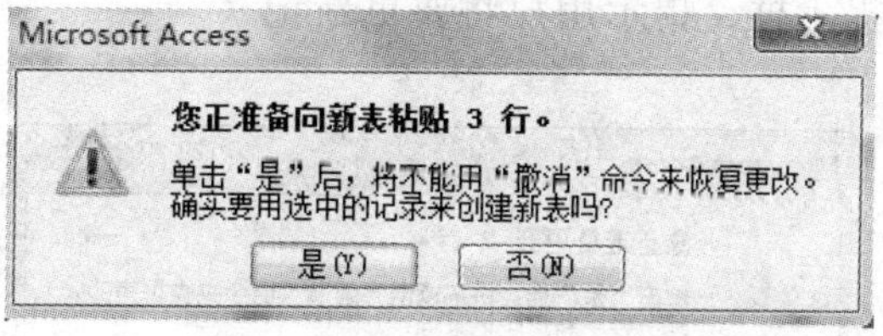

图 3-36　“生成表”提示框

9）单击“是”按钮，Access 2010 将在数据库中创建新的名为“机械工业图书”的数据表。在“图书销售管理系统”中单击“表”对象，可以看到新增加的“机械工业图书”表，双击“机械工业图书”表，将显示此表中的数据，如图 3-37 所示。

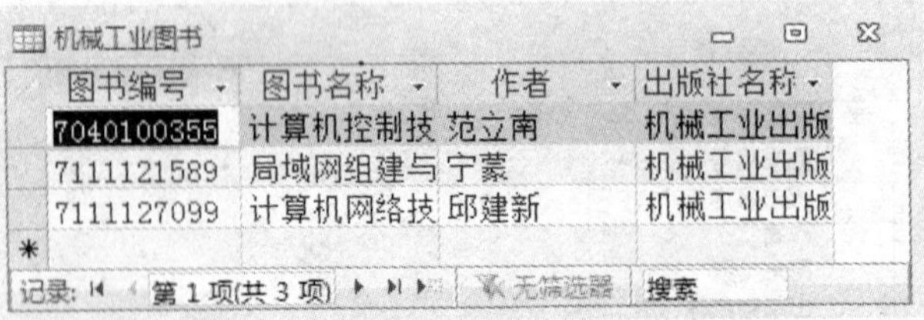

图 3-37 “机械工业图书”表中的数据

3.3.2 更新查询

更新查询用于修改表中已有记录的数据。创建更新查询时，需提供一个更新表达式，用该表达式的值替换原有的数据。

【例 3-11】 创建一个更新查询，将所有 2005 年以前出版的图书的定价打 9 折。创建步骤如下：

1）打开“图书销售管理系统”，单击“创建”选项卡→“查询”选项组→“查询设计”按钮。

2）在“显示表”对话框中双击“图书信息表”，然后单击“关闭”按钮。

3）在查询设计视图中，将“出版日期”和“定价”两个字段添加到设计网格的“字段”行上。

4）在“出版日期”字段列的“条件”区域输入“<#2005-01 -01#”，如图 3-38 所示。

5）单击“设计”选项卡→“查询类型”选项组→“更新”。此时设计网格增加“更新到”行，在“定价”列的“更新到”单元格中输入“[定价] * 0.9”，如图 3-38 所示。

6）单击快速访问工具栏上的“保存”按钮，输入查询名称“修改 2005 年以前图书定价”。

7）单击“设计”选项卡→“结果”选项组→“运行”按钮，由于查询的结果要修改原数据表中的数据，因此屏幕出现一个提示框，提示用户将要更新记录，如图 3-39 所示。

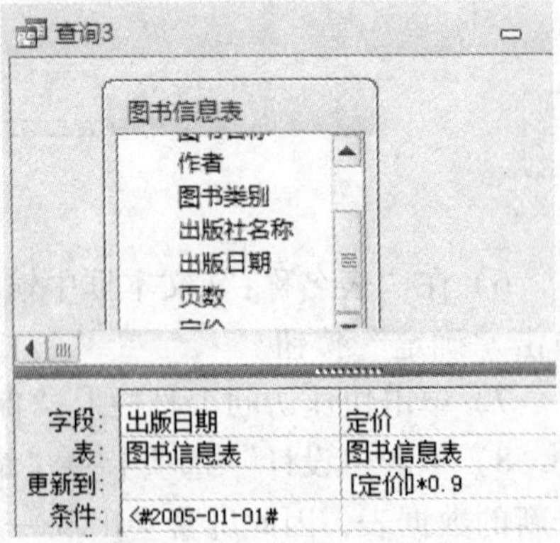

图 3-38 更新查询设计视图

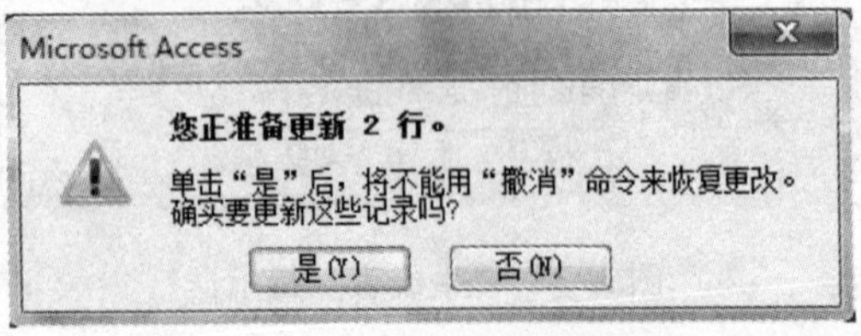

图 3-39 “更新查询”提示框

8）单击“是”按钮，将执行更新查询。查询执行后打开“图书信息表”就可以看到 2005 年以前出版的图书定价均为原定价的 90%。

3.3.3 追加查询

追加查询可将查询结果追加到已存在的其他表中。

【例 3-12】创建一个追加查询，将“科学出版社”出版的图书追加到已经建立的“机械工业图书”表中。创建步骤如下：

1）打开“图书销售管理系统”，单击“创建”选项卡→“查询”选项组→“查询设计”按钮。

2）在“显示表”对话框中双击“图书信息表”，然后单击“关闭”按钮。

3）在查询设计视图中，将“图书编号”“图书名称”“作者”和“出版社名称”四个字段添加到设计网格的“字段”行上。

4）在“出版社名称”字段列的“条件”区域输入“机械工业出版社”。

5）单击“设计”选项卡→“查询类型”选项组→“追加”按钮。屏幕显示“追加”对话框，提示用户选择查询结果追加到哪个表中。在“表名称：”下拉列表中选择“机械工业图书”，如图 3-40 所示。

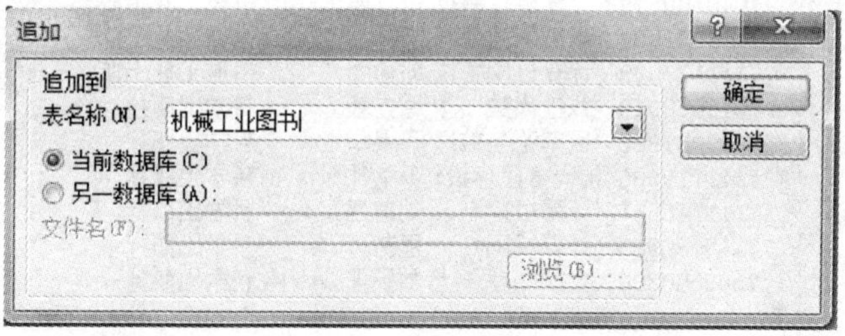

图 3-40 “追加”对话框

6）选择完追加表名称后，单击“确定按钮”，此时设计网格增加“追加到”行。由于查询的字段与目标表字段完全相同，所以“追加到”行自动填充“图书编号”“图书名称”“作者”和“出版社名称”四个字段，如图 3-41 所示。

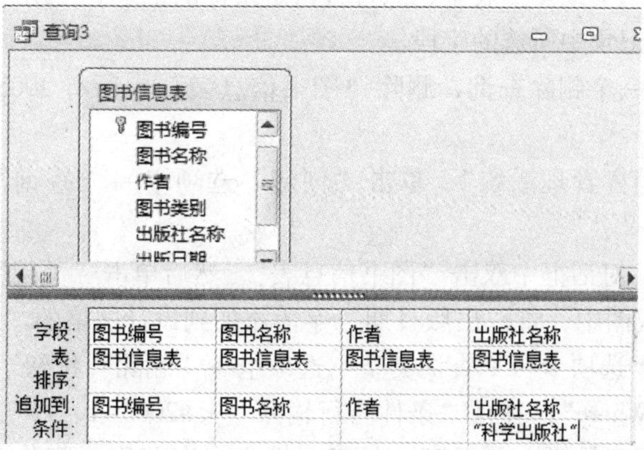

图 3-41 “追加查询”设计视图

7）单击快速访问工具栏上的“保存”按钮，输入查询名称“追加科学出版社工业图书”。

8）单击“设计”选项卡→“结果”选项组→“运行”按钮，由于查询运行将向已经存在的“机械工业图书”表中追加数据，因此屏幕出现一个提示框，提示用户将要追加记录，如图 3-42 所示。

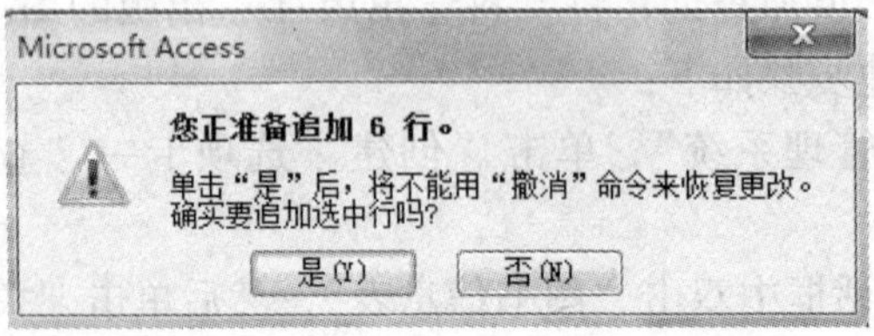

图 3-42 “追加查询”提示框

9）单击“是”将执行追加查询。查询执行后打开“机械工业图书”就可以看到科学出版社出版的图书信息的追加记录，如图 3-43 所示。

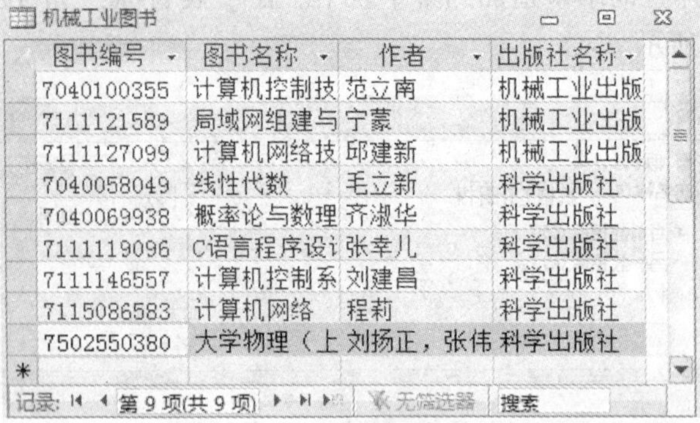

机械工业图书

图书编号	图书名称	作者	出版社名称
7040100355	计算机控制技	范立南	机械工业出版
7111121589	局域网组建与	宁蒙	机械工业出版
7111127099	计算机网络技	邱建新	机械工业出版
7040058049	线性代数	毛立新	科学出版社
7040069938	概率论与数理	齐淑华	科学出版社
7111119096	C语言程序设计	张幸儿	科学出版社
7111146557	计算机控制系	刘建昌	科学出版社
7115086583	计算机网络	程莉	科学出版社
7502550380	大学物理（上	刘扬正，张伟	科学出版社
*			

记录: 第 9 项(共 9 项) 无筛选器 搜索

图 3-43 运行“追加查询”后的记录

3.3.4 删除查询

删除查询可以从一个或多个表中删除符合指定条件的记录。使用删除查询，将删除整个记录，而不是只删除记录中所选的字段。

【例 3-13】创建一个删除查询，删除“图书信息表”中所有 2005 年以前出版的图书。创建步骤如下：

1）打开“图书销售管理系统”，单击“创建”选项卡→“查询”选项组→“查询设计”按钮。

2）在“显示表”对话框中双击“图书信息表”，然后单击“关闭”按钮。

3）在查询设计视图中，将“出版日期”字段添加到设计网格的“字段”行上。

4）单击“设计”选项卡→“查询类型”选项组→“删除”按钮。此时设计网格中出现“删除”行，选择“Where”，并在“条件”行输入“<#2005-1 -1#”，如图 3-44 所示。

5）单击快速访问工具栏上“保存”按钮，输入查询名称“删除 2005 年以前出版的图书”。

6）单击“设计”选项卡→“结果”选项组→“运行”按钮，由于查询运行删除“图书信息表”中的数据，因此屏幕出现一个提示框，提示用户将要删除记录，如图 3-45 所示。

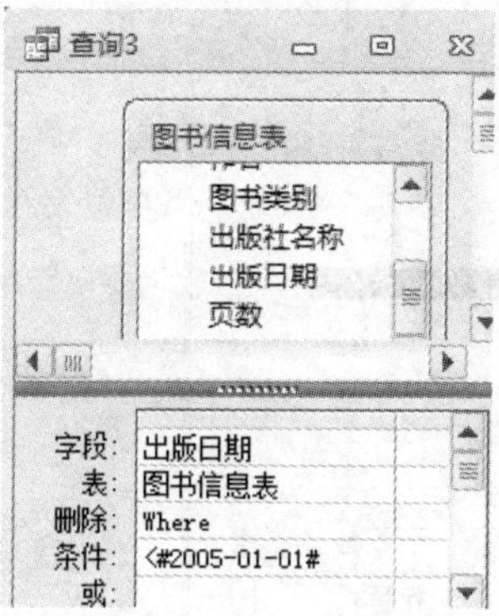

图 3-44 “删除查询”设计视图

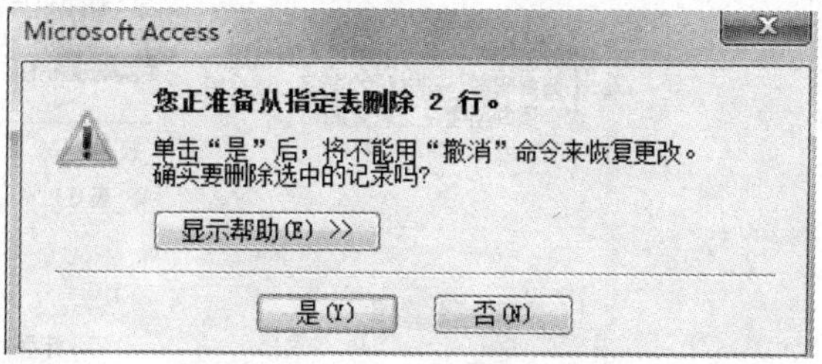

图 3-45 “删除查询”提示框

7）单击“是”将执行删除查询。查询执行后打开“图书信息表”就可以看到所有 2005 年以前出版的图书都被删除了。

3.4 创建交叉表查询

使用交叉表查询可以计算并重新组织数据的结构，这样可以更加方便地分析数据。交叉表查询可以计算数据的总计、平均值、计数或其他类型的汇总。交叉表查询的分组数据可分为两类：一类在数据表左侧排列，另一类在数据表的顶端。

创建交叉表查询可以使用“交叉表查询向导”，也可以使用查询设计视图创建。

【例 3-14】 使用向导创建交叉表查询，显示不同出版社不同类别的图书种数。其中“出版社名称”字段为行标题，“图书类别”字段为列标题。创建步骤如下。

1）单击“创建”选项卡→“查询”选项组→“查询向导”按钮，出现“新建查询”对话框，选择“交叉表查询向导”选项，如图 3-46 所示。

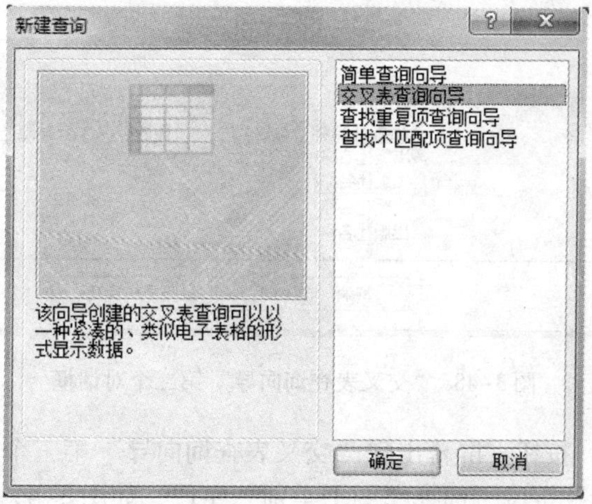

图 3-46 “新建查询”对话框

2）单击“确定”按钮，屏幕出现“交叉表查询向导”第一个对话框。在这个对话框中选择查询的数据源。选择“表：图书信息表”，如图 3-47 所示。

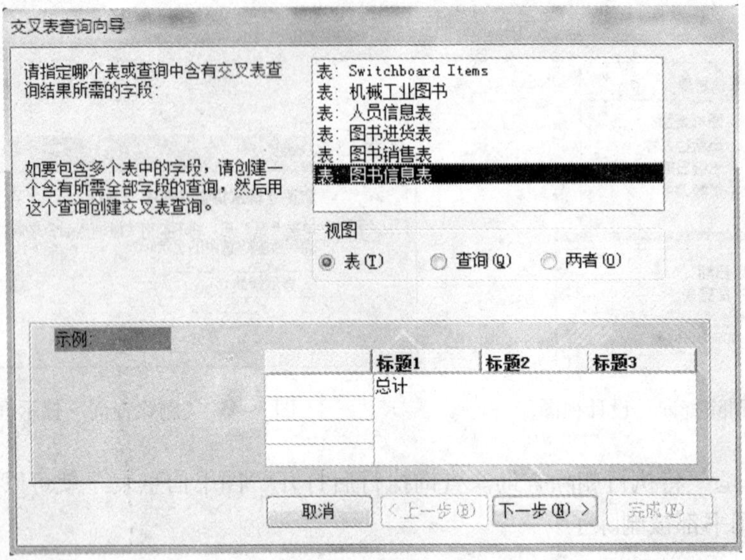

图 3-47 “交叉表查询向导”第一个对话框

3）单击“下一步”按钮，屏幕出现“交叉表查询向导”第二个对话框。这个对话框用来确定交叉表中的行标题字段。双击“出版社名称”字段，将此字段添加到“选定字段”中，如图 3-48 所示。

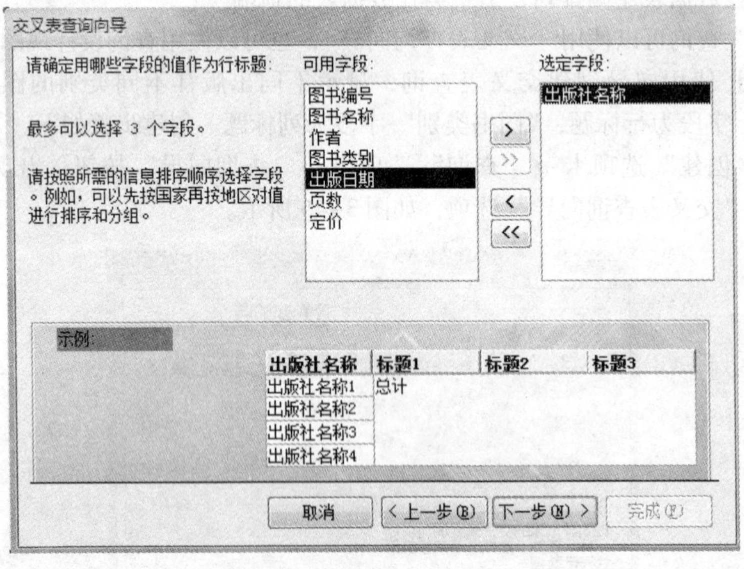

图 3-48 “交叉表查询向导”第二个对话框

4）单击“下一步”按钮，屏幕出现“交叉表查询向导”第三个对话框。这个对话框用来确定交叉表中的列标题字段。选择“图书类别”字段，如图 3-49 所示。

5）单击“下一步”按钮，屏幕出现“交叉表查询向导”第四个对话框。这个对话框用来确定交叉表中的数据字段及汇总方式。选择“图书编号”字段和“Count”计数，如图 3-50 所示。

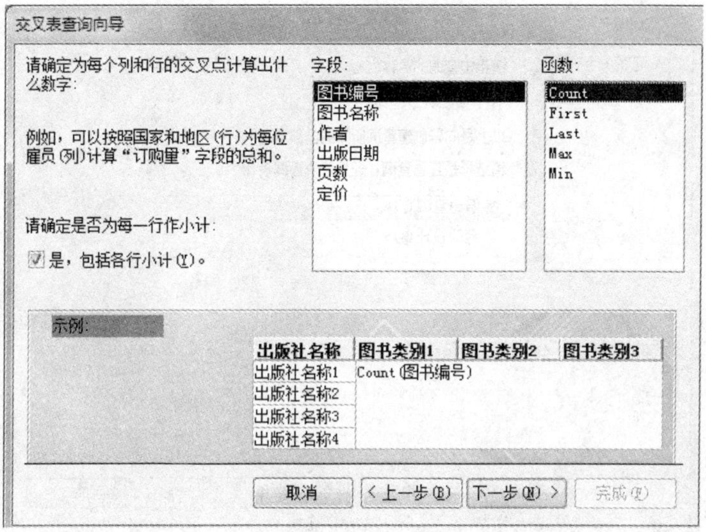

图 3-49 “交叉表查询向导”第三个对话框

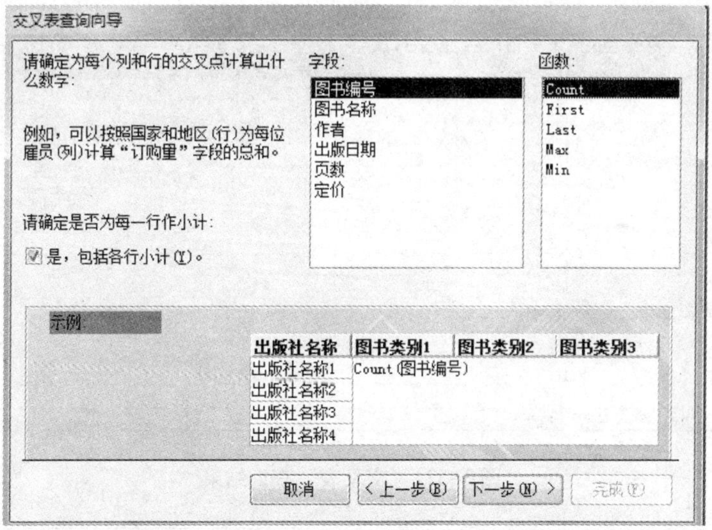

图 3-50 “交叉表查询向导”第四个对话框

6）单击“下一步”按钮，屏幕出现“交叉表查询向导”第五个对话框。这个对话框用来确定交叉表查询的名称和向导结束后的操作。选择系统默认值即可，如图 3-51 所示。

7）单击“完成”按钮，屏幕出现交叉表查询结果，如图 3-52 所示。

【例 3-15】 使用设计视图创建查询，统计各出版社不同类别图书的种数，具体步骤如下：

1）打开“图书销售管理系统”，单击“创建”选项卡→“查询”选项组→“查询设计”按钮。

2）在“显示表”对话框中双击“图书信息表”，然后单击“关闭”按钮。

3）在查询设计视图中，将“出版社名称”“图书类别”和“图书编号”三个字段添加到设计网格的“字段”行上。

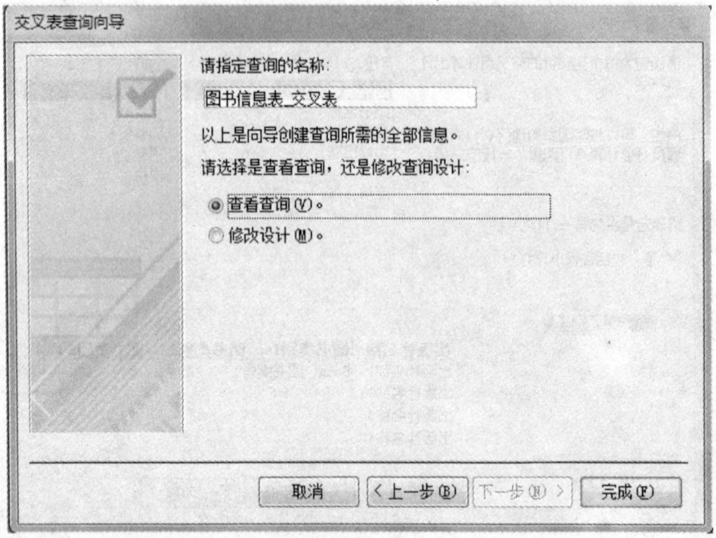

图 3-51 “交叉表查询向导”第五个对话框

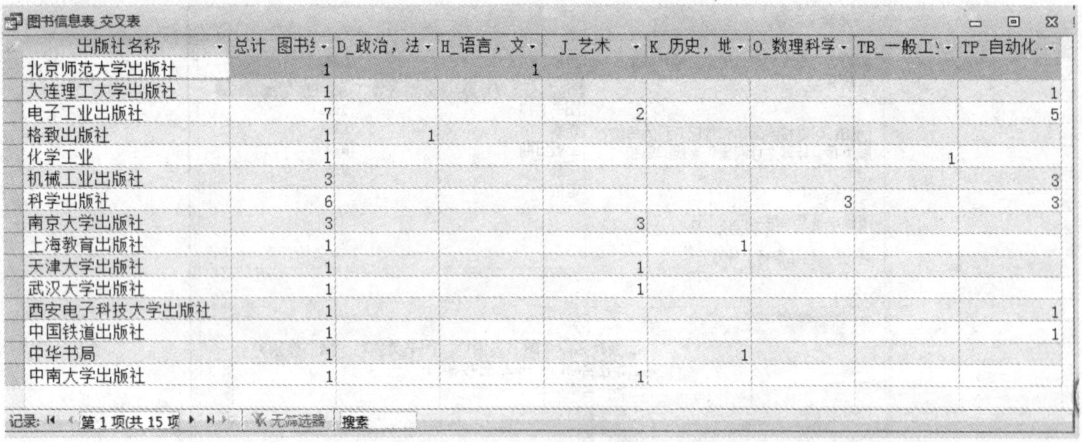

出版社名称	总计 图书编号	D_政治，法	H_语言，文	J_艺术	K_历史，地	O_数理科学	TB_一般工	TP_自动化
北京师范大学出版社	1		1					
大连理工大学出版社	1							1
电子工业出版社	7			2				5
格致出版社	1	1						
化学工业	1						1	
机械工业出版社	3							3
科学出版社	6					3		3
南京大学出版社	3			3				
上海教育出版社	1				1			
天津大学出版社	1			1				
武汉大学出版社	1			1				
西安电子科技大学出版社	1							1
中国铁道出版社	1							1
中华书局	1				1			
中南大学出版社	1			1				

图 3-52 “交叉表”查询结果

4）单击“设计”选项卡→“查询类型”选项组→“交叉表”按钮。则设计网格出现“总计”和“交叉表”两行。在“出版社名称”字段的“总计”单元格选择“分组（group by）”，“交叉表”单元格选择“行标题”。在“图书类别”字段的“总计”单元格选择“分组（group by）”，“交叉表”单元格选择“列标题”。在“图书编号”字段的“总计”单元格选择“计数”，“交叉表”单元格选择“值”，如图 3-53 所示。

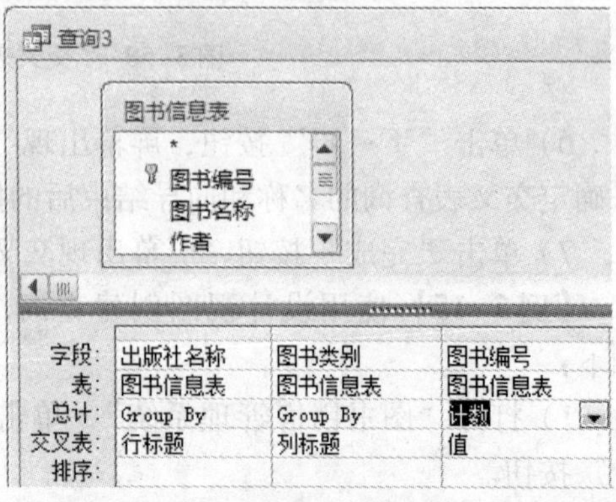

图 3-53 “交叉表”查询设计视图

5）单击“设计”选项卡→“结果”选项组→“运行”按钮，可以看到交叉表查询的结果，如图 3-54 所示。

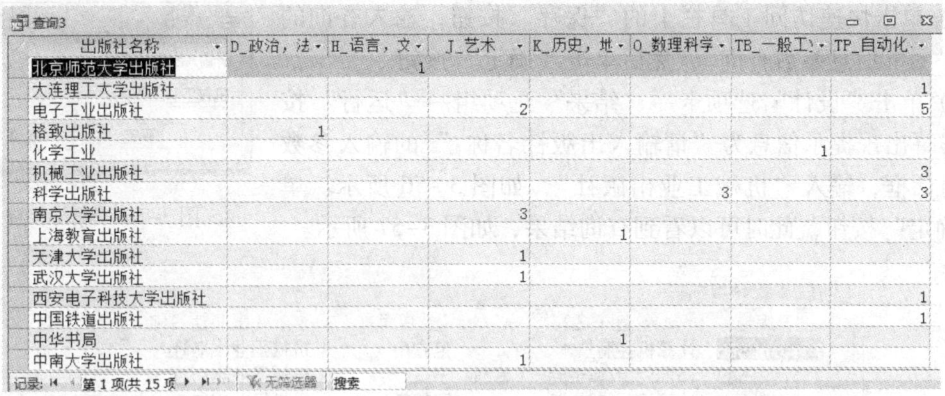

出版社名称	D_政治，法	H_语言，文	J_艺术	K_历史，地	O_数理科学	TB_一般工	TP_自动化
北京师范大学出版社		1					
大连理工大学出版社							1
电子工业出版社			2				5
格致出版社	1						
化学工业						1	
机械工业出版社							3
科学出版社					3		3
南京大学出版社			3				
上海教育出版社				1			
天津大学出版社			1				
武汉大学出版社			1				
西安电子科技大学出版社							1
中国铁道出版社							1
中华书局				1			
中南大学出版社			1				

图 3-54 “交叉表”查询结果

3.5 创建参数查询

参数查询利用对话框提示用户输入参数，并检索符合所输入参数的记录或值。可基于选择查询、交叉表查询和操作查询创建参数查询。在 Access 2010 中用户可以创建单参数查询和多参数查询。

3.5.1 单参数查询

【例 3-16】 创建参数查询，根据用户输入的出版社名称查询相关的图书信息。要求查询结果显示“图书编号”“图书名称”“作者”和“出版社名称”，运行时，提示信息显示“请输入出版社名称:”。其操作步骤如下：

1）打开“图书销售管理系统”，单击“创建”选项卡→“查询”选项组→“查询设计”按钮。

2）在“显示表”对话框中双击“图书信息表”，然后单击“关闭”按钮。

3）在查询设计视图中，将“图书编号”“图书名称”“作者”和“出版社名称”四个字段添加到设计网格的“字段”行上。

4）由于出版社名称是查询时需要的条件，所以在“出版社名称”字段列的“条件”区域输入“[请输入出版社名称:]”，结果如图 3-55 所示。

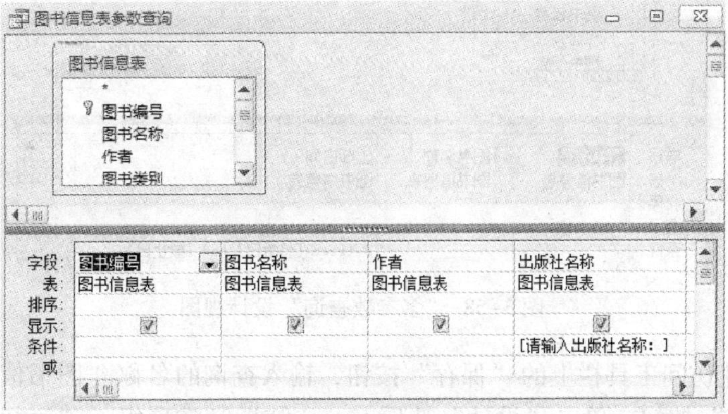

图 3-55 “单参数查询”设计视图

5）单击快速访问工具栏上的“保存”按钮，输入查询的名称“图书信息参数查询”，然后单击“确定”按钮。

6）单击“设计”选项卡→“结果”选项组→“运行”按钮，屏幕出现提示信息为“请输入出版社名称:”的输入参数值的对话框，输入“机械工业出版社”，如图3-56所示。单击“确定”按钮，此时可以看到查询结果，如图3-57所示。

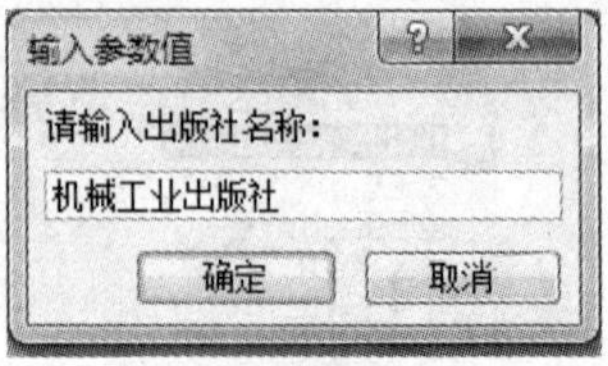

图3-56　输入参数

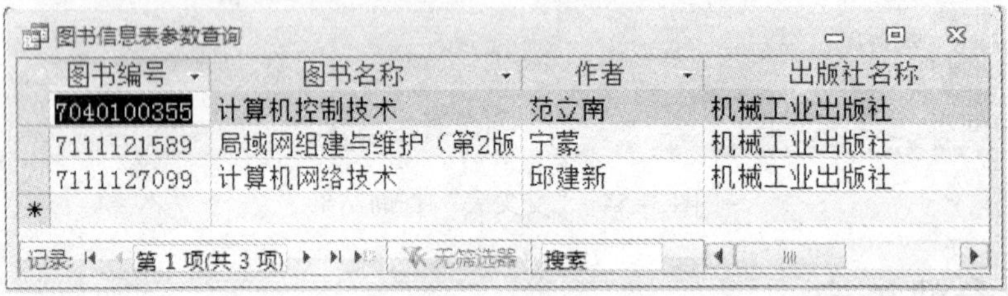

图3-57　“单参数查询”运行结果

3.5.2　多参数查询

用户还可以建立多参数查询，提示用户输入多个条件来检索指定记录。

【例3-17】 创建多参数查询，提示用户输入起始日和截止日，查询起始日和截止日之间出版的图书信息。创建步骤如下：

1）打开“图书销售管理系统”，单击“创建”选项卡→“查询”选项组→“查询设计”按钮。

2）在“显示表”对话框中双击“图书信息表”，然后单击“关闭”按钮。

3）在查询设计视图中，将“图书编号”“图书名称”和“出版日期”三个字段添加到设计网格的“字段”行上。

4）在“出版日期”字段列的“条件”区域输入“Between［起始日］And［截止日］”，如图3-58所示。

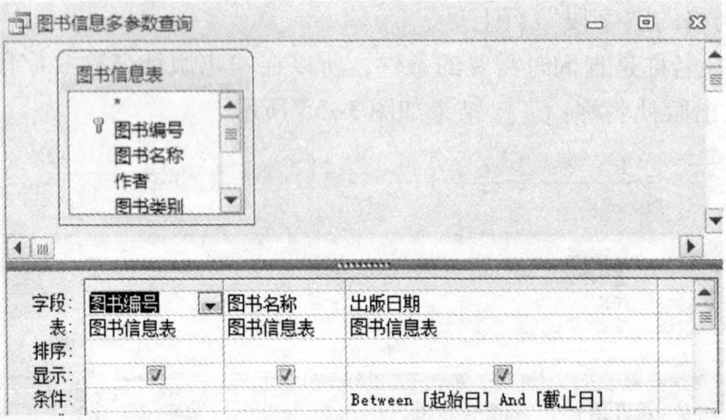

图3-58　“多参数查询”设计视图

5）单击快速访问工具栏上的“保存”按钮，输入查询的名称“图书信息多参数查询”，然后单击“确定”按钮。单击“设计”选项卡→“结果”选项组→“运行”按钮，系统首先提示用户输入参数“起始日”，如输入“2002 - 1 - 1”，如图 3-59 所示，单击“确定”按钮后，系统继续提示用户输入参数“截止日”，如输入“2004-12 - 31”，如图 3-60 所示，单击“确定”按钮后，就可以在屏幕上看到检索的从 2002 年到 2004 年之间出版的图书的信息，如图 3-61 所示。

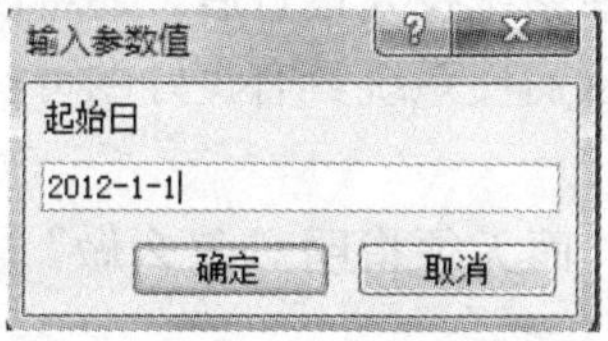

图 3-59　输入第一个参数

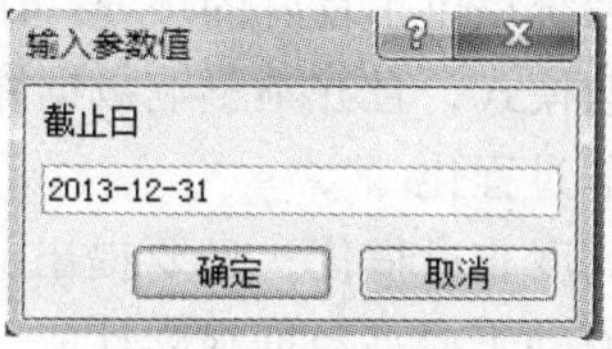

图 3-60　输入第二个参数

图 3-61　“多参数查询”运行结果

3.6　SQL 查询的创建

3.6.1　SQL 语句简介

1. 什么是 SQL

SQL 是 Structured Query Language（结构化查询语言）的缩写。SQL 是专为数据库而建立的操作命令集，是一种功能齐全的数据库语言。在使用它时，只需要发出“做什么”的命令，“怎么做”是不用使用者考虑的。SQL 功能强大、简单易学、使用方便，已经成为了数据库操作的基础，并且现在几乎所有的数据库均支持 SQL。

SQL 是一种数据库子语言，SQL 语句可以被嵌入到另一种语言中，从而使其具有数据库存取功能。SQL 也非严格的结构式语言，它的句法更接近英语语句，因此易于理解，大多数 SQL 语句都是直述其意，读起来就像自然语言一样明了。SQL 还是一种交互式查询语言，允许用户直接查询存储数据，利用这一交互特性，用户可以在很短的时间内回答相当复杂的问题，而同样问题若让程序员编写相应的报表程序，则可能要用几个星期甚至更长时间。

2. SQL 的特点

SQL 语言之所以能够为用户和业界所接受，并成为国际标准，是因为它是一个综合的、功能极强同时又简捷易学的语言。SQL 语言主要特点包括：

（1）综合统一

SQL 语言集数据查询语言、数据定义语言、数据操纵语言、数据控制语言的功能于一体，语言风格统一，可以独立完成数据库生命周期中的全部活动，包括定义关系模式、录入数据以建立数据库、查询、更新、维护、数据库重构、数据库安全行控制等系列操作要求，为数据库应用系统提供了良好的环境。用户在数据库系统投入运行后，还可以根据需要随时地、逐步地修改模式，且并不影响数据库的运行，从而使系统具有良好的可扩展性。

（2）高度非过程化

SQL 语言高度非过程化，只要提出“做什么”，而无须指明“怎么做”，大大减轻了用户的负担，也有利于提高数据独立性。

（3）面向集合的操作方式

SQL 语言采用集合操作方式，不仅一次插入、删除、更新操作的对象是元组的集合，而且操作的结果也是元组的集合。

（4）以同一种语法结构提供两种使用方式

SQL 语言既是自含式语言，又是嵌入式语言。作为自含式语言，它能够独立地用于联机交互的使用方式，用户可以在终端键盘上直接输入 SQL 命令对数据库进行操作。作为嵌入式语言，SQL 语句能够嵌入到高级语言（如 C 语言）程序中，供程序员设计程序时使用。而在两种不同的使用方式下，SQL 语言的语法结构基本上是一致的。这种以统一的语法结构提供两种不同使用方式的做法，为用户提供了极大的灵活性和方便性。

（5）语言简捷，易学易用

SQL 语言功能极强，但由于设计巧妙，语言十分简洁，完成数据定义、数据操纵、数据控制的核心功能只用了九个动词，而且 SQL 语言语法简单，接近英语口语，因此容易学习，容易使用。

3. SQL 查询及其语句

常用的 SQL 语句包括 SELECT、INSERT、UPDATE、DELETE、CREATE 以及 DROP 等。

（1）SELECT 语句

SELECT 语句是 SQL 的核心语句，它从数据库中检索数据，并将查询结果提供给用户。其完整语法如下（[ ]表示可选项）：

```
SELECT 目标表的列名或列表达式集合
FROM 基本表或(和)视图集合
[WHERE 条件表达式]
[GROUP BY 列名集合]
[HAVING 组条件表达式]]
[ORDER BY 列名[集合]…];
```

整个语句的语义如下：从 FROM 子句中列出的表中，选择满足 WHERE 子句中给出的条件表达式的元组，然后按 GROUPBY 子句（分组子句）中指定列的值分组，再提取满足 HAVING 子句中组条件表达式的那些组，按 SELECT 子句给出的列名或列表达式求值输出。ORDER BY 子句（排序子句）是对输出的目标表进行重新排序，并可附加说明 ASC（升序）或 DESC（降序）排列。

【例 3-18】查询图书信息，显示“图书编号”“图书名称”“作者”和“出版社名称”四个字段。用 SQL 语句实现如下：

```
SELECT  图书编号, 图书名称, 作者, 出版社名称
FROM    图书信息表;
```

【例 3-19】查询“机械工业”出版社出版的图书，显示“图书编号”“图书名称”“作者”和“出版社名称”四个字段，且按照“图书名称”升序排序，用 SQL 语句实现如下：

```
SELECT 图书编号, 图书名称, 作者, 出版社名称
FROM 图书信息表
WHERE 出版社名称 = "机械工业"
Order By 图书名称 asc;
```

【例 3-20】查询出版图书的种类大于 5 的出版社，显示“出版社名称”和“种类数”2 个字段。用 SQL 语句实现如下：

```
SELECT 出版社名称,count(图书编号) as 种类数
FROM 图书信息表
GROUP BY 出版社名称
HAVING count(图书编号) > 5;
```

（2）INSERT 语句

INSERT 语句的功能是将一条或多条记录添加到表中，具有两种形式。

1）插入一条记录。

```
INSERT INTO 表名[(列名, 列名……)]
VALUES (常量 1,常量 2……);
```

【例 3-21】向图书销售表中插入一个新图书记录（图书编号：703010501X；售书数量：10；售书日期：2010－10－1；售货员：002）：

```
INSERT INTO 图书销售表(图书编号,售书数量,售书日期,售货员)
VALUES ("703010501X", 10, #2010 - 10 - 1#, "002");
```

2）插入多条记录。

```
INSERT INTO 表名[(列名, 列名……)]
子查询;
```

【例 3-22】将“机械工业”出版社的图书追加到已经建立的“高教图书”表中：

```
INSERT INTO 高教图书 ( 图书编号, 图书名称, 作者, 出版社名称 )
SELECT 图书编号, 图书名称, 作者, 出版社名称
FROM 图书信息表
WHERE 出版社名称 = "机械工业";
```

(3) UPDATE

UPDATE 语句的功能是修改表中的记录，其基本格式为：

```
UPDATE 表名
SET 列名 = 表达式，[列名 = 表达式]……
WHERE 条件表达式；
```

【例 3-23】将图书信息表中所有 2002 年以前出版的图书的定价打 9 折。

```
UPDATE 图书信息表
SET 图书信息表．定价 =［定价］* 0.9
WHERE 出版日期 < #2002 - 1 - 1#;
```

(4) DELETE

DELETE 语句的功能是删除表中的记录，其基本格式为：

```
DELETE
FROM 表名
WHERE 条件表达式；
```

【例 3-24】删除图书信息表中所有 2002 年以前出版的图书。

```
DELETE
FROM 图书信息表
WHERE 出版日期 < #2002 - 1 - 1#;
```

3.6.2 创建 SQL 查询

SQL 查询是使用 SQL 语句创建的查询。可以用结构化查询语言（SQL）来查询、更新和管理 Access 2010 这样的关系数据库。

在查询“设计”视图中创建查询时，Access 2010 将在后台构造等效的 SQL 语句。事实上，在查询设计视图的属性表中，大多数的查询属性在“SQL”视图中都有可用的等效子句和选项。用户可以在“SQL”视图中查看和编辑 SQL 语句。图 3-62 给出了检索机械工业出版社图书信息的查询的 SQL 视图。

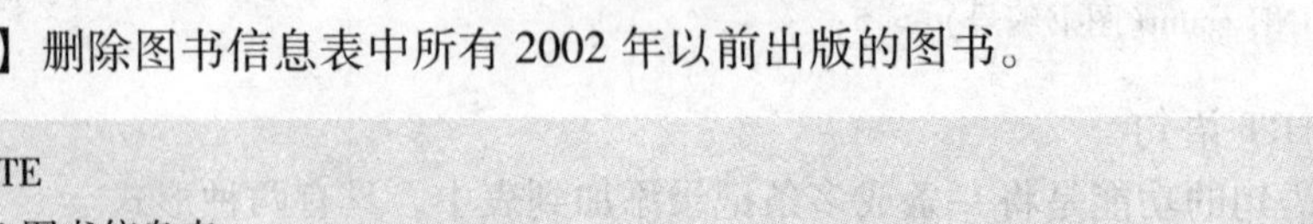

图 3-62 “机械工业图书”查询的 SQL 视图

对于熟悉 SQL 语句的用户，可以直接在 SQL 视图中书写 SQL 语句完成对数据库的查询和更新。通过 SQL 视图，用户也可以很方便地把 SQL 语句复制到其他应用程序中，如 VB 程序或者 ASP 程序中。操作方法是先在设计视图中实现查询，然后切换到 SQL 视图，将

SQL 语句复制到其他程序中，这种方法方便了其他语言的程序开发人员实现对数据库的操纵。

3.6.3 创建 SQL 特定查询

在 Access 2010 中，某些 SQL 查询不能在查询对象的设计网格中创建，这些查询称为 SQL 特定查询，包括联合查询、传递查询、数据定义查询和子查询。对于传递查询、数据定义查询和联合查询，必须直接在“SQL”视图中创建 SQL 语句；对于子查询，要在查询设计网格的“字段”行或“条件”行中输入 SQL 语句。

1. 联合查询

联合查询将两个或更多个表或查询中的字段合并到查询结果的一个字段中。使用联合查询可以合并两个表中的数据。联合查询使用的关键字为 UNION。

【例 3-25】 查询图书名称和价格，其中 2010 年以前的图书其价格为定价 * 0.8，其他图书的价格为定价。

```
SELECT 图书名称, 定价 * 0.8 as 价格
FROM 图书信息表
WHERE 出版日期 < #2010 - 1 - 1#
UNION
SELECT 图书名称, 定价 as 价格
FROM 图书信息表
WHERE 出版日期 > = #2010 - 1 - 1#;
```

2. 传递查询

传递查询使用服务器能接受的命令直接将命令发送到 ODBC 数据库，如 Microsoft SQL Server。例如，可以使用传递查询来检索记录或更改数据。使用传递查询可以不必链接到服务器上的表而直接使用它们。传递查询对于在 ODBC 服务器上运行存储过程也很有用。

3. 数据定义查询

数据定义查询可以创建、删除或改变表，也可以在数据库表中创建索引。

【例 3-26】 使用 CREATE TABLE 语句创建名为“朋友”的表。

```
CREATE TABLE 朋友
([朋友 ID] integer,
[姓氏] text,
[名字] text,
[出生日期] date,
[电话] text,
[备注] memo,
CONSTRAINT [Index1] PRIMARY KEY ([朋友 ID]));
```

4. 子查询

子查询由另一个选择查询或操作查询之内的 SQL SELECT 语句组成。可以在查询设计网

格的“字段”行输入这些语句来定义新字段，或在“条件”行来定义字段的条件。

【例 3-27】 查询定价大于平均定价的图书，显示“图书编号，图书名称，作者，定价”4 个字段，其 SELECT 语句为：

```
SELECT 图书编号，图书名称，作者，定价
FROM 图书信息表
WHERE 图书信息表．定价 >（select avg（定价）from 图书信息表；）；
```

该查询的设计视图如图 3-63 所示，请注意，在“定价”所在列的“条件”行中输入的是一个 SQL 语句。

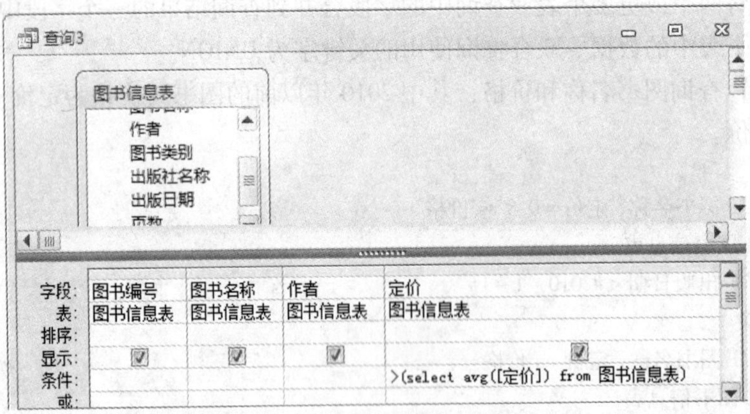

图 3-63　使用子查询的设计视图

本章小结

查询的主要目的就是通过某些条件的设置，从表中选择所需要的数据。Access 2010 支持五种查询方式：选择查询、交叉表查询、操作查询、参数查询和 SQL 查询。

使用查询需要了解查询和数据表的关系。查询实际上就是将分散存储在表中的数据按一定的条件重新组织起来，形成一个动态的数据记录集合，而这个记录集在数据库中并没有真正存在，只是在查询运行时从查询源表的数据中抽取创建，数据库中只是保存查询的方式。当关闭查询时，动态数据集会自动消失。

选择查询是最常见的查询类型，它从一个或多个表中检索数据，也可以使用选择查询来对记录进行分组，并且对记录做总计、计数、平均值以及其他类型的总和计算。

使用交叉表查询可以计算并重新组织数据的结构，这样可以更加方便地分析数据。交叉表查询计算数据的总计、平均值、计数或其他类型的总和。

操作查询是指通过执行查询对数据表中的记录进行更改。操作查询分为 4 种：生成表查询、更新查询、追加查询和删除查询。

参数查询在执行时显示对话框以提示用户输入信息。

SQL 查询是用户使用 SQL 语句创建的查询。可以用结构化查询语言（SQL）来查询、更新和管理 Access 2010 这样的关系数据库。

使用查询向导来创建选择查询和交叉表查询方便快捷，但是缺乏灵活性。查询的设计视图可以实现复杂条件和需求的查询设计，是本章学习和掌握的重点。

习题

一、选择题

1. 如果在数据库中已有同名的表，（　　）查询将覆盖原有的表？

A. 删除查询　　B. 追加查询　　C. 生成表查询　　D. 更新查询

2. 书写查询条件时，日期型数据应该用（　　）符号括起来？

A. *　　B. %　　C. &　　D. #

3. 在查询设计视图中，（　　）。

A. 只能添加数据库表

B. 只能添加数据库查询

C. 既能添加数据库表，也能添加数据库查询

D. 以上都不对

4. 查找作者是姓李的图书信息的查询条件应该是（　　）。

A. "李"　　B. Like "李"　　C. Like "李?"　　D. Like "李*"

二、思考题

1. 简述查询和数据表的关系。

2. Access 2010 中查询有几种类型？

3. 操作查询分为哪几种？

4. 写出下列条件表达式：

（1）年龄在 20 ~30 岁之间的男销售人员。

（2）出版时间在 2011 ~2013 年的图书。

（3）定价 20 元以下和 30 元以上（含 30 元）的图书。

5. 如何为一个查询添加一个计算字段？

三、实验

打开“图书销售管理系统”数据库，根据要求完成如下查询。

1. 查询“刘明”进货的图书信息，显示“图书编号”“图书名称”“进货日期”和“进货数量”，查询命名为“查询 1”。

2. 查询 2012 年以后出版的图书信息，显示“图书编号”“图书名称”“作者”“出版日期”，查询命名为“查询 2”。

3. 查询图书编号第三个和第四个字符是“40”的图书信息，显示所有字段，查询命名为“查询 3”。

4. 查询定价大于等于 30 元的、“机械工业出版社”出版的图书信息，显示“图书名称”和“作者”两个字段，查询命名为“查询 4”。

5. 查询所有姓王的作者的图书信息，显示图书信息表中的所有字段，查询命名为“查询 5”。

6. 查询“机械工业出版社”出版或图书类别中包含“计算机”的图书信息，显示“图

书名称”“作者”“图书类别”和“出版社名称”四个字段，查询命名为“查询6”。

7. 统计每年出版的图书数量，显示“年份”“数量”，查询命名为“查询7”。

8. 统计每个销售人员销售的每本图书的数量，显示“姓名”“图书名称”和“销售数量”字段，查询命名为“查询8”。

9. 按月统计2010年每本图书的销售数量，显示“图书名称”“销售数量”和“售书月份”字段，查询命名为“查询9”。

10. 统计各个出版社2005年以后出版的图书数量，显示“出版社名称”和“图书数量”字段，查询命名为“查询10”。

11. 使用生成表查询建立“刘明销售图书”表。要求结果字段为“图书编号”“图书名称”“售书日期”“售货员”，查询命名为“查询11”。

12. 统计2010年每个售货员的销售业绩，并将结果存储在“2010销售业绩”数据表中，新表中的字段包括“人员编号”“姓名”和“销售数量”，查询命名为“查询12”。

13. 建立更新查询，将“刘明销售图书”表中“2005年11月2日”销售的图书售货员改为“002”，查询命名为“查询13”。

14. 建立追加查询，将“王胜利”销售的图书追加到“刘明销售图书”表中，查询命名为“查询14”。

15. 建立更新查询，将“刘明销售图书”表中“刘明”2010年5月的销售记录中的售货员改为“001”，查询命名为“查询15”。

16. 建立删除查询，删除“刘明销售图书”表中2005年10月销售的图书，查询命名为“查询16”。

17. 创建一个参数查询，查询相应售货员售书情况。要求提示信息为“请输入售货员姓名:”，查询结果显示字段为“图书编号”“图书名称”“售书日期”“售货员”，查询命名为“查询17”。

第4章　开发用户界面——窗体

内容提要：

- 窗体的基本概念
- 快速创建窗体
- 使用向导创建窗体
- 使用设计视图创建窗体

窗体是Access数据库管理系统的重要对象，利用窗体对象可以设计友好的用户操作界面，实现用户和数据库应用系统的交互。通过窗体可以方便地输入、编辑、查询和显示数据，窗体可以使数据操作更加容易和安全，它在一定程度上体现了系统的安全性、功能完善性和操作便捷性。Access 2010利用窗体将整个数据库组织起来，从而构成一个完整的应用系统，一个数据库应用系统开发完成之后，对数据库的所有操作都应在窗体界面中进行。

本章首先说明窗体的功能和结构，然后介绍窗体的创建方法，重点是使用设计视图和布局视图创建窗体。

4.1　窗体概述

一个好的数据库系统不但要设计合理，满足用户需求，还应拥有一个功能完善、操作方便的用户操作界面，而窗体正可以满足用户对操作界面的要求。

4.1.1　窗体的作用

窗体主要用于在数据库中输入和编辑数据，也可以将窗体用作导航窗体来打开数据库中的其他对象，或者用作自定义对话框接受用户输入来执行相应操作。

为什么要使用窗体呢？

1）不可能每一个用户都具备数据库的知识，都能够正确操作数据库。数据库应用系统应该提供一个方便、简单的操作界面，降低使用数据库的难度。

2）不同用户拥有不同的数据操作权限，例如有些用户能够浏览、查询数据；有些用户可以增加、删除和修改数据；有些数据只允许某些用户操作，而对其他用户保密。这就要求通过不同的用户界面来呈现数据。

因此窗体的功能主要表现在两方面：一是提供美观方便的输入界面，使数据库的操作更容易；二是根据用户的权限呈现数据，保证数据的安全。

4.1.2　窗体组成

窗体由窗体本身和窗体内的控件组成，窗体的形式和内容取决于自身属性和所包含控件的属性，如图4-1所示。

图 4-1　窗体的组成

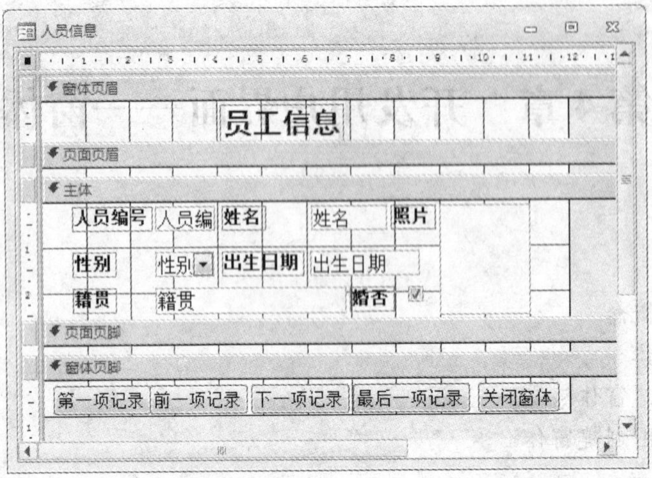

图 4-1　窗体的组成

一个完整的窗体由窗体页眉、页面页眉、主体、页面页脚和窗体页脚 5 部分组成；每一部分称为一个“节”。其中主体节是必不可少的，其他节根据使用需要可以显示或者隐藏。

窗体各部分功能说明如下。

- 窗体页眉：在窗体最上方，一般用于设置窗体的标题，或者其他说明信息。
- 页面页眉：设置窗体打印时的页眉信息，只在打印窗体时有效。
- 主体：一般用来显示窗体数据源的数据。
- 页面页脚：设置窗体打印时的页脚信息，只在打印窗体时有效。
- 窗体页脚：在窗体最下方，一般用于显示功能按钮，或者汇总信息。

在窗体中可以使用多种控件，包括：标签、文本框、复选框、列表框、组合框、按钮等，它们在窗体中有不同的表现形式和应用。

4.1.3　窗体的类型

根据窗体功能和应用，可以分为数据窗体和非数据窗体。在数据库应用系统中，数据窗体用于查看、编辑数据库中的数据，是窗体的主要应用形式；非数据窗体不关联数据库中的数据，起辅助作用，例如可以创建导航窗体和切换面板窗体，把功能模块组织起来，形成一个集中、方便的对象启动界面。

1. 数据窗体

在数据库应用系统中，根据窗体中数据的呈现形式，把数据窗体分为如下类型。

1）单项目窗体：每次显示一条记录信息，按列分布，每列的左边显示说明信息，右边显示数据，如图 4-2 所示。

2）多个项目窗体：按照表格的样式显示数据，可以显示多条记录，如图 4-3 所示。

3）数据表窗体：在外观上与表和查询的数据表视图相似，如图 4-4 所示。

4）分割窗体：是单个项目窗体和数据表窗体的组合，同时具有两种窗体类型的特点，如图 4-5 所示。

5）数据透视表窗体：交互式窗体，通过排列筛选、行、列和明细等区域字段，可以查看明细数据或汇总数据，如图 4-6 所示。

图 4-2　单项目窗体

图 4-3　多个项目窗体

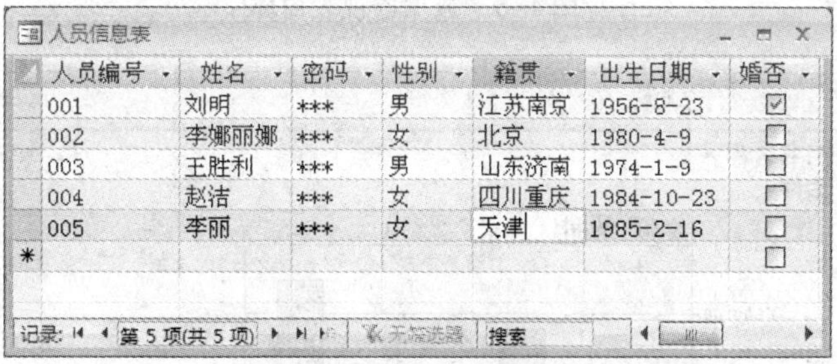

图 4-4　数据表窗体

6）数据透视图窗体：交互性图表窗体，通过选择图表类型并排列筛选、序列、类别和数据区域等字段，可以直观地显示数据，如图 4-7 所示。

7）主/子窗体：在窗体中嵌入其他窗体，这种方式叫作主/子窗体。包含其他窗体的窗体叫主窗体，被包含的是子窗体。主/子窗体可以显示来自多个数据源的数据，如图 4-8 所示。

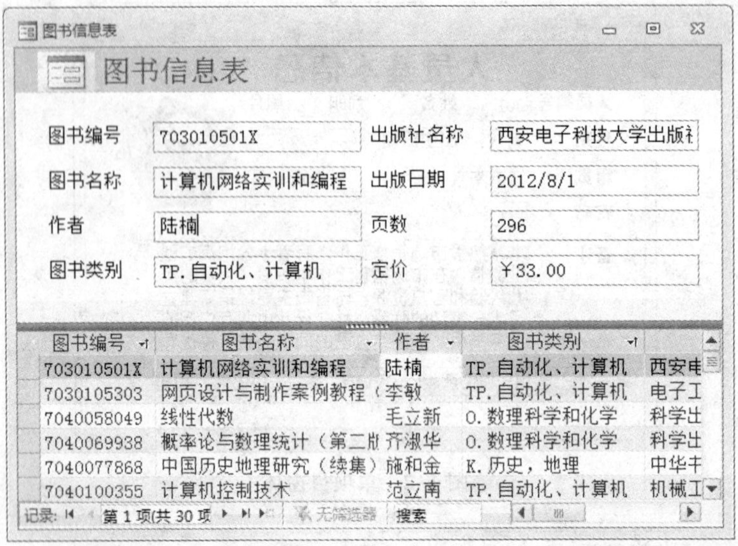

图 4-5　分割窗体

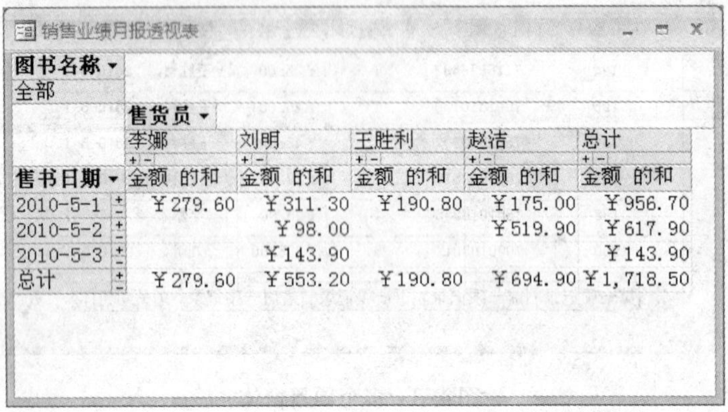

图 4-6　数据透视表窗体

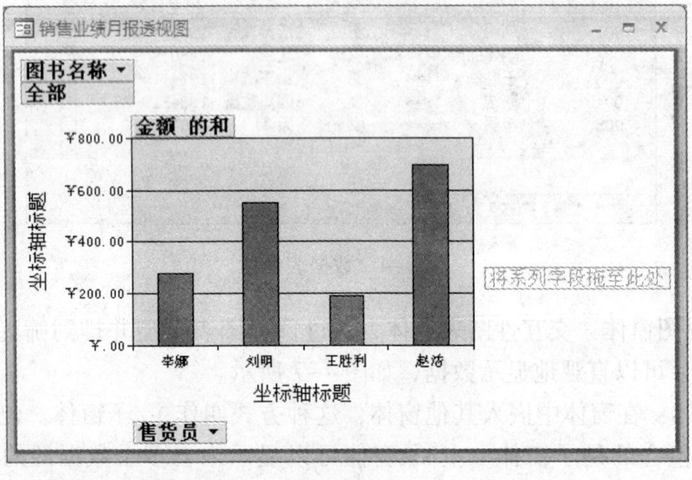

图 4-7　数据透视图窗体

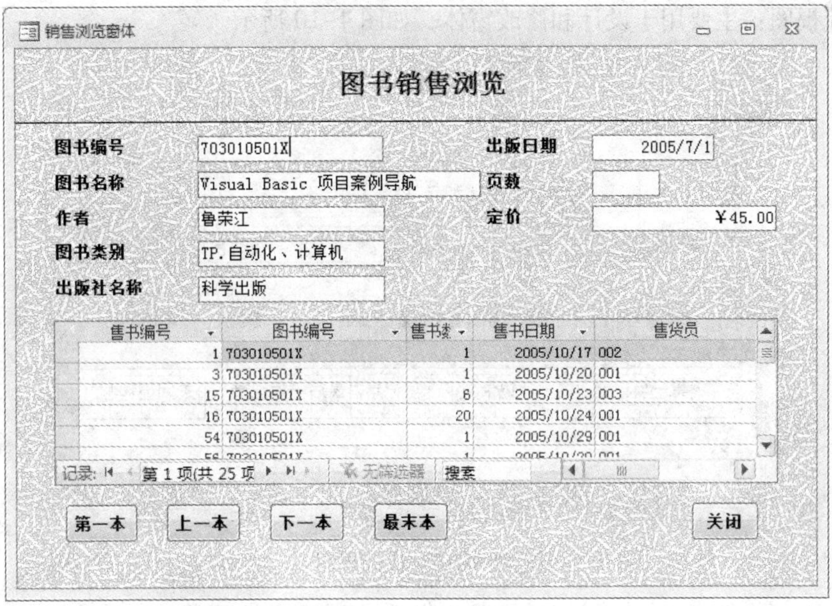

图 4-8　主/子窗体

2. 非数据窗体

非数据窗体形式比较灵活，没有固定的模式，根据应用要求来创建，在数据库应用系统中，起辅助作用。主要包括导航窗体、切换面板窗体和交互信息窗体。

4.1.4　窗体视图

用户通过不同的视图可以从不同角度查看和操作数据库中的对象，不同类型的窗体具有不完全相同的视图。普通窗体有三种视图，分别是：窗体视图、布局视图和设计视图，说明如下。

- 窗体视图：主要用于显示、添加和修改数据，作为操作界面提供给最终用户，如图 4-9 所示。

图 4-9　窗体视图

• 设计视图：主要用于设计和修改窗体，如图 4-10 所示。

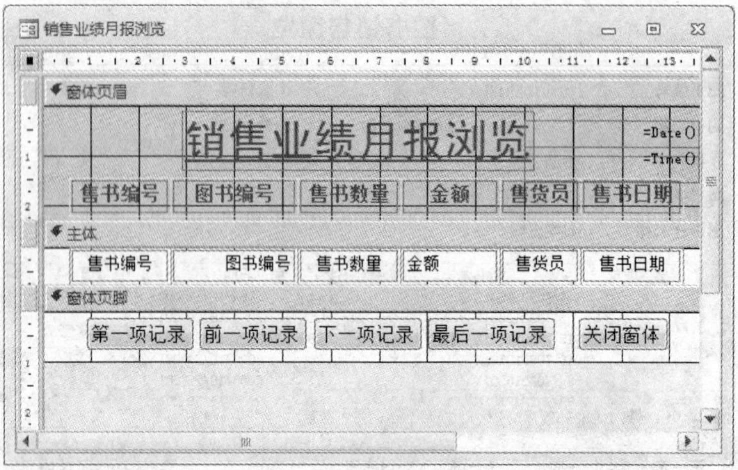

图 4-10　设计视图

• 布局视图：主要用于设计和修改窗体，如图 4-11 所示。

图 4-11　布局视图

布局视图与设计视图之间有相似点和不同点，在进行窗体设计和布局时，可以使用其中任何一种视图完成许多相同的任务，但某些任务在其中一种视图中执行起来会相对容易。

此外窗体还可以具有以下三种视图。

• 数据表视图：类似数据表以行列的形式显示数据，如图 4-12 所示，在数据表视图中可以编辑、查看和删除数据。
• 数据透视表视图：用于对大量数据进行分析，通过改变版面布置，可以按照不同方式查看数据，如图 4-13 所示，类似 Excel 的数据透视表。
• 数据透视图视图：以图表形式形象直观地表现数据，便于用户进行比较和分析，如图 4-14 所示。

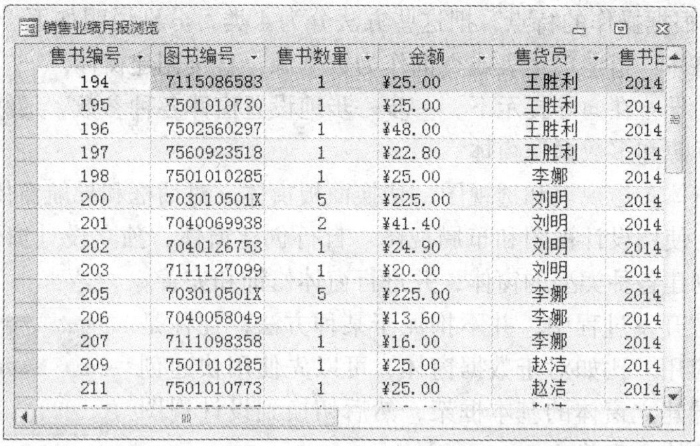
销售业绩月报浏览

售书编号	图书编号	售书数量	金额	售货员	售书日
194	7115086583	1	¥25.00	王胜利	2014
195	7501010730	1	¥25.00	王胜利	2014
196	7502560297	1	¥48.00	王胜利	2014
197	7560923518	1	¥22.80	王胜利	2014
198	7501010285	1	¥25.00	李娜	2014
200	703010501X	5	¥225.00	刘明	2014
201	7040069938	2	¥41.40	刘明	2014
202	7040126753	1	¥24.90	刘明	2014
203	7111127099	1	¥20.00	刘明	2014
205	703010501X	5	¥225.00	李娜	2014
206	7040058049	1	¥13.60	李娜	2014
207	7111098358	1	¥16.00	李娜	2014
209	7501010285	1	¥25.00	赵洁	2014
211	7501010773	1	¥25.00	赵洁	2014

图 4-12　数据表视图

销售业绩月报透视表

图书名称 ▾
全部

	售货员 ▾				
	李娜	刘明	王胜利	赵洁	总计
售书日期 ▾	金额 的和	金额 的和	金额 的和	金额 的和	金额 的和
2014/5/1	¥279.60	¥336.30	¥190.80	¥175.00	¥981.70
2014/5/2		¥73.00		¥519.90	¥592.90
2014/5/3		¥143.90			¥143.90
总计	¥279.60	¥553.20	¥190.80	¥694.90	¥1,718.50

图 4-13　数据透视表视图

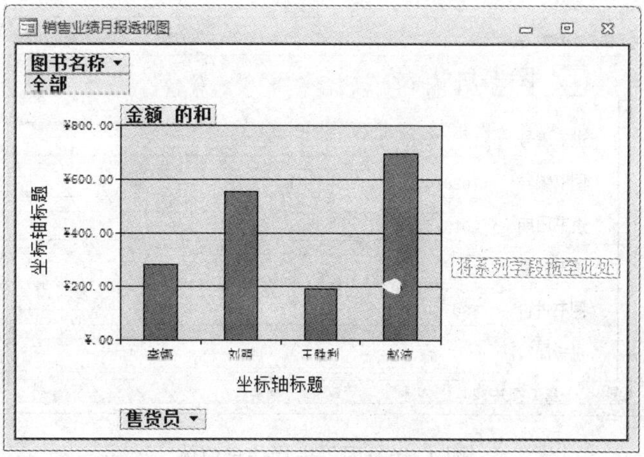

图 4-14　数据透视图视图

4.2　快速创建窗体

为了适应不同的人群，满足不同的需求，Access 2010 提供了多种方法创建窗体。打开“创建”选项卡，在“窗体”选项组中包括“窗体”“空白窗体”“窗体设计”等命令按钮，如图 4-15 所示，根据操作的特点，把这些方法分为 4 类，分别说明如下。

- 快速创建窗体：指定单个表或查询作为数据源，直接创建窗体。
- 使用窗体向导：在向导提示下，一步一步地设置窗体各种参数，最终完成窗体，可以创建单数据源和多数据源窗体。
- 特定类型窗体：透视表和透视图，切换面板窗体、对话框和导航窗体。
- 手工方式：使用设计视图和布局视图。自行创建窗体，独立设计窗体的每一个对象，可以灵活创建各种类型的窗体，并进行窗体修饰和完善。

在实际的系统开发过程中，并不拘泥于某种方法，往往是灵活选择和综合应用。比如对于数据窗体，可以先使用快速创建窗体或窗体向导建立窗体的基本框架，然后切换到设计视图或布局视图进行修饰和完善。

图 4-15 “窗体”选项组

本节介绍快速创建窗体的方法，通过指定数据源，一步即可生成窗体，包括单项目窗体、多个项目窗体、分割窗体和数据表窗体。该方法简单直接，但所创建窗体不够美观，并且数据源只能是单一的表或者查询。

4.2.1 创建单项目窗体

单项目窗体每次只显示一条数据，适合单独查看和分析数据。创建方法：选择某个表或者查询，打开“创建”选项卡，单击“窗体”选项组中的相应命令，直接生成该数据源的窗体。

【例 4-1】在“图书销售管理系统”数据库中，使用快速创建窗体的方法为“图书进货表”创建单项目窗体。创建步骤如下。

1）在数据库窗口中，选择“图书进货表”，单击“创建”选项卡→“窗体”选项组→“窗体”按钮，直接创建窗体并进入布局视图，如图 4-16 所示。

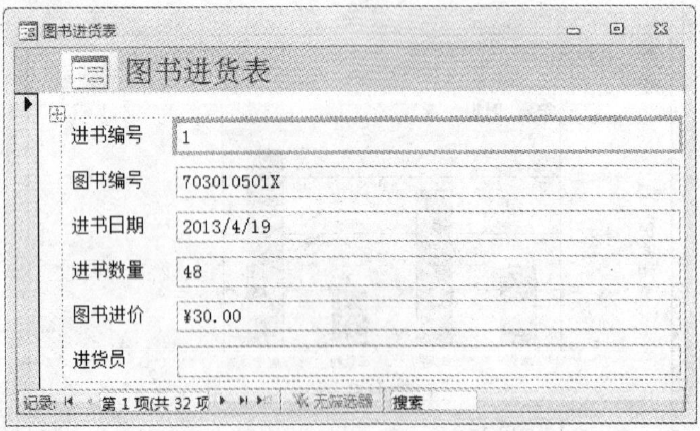

图 4-16 图书进货信息窗体

2）单击“保存”按钮，如图 4-17 所示，窗体命名为“图书进货信息窗体”。

若要使用窗体请切换到窗体视图，方法是在“开始”选项卡的“视图”选项组中，单击“视图”选择“窗体视图”。

图 4-17 保存窗体

4.2.2 创建多个项目窗体

创建多个项目窗体类似于创建单项目窗体，选中数据源后，在“其他窗体”下拉列表中选择“多个项目”，直接生成多项目窗体。

【例 4-2】 在“图书销售管理系统”数据库中，使用快速创建窗体的方法为“图书销售表”创建多个项目窗体。创建步骤如下。

1）在数据库窗口中，选择“图书销售表”，单击“创建”选项卡→“窗体”选项组→“其他窗体”下拉列表中的“多个项目”选项，生成窗体并进入布局视图，如图 4-18 所示。

图 4-18 图书销售信息窗体

2）单击“保存”按钮，窗体命名为“图书销售信息窗体”。

4.2.3 创建数据表窗体

数据表窗体外观类似数据表，创建方法同上。

【例 4-3】 在“图书销售管理系统”数据库中，使用快速创建窗体的方法为“人员信息表”创建数据表窗体。创建步骤如下。

1）在数据库窗口中，选择“人员信息表”，单击“创建”选项卡→“窗体”选项组→“其他窗体”中的“数据表”选项，创建窗体并进入窗体的数据表视图，如图 4-19 所示。

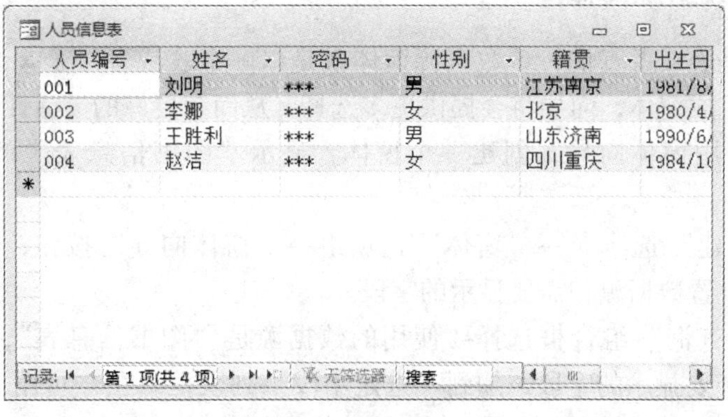

图 4-19 人员信息窗体

2）单击“保存”按钮，窗体命名为“人员信息窗体”。

4.2.4 创建分割窗体

分割窗体同时具有单项目窗体和数据表窗体的特点，创建方法同上。

【例 4-4】在“图书销售管理系统”数据库中，使用快速创建窗体的方法为“图书信息表”创建分割窗体。创建步骤如下：

1）在数据库窗口中，选择“图书信息表”，单击“创建”选项卡→“窗体”选项组中“其他窗体”的下拉列表中的“分割窗体”选项，创建窗体并进入窗体布局视图，如图 4-20 所示。

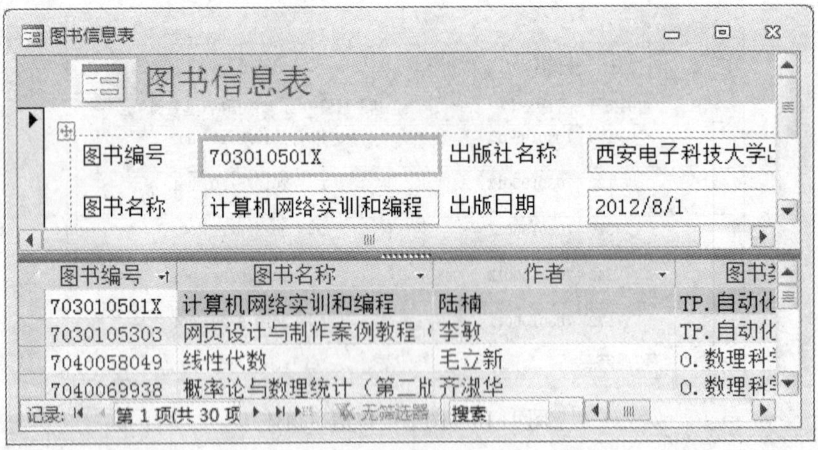

图 4-20　图书信息窗体

2）单击“保存”按钮，窗体命名为“图书信息窗体”。

4.3 使用向导创建窗体

快速创建窗体虽然简单直接，但窗体形式和外观简陋，且只能是一个表或查询。本节介绍利用窗体向导创建基于单数据源和多数据源的窗体，并且可以定义数据排序和汇总。

4.3.1 创建单数据源窗体

数据源可以是表或者查询，单数据源窗体就是以一个表或者一个查询作为窗体的数据源。相对于快速生成窗体，向导将会提供更多选择，从而有更好的灵活性。

【例 4-5】使用窗体向导，创建一个窗体，显示“图书信息表”的数据。操作步骤如下。

1）单击“创建”选项卡→“窗体”选项组→“窗体向导”按钮，打开“窗体向导”第一个对话框，设置数据源和需要显示的字段。

首先在“表/查询”组合框选择要使用的数据源是“图书信息表”，然后在“可用字段”列表框中选择要显示的字段添加到“选定字段”列表框。在“可用字段”列表框中选择需要的字段，单击“右移”按钮 >，将所选字段一个一个移动到“选定字段”列表框；

单击“全部右移”按钮可以将“可用字段”列表框中所有字段都移动到“选定字段”列表框中。如果“选定字段”列表框中有不需要的字段，将其选中，单击“左移”按钮移回“可用字段”列表框；单击“全部左移”按钮则将“选定字段”全部移回“可用字段”列表框。本例添加数据源的所有字段，如图 4-21 所示。

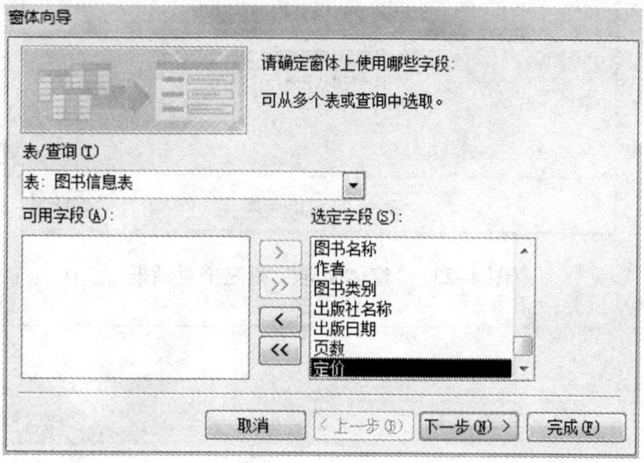

图 4-21 “窗体向导”第一个对话框

2）单击“下一步”按钮，打开“窗体向导”第二个对话框，设置窗体布局，其中“纵栏表”代表单项目窗体，“表格”代表多个项目窗体，“数据表”代表数据表窗体，“两端对齐”是一种格式化的单项目窗体。本例中选择“两端对齐”，如图 4-22 所示。

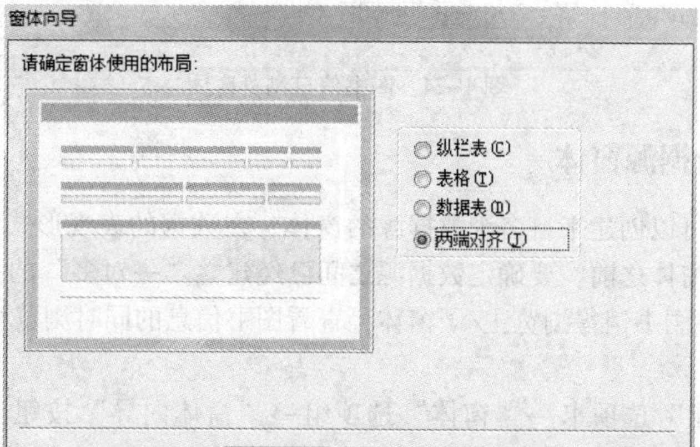

图 4-22 “窗体向导”第二个对话框

3）单击“下一步”按钮，打开“窗体向导”第三个对话框，命名窗体以及设定窗体打开方式。在“请为窗体指定标题”框中输入“图书信息浏览”；完成窗体后，如果要进入窗体视图查看或者编辑数据，选中“打开窗体查看或输入信息”；如果要进入设计视图调整窗体，选中“修改窗体设计”。本例选择“打开窗体查看或输入信息”，如图 4-23 所示。

4）单击“完成”按钮，创建如图 4-24 所示的窗体。

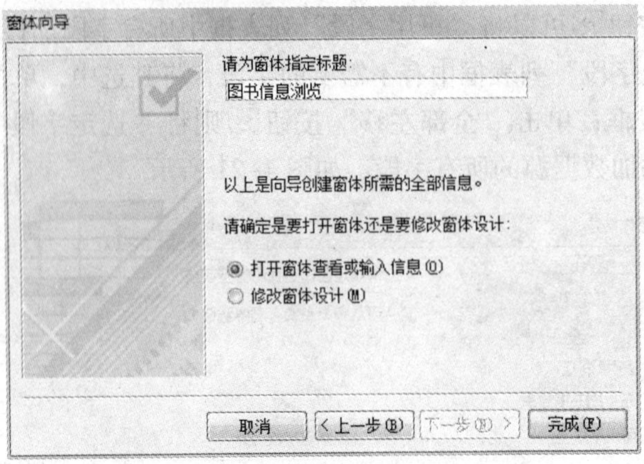

图 4-23 “窗体向导”第三个对话框

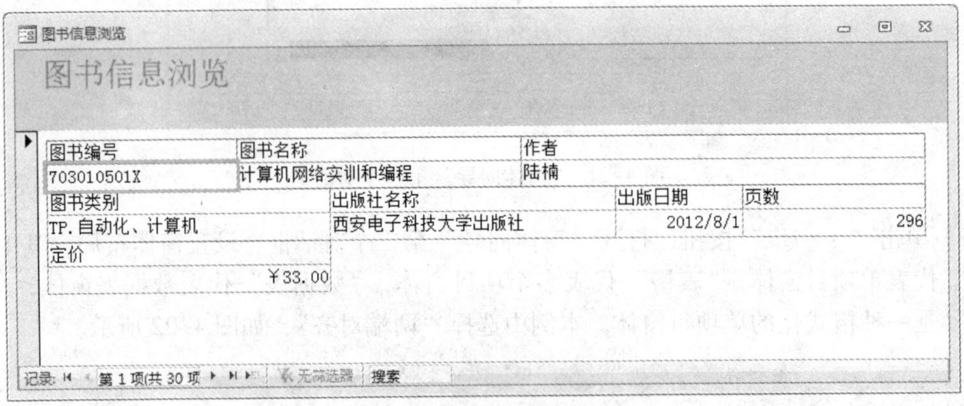

图 4-24 图书信息浏览窗体

4.3.2 创建多数据源窗体

使用窗体向导可以创建来自多个数据源的窗体，在数据的表现形式上包括主/子窗体和链接窗体。在创建窗体之前，要确定数据源之间已经建立“一对多”的关系。

【例 4-6】 创建图书销售浏览主/子窗体，查看图书信息的同时浏览相关的销售信息。创建步骤如下。

1）单击“创建”选项卡→“窗体”选项组→“窗体向导”按钮，打开“窗体向导”第一个对话框。第一步设置主窗体的数据源，在“表/查询”组合框选择“图书信息表”，添加“图书编号”“图书名称”“作者”“图书类别”“出版社名称”和“定价”到“选定字段”；第二步设置子窗体的数据源，在“表/查询”组合框选择“图书销售表”，并添加该表的全部字段，如图 4-25 所示。

2）单击“下一步”按钮，打开“窗体向导”第二个对话框，设定数据的查看方式。“图书信息表”和“图书销售表”是一对多的关系，因此数据的查看方式设置为“通过图书信息表”。多数据源窗体有两种形式：“带有子窗体的窗体”，创建子窗体，并嵌入到主窗体中，和主窗体一起显示；“链接窗体”在该窗体中创建一个按钮，单击打开相应的窗体。本例选择“带有子窗体的窗体”，如图 4-26 所示。

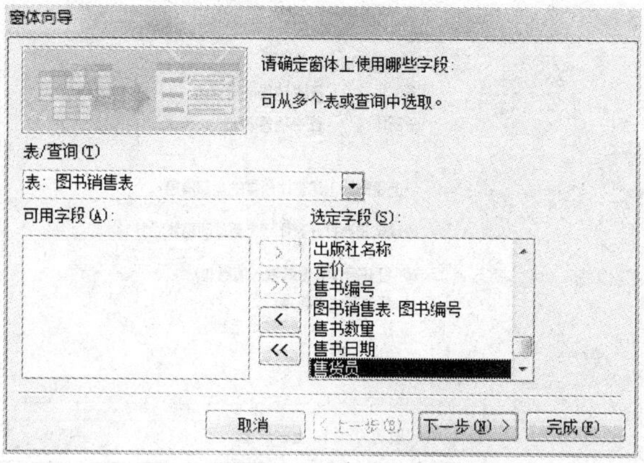

图 4-25 “窗体向导”第一个对话框

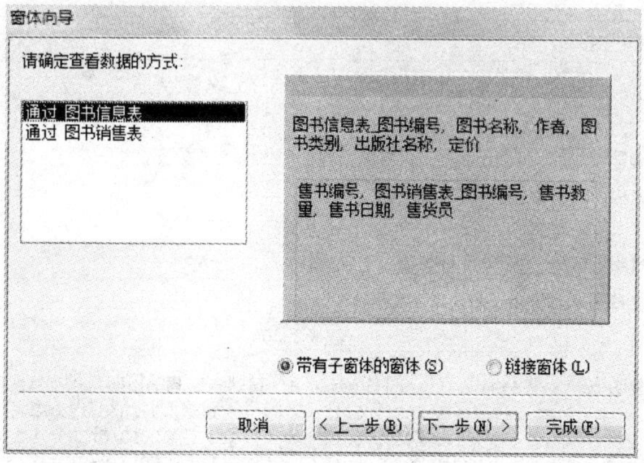

图 4-26 “窗体向导”第二个对话框

3）单击“下一步”按钮，打开“窗体向导”第三个对话框，设置子窗体的布局方式。本例采用“数据表”，如图 4-27 所示。

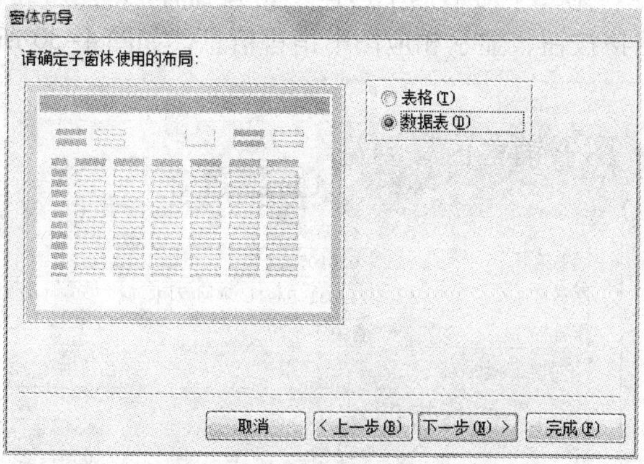

图 4-27 “窗体向导”第三个对话框

4）单击“下一步”按钮，打开“窗体向导”最后一个对话框，设定主窗体和子窗体的标题与完成后窗体的打开方式，如图 4-28 所示。

5）单击“完成”按钮，查看窗体，如图 4-29 所示。

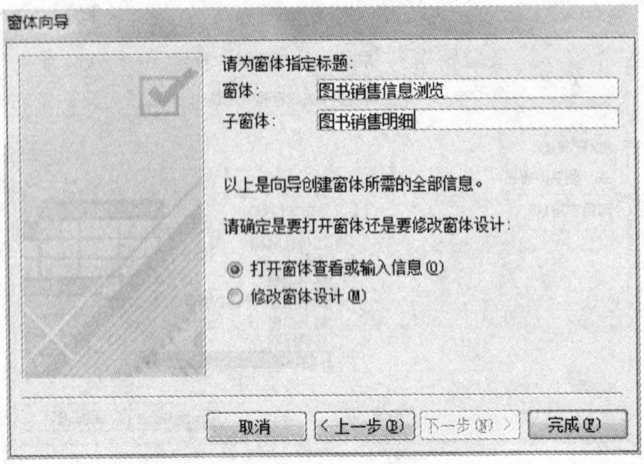

图 4-28 “窗体向导”第四个对话框

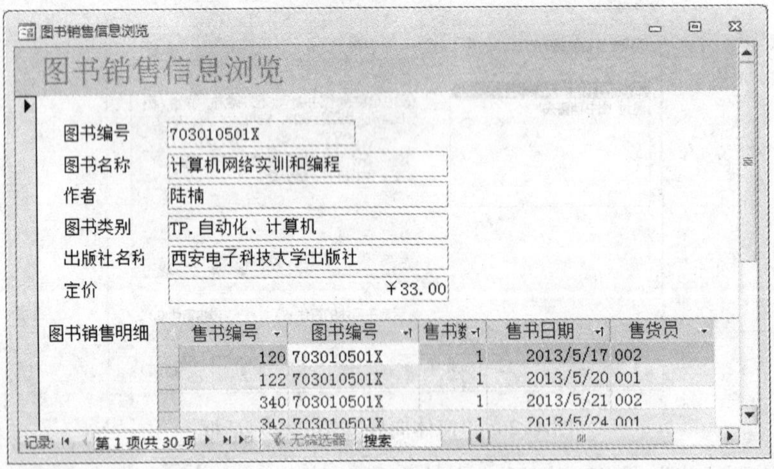

图 4-29 图书销售信息浏览主/子窗体

如果在“窗体向导”第二个对话框中选择“链接窗体”，则所建窗体中显示图书信息，并出现命令按钮，单击该按钮，显示相应图书销售信息，如图 4-30 所示。

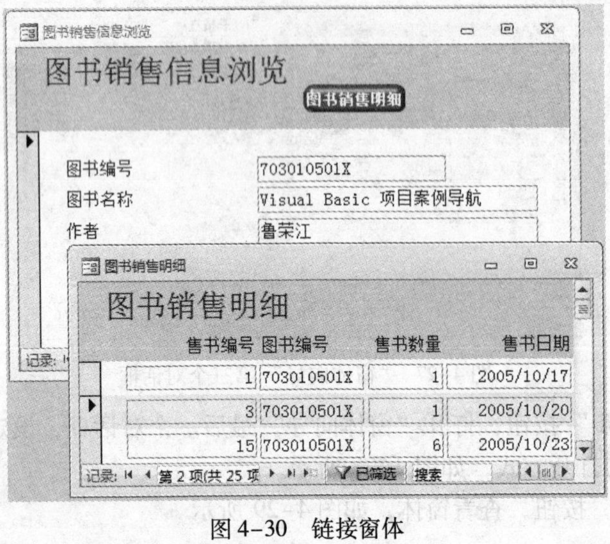

图 4-30 链接窗体

4.4 使用设计视图与布局视图创建窗体

快速创建窗体和使用向导创建窗体，虽然简单容易，但是所建窗体形式不够美观，功能不够明确，是一种半成品，还无法交付使用。设计视图和布局视图使用灵活，窗体及其所包含的每一个控件都可以由用户自己创建和修饰，使之符合要求；还可以修改以“快速创建窗体”和“窗体向导”方式创建的窗体，“精雕细琢”使之完善，因此采用设计视图和布局视图创建窗体是功能最强的窗体创建方法，是窗体设计的核心。

数据库应用系统中的窗体由窗体自身和所包含的控件组成，在设计视图和布局视图中创建窗体可以分为两个方面：创建窗体和创建控件，控件是窗体的核心，因此创建控件是窗体创建的主要内容。

4.4.1 设计视图和布局视图

设计视图提供了“窗体设计工具”，布局视图提供了“窗体布局工具”，两种工具都包括“设计”“格式”和“排列”三个选项卡。比较两个视图的这三种选项卡，内容大同小异，那么在创建窗体时，如何在两种视图中进行选择？

这主要取决于要进行的操作任务，两个视图可以完成许多相同任务，但某些任务在其中一种视图中执行起来会相对容易，说明如下：

在布局视图中，窗体的每个控件都显示真实数据，非常适合设置和调整控件的大小，或者执行其他许多影响窗体外观和可用性的任务。当某些任务无法在布局视图中执行时，Access 2010 系统会显示一条消息，要求切换到设计视图进行操作。所以窗体的外观设计多选择布局视图。

设计视图无法显示基础数据，但提供了详细的窗体结构，可以查看窗体的页眉、主体和页脚等每个组成部分，所以执行相关操作要选择设计视图，例如：

- 向窗体中添加较多种类的控件，如标签、图像、直线和矩形。
- 直接在文本框中编辑文本框控件源码，而无需使用属性表。
- 调整窗体各部分的大小，例如窗体页眉或主体部分。
- 更改某些无法在布局视图中更改的窗体属性，例如“默认视图”或“允许窗体视图”。

使用设计视图和布局视图创建窗体的一般步骤是：首先创建窗体，在设计视图设置窗体属性；添加控件，在设计视图设置控件属性；然后切换到布局视图，进行窗体布局，调整控件的位置、大小和对齐等；最后切换到窗体视图查看效果。

4.4.2 创建窗体

单击“创建”选项卡→“窗体”选项组→“窗体设计”按钮，创建窗体并进入设计视图，以此为基础，逐步创建窗体。

【例 4-7】使用设计视图创建“人员信息维护窗体”——创建的这个窗体是一个空白窗体，操作步骤如下：

在数据库窗口中，单击“创建”选项卡→“窗体”选项组→“窗体设计”按钮，创建窗体，进入设计视图，如图 4-31 所示，默认只显示主体节，可根据需要添加其他节，方法是在窗体空白位置右键单击，打开快捷菜单，选择“页面页眉/页脚”或“窗体页眉/页脚”进行添加。

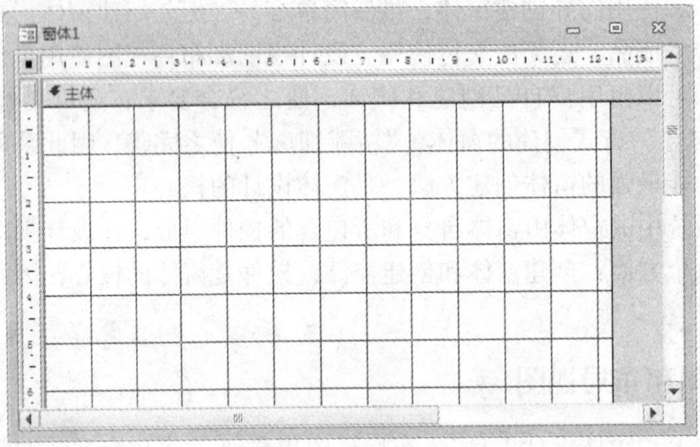

图 4-31　窗体设计视图

4.4.3　调整窗体属性

属性决定窗体的功能特性、结构和外观，使用“属性表”窗格可以设置窗体属性。设置属性遵循“先选择，后设置”的原则，首先选择要设置的窗体，然后选择快捷菜单的“属性”命令或“工具”选项组的“属性表”，打开窗体“属性表”窗格，如图 4-32 所示，属性设置都在此进行。属性表窗格由五项组成。

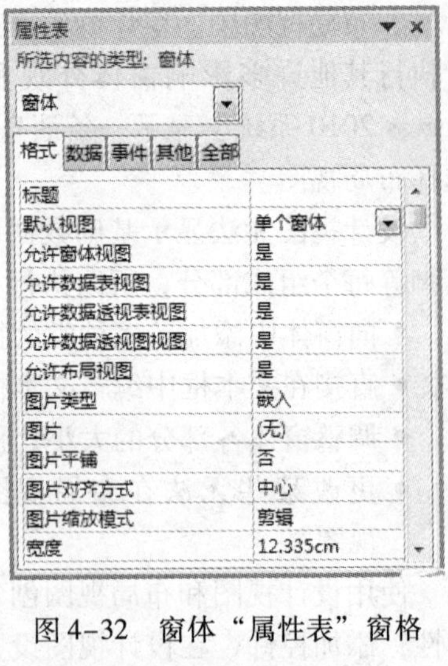

图 4-32　窗体“属性表”窗格

- 格式：和窗体外观相关的属性设置。
- 数据：设置窗体的数据来源，以及数据的操作规则。
- 事件：用来设置窗体的触发事件。
- 其他：不属于其他三项的内容。
- 全部：前面四项属性的集合。

下面分别介绍窗体的常用属性。

- 标题：设置窗体标题栏中显示的文字。
- 默认视图：设置窗体的显示形式，有“单个窗体”“连续窗体”“数据表”“数据透视表”“数据透视图”和“分割窗体”六个选项。
- 滚动条：设置窗体是否具有滚动条，有“两者均无”“只水平”“只垂直”和“两者都有”四个属性值。
- 记录选择器、导航按钮、分割线和自动居中：分别设置是否显示记录选择器，是否显示导航按钮，是否显示分割线，是否显示在桌面的中间。
- 记录源：设置窗体的数据来源，也就是绑定的数据表或查询。
- 允许编辑、允许添加、允许删除和允许筛选：设置窗体是否允许修改、添加、删除和筛选。

- 数据输入：设置为“是”，则打开窗体可以输入新记录；设置为“否”，则不允许添加数据。

如果要设置窗体的某个“节”的属性，首先选择该“节”，然后选择快捷菜单的“属性”命令或“工具”选项组“属性表”，打开属性窗格设置。如果“属性表”窗格已经打开，则直接选择对象，属性表窗格就会相应切换。

4.4.4 添加控件

窗体由窗体本身和各种控件构成，窗体像一个容器，可以容纳各种类型的控件，控件构成了窗体的内容，用来显示、修改、增加和删除数据。

1. 控件类型

根据控件和应用系统的数据之间的关系，把控件分为三种类型，说明如下。

1）绑定型控件：控件和表对象或者查询对象中的字段相结合，可以直接显示、输入或更新数据库中的字段值。

2）未绑定型控件：控件没有数据来源的属性或者没有设置数据来源，主要用于显示信息、线条、矩形或图像，执行操作，美化界面等。

3）计算控件：控件使用表达式作为自己的数据源。表达式由运算符、常数、函数、数据库中的字段、窗体中控件及其属性组成。

在设计视图中创建控件有两种方法：通过“字段列表”窗格或“控件”选项组创建，下面进行介绍。

2. 字段列表

使用“字段列表”窗格可以快速添加控件。选择“设计”选项卡，单击“添加现有字段”，打开“字段列表”窗格，双击某个字段或者将某个字段从列表拖动到窗体，系统会自动创建显示该字段的控件，并且将此控件绑定到该字段，同时还创建一个起标识作用的标签控件。“字段列表”窗格的内容和窗体记录源属性密切相关，说明如下。

（1）选择“仅显示当前记录源中的字段”

1）如果窗体记录源属性的值为空，则提示“没有可添加到该视图中的字段”，可以“显示所有表”。

2）如果窗体记录源属性的值不为空，则显示“可用于此视图的字段”，即数据源的字段，可以直接使用。

（2）选择“显示所有表”

1）如果窗体记录源属性的值为空，“字段列表”窗格仅有“其他表中的可用字段”，显示数据库所有的表对象。若拖动某表某个字段到窗体，则 Access 2010 会自动填充窗体的记录源属性为相应 SQL 语句，同时“字段列表”窗格内容发生改变，显示“可用于此视图的字段”“相关表中的可用字段”（如果存在）和“其他表中的可用字段”（如果存在）。

2）如果窗体的数据源是表，“字段列表”窗格显示“可用于此视图的字段”“相关表中的可用字段”（如果存在）和“其他表中的可用字段”（如果存在）。“可用于此视图的字段”显示数据源的字段，可以直接拖动到窗体；“相关表中的可用字段”显示和数据源表直接相关联的表，如果拖动其字段到窗体，会修改窗体的数据源为 SQL 语句；“其他表中的可用字段”显示无直接关联的表，拖动其某个字段到窗体，会出现“指定关系”对话框，要求设置两个表之间的关系。

3）如果窗体的数据源为查询，“字段列表”窗格显示“可用于此视图的字段”“相关表中的可用字段”（如果存在）和“其他表中的可用字段”（如果存在）。“可用于此视图的字段”显示查询所基于的表对象；“相关表中的可用字段”显示直接相关联的表；“其他表中的可用字段”显示无直接关联的表。

对于“字段列表”窗格上“可用于此视图的字段”，可以使用〈Shift〉键配合鼠标选中连续的字段，也可以使用〈Ctrl〉键配合鼠标选中不连续的字段。

如果希望将 Access 2010 自动创建的控件更改为其他类型，右键单击该控件，在快捷菜单中选择“更改为”，选择合适的控件；若所有选项都灰度显示，则说明没有其他类型的控件适合该字段。

【例 4-8】使用设计视图创建“人员信息维护窗体”——使用“字段列表”向窗体中快速添加控件，操作步骤如下：

打开【例 4-7】第一步中创建的“人员信息维护窗体”，单击“设计”选项卡→“添加现有字段”按钮，打开“字段列表”窗格，如图 4-33 所示。选择人员信息表的字段拖动到窗体，创建控件如图 4-34 所示。

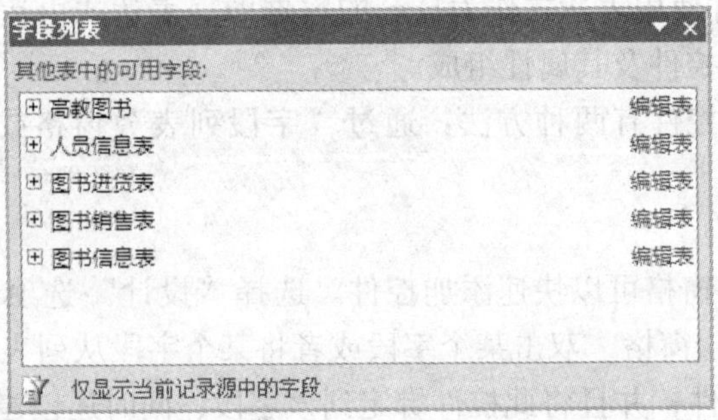

图 4-33　“字段列表”窗格

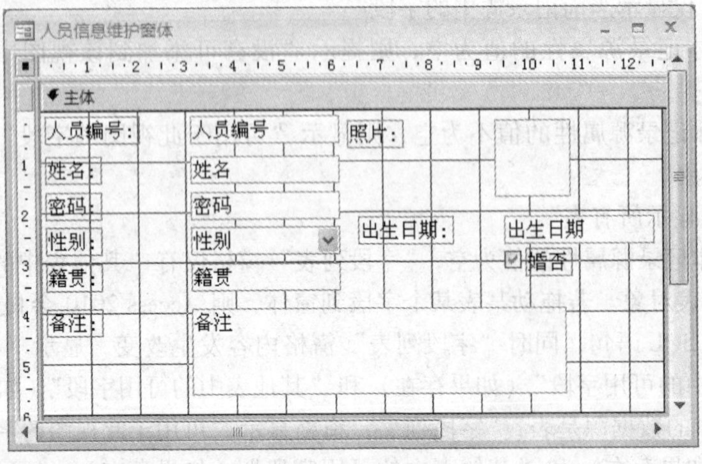

图 4-34　添加字段

3.“控件”选项组

使用“字段列表”创建各种控件，方便快捷，但是只能创建绑定型控件及相应标签，因此不够灵活。“设计”选项卡“控件”选项组包含了 Access 2010 系统提供的所有控件，如图 4-35 所示，通过创建这些控件，可以使窗体的内容丰富、形式多样。“控件”选项组内容介绍如表 4-1 所示。

图 4-35 “控件”选项组

表 4-1 常用控件

控件图标	名 称	功能描述
	文本框	可以显示、输入或者编辑数据库中的数据，显示运算的结果，接受用户的输入
	标签	用于显示说明性文字，例如窗体的标题或数据的指示
	按钮	用于执行各种操作，通过事件触发执行
	组合框	该控件组合了列表框和文本框的特性，既可以选择列表项，又可以输入文字
	列表框	以列表的形式显示数据，可供选择
	子窗体/子报表	显示来自多个数据源的数据
	直线	可以创建直线，用来隔离对象
	矩形	绘制矩形，组织相关数据，美化界面
	绑定对象框	用于在窗体或报表中显示数据库中的 OLE 对象
	选项组	与复选框、选项按钮或切换按钮搭配，可以显示一组可选的值
	复选框	代表“是/否”的小方框，选中代表“是”，未选中代表“否”
	选项按钮	代表“是/否”的小圆形，选中代表“是”，未选中代表“否”
	切换按钮	用于开关的切换，按下代表“是”，弹起代表“否”
	选项卡	用于创建一个多页的选项卡窗体，可以在选项卡上添加其他控件
	插入图表	在窗体或报表中插入图表对象
	未绑定对象框	用于在窗体或报表中显示非绑定的 OLE 对象
	图像	用于显示图片，美化窗体
	插入分页符	用于创建多页窗体
	插入超链接	插入超级链接
	WEB 浏览器控件	创建浏览器用于显示网页
	导航控件	用于创建导航栏
	附件	将表中附件数据添加到窗体或报表
	插入图像	创建图像控件，显示图像
	选择	用于选取对象，包括窗体、窗体的节、控件。单击按钮可以取消对控件的选择，并开始选取新的控件
使用控件向导(W)	使用控件向导	用于打开或关闭控件向导，利用向导的方式，方便控件创建
ActiveX 控件(O)	ActiveX 控件	使用 ActiveX 控件
设置为控件默认值(C)	设置为默认值	把当前控件的属性设置为该类控件的默认选项

4. 页眉/页脚选项组

“设计”选项卡“页眉/页脚”选项组提供了“徽标”“标题”和“日期和时间”功能，如图 4-36 所示，可以直接在窗体页眉创建相应控件。

徽标：创建图像控件来显示图片，作为窗体的 Logo。

标题：创建标签控件，输入内容用作窗体的标题信息。

日期和时间：创建文本框控件，显示日期和时间。

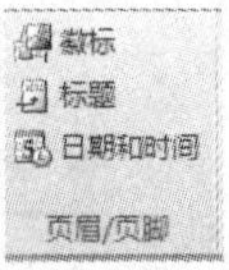

图 4-36 “页眉/页脚”选项组

5. 控件画法

单击“控件”选项组的控件图标可以选中该控件；单击“选择”按钮或者再次单击该控件图标，可以取消当前的选择；单击其他控件图标，则取消当前控件而选中其他控件。在空白窗体的设计视图中，以“按钮”控件为例，介绍控件画法，即控件添加到窗体的方法：

1）单击“控件”选项组的按钮控件图标，该图标加重显示；移动光标到窗体，光标变为“+”和控件图形的组合形状。

2）移动“+”号到窗体适当位置（“+”的中心就是控件左上角的位置），按下鼠标左键，不要松开，向右下方拖动出一个矩形，到合适的大小，松开鼠标，就画出了一个按钮控件。如果要连续画同种控件，可以双击“控件”选项组的控件图标。

6. 操作控件

（1）选择控件

控件被选中后，周围将出现边框和八个小矩形（控点）。对于窗体中的单个控件，单击可以选中该控件；如果选择多个控件，可以单击选中第一个，然后按住〈Shift〉键单击其他对象；或者用鼠标在空白位置单击拖动，矩形区域内的控件将被选中；如果选择全部控件，可以使用快捷键〈Ctrl + A〉；单击其他控件或者空白位置可以取消当前选择。

（2）移动控件

选中要移动位置的单个或多个控件，然后移动光标，当光标变成 4 个方向的箭头时，表示可以移动控件，如果光标位于某控件的左上角矩形上，表示只能移动鼠标所在的控件；否则移动所有选中控件。

（3）删除控件

选中单个或多个控件，使用快捷菜单“删除”命令，或者按〈Delete〉键，可以删除所选控件。

（4）复制和剪切控件

选中单个或多个控件，使用快捷菜单“复制”或“剪切”，然后粘贴，可以对控件复制或移动。

4.4.5 调整控件属性

每个控件都有自己的属性，属性决定控件的功能、结构和外观，使用“属性表”窗格可以设置控件的属性。和设置窗体设置相似，首先在窗体的设计视图中选择要设置的控件，然后单击快捷菜单“属性”或“工具”选项组“属性表”，打开“属性表”窗格，如图 4-37 所示，属性表窗口也包括“格式”“数据”“事件”“其他”和“全部”五项内容。

下面介绍控件的常用属性。

- 名称：设置控件的名称。一般采用英文，使用有意义的缩写。
- 图片：设置控件的背景图片。
- 可见、可用：设置控件是否可见，是否可用。
- 宽度、高度：设置控件的宽度和高度。
- 前景色、字体名称、字号、字体粗细、倾斜字体和下划线：分别设置控件中的字体颜色、字体名称、大小、粗细，是否倾斜字体和文字是否有下划线。
- 键按下：当控件获得焦点时，按下任何键触发事件。

图 4-37　控件“属性表”窗格

- 键释放：当控件获得焦点时，松开按下的任何键触发事件。
- 单击：通过鼠标在控件上单击触发事件。
- 双击：通过鼠标在控件上双击触发事件。
- 鼠标按下：当鼠标箭头在控件上时，按下左键触发事件。
- 鼠标释放：当鼠标箭头在控件上时，松开按下的左键触发事件。

4.4.6　常用控件介绍

前面以按钮控件为例介绍了控件的基本操作和属性设置，不同类型的控件有不同的特点和功能，所以在选择控件时要考虑数据类型和执行操作，下面通过一个实例介绍常用控件。

在 4.4.4 小节中，介绍了使用“字段列表”向窗体中添加控件的方法，这种方法快速简洁，但不够灵活和全面，因此也经常使用“控件”选项组中的控件，直接向窗体中添加控件。本小节重做【例 4-7】中的第二步，使用“控件”选项组向窗体中添加控件。

【例 4-9】使用设计视图创建“人员信息维护窗体”——使用“控件”选项组向窗体中添加控件。

1. 标签

标签用于在窗体、报表中显示说明性文本，如标题或标示。窗体的标题用来明确窗体用途，下面使用标签控件创建窗体的标题。操作步骤如下：

1）在设计视图中打开【例 4-7】第一步中创建的“人员信息维护窗体”。单击“设计”选项卡→“工具”选项组→“属性表”按钮，设置窗体的“记录源”属性为“人员信息表”。

2）单击“设计”选项卡→“控件”选项组→“标签”按钮，在窗体的主体节创建标签控件，输入文字“人员基本信息维护”。

3）打开标签的“属性表”窗格，调整标题显示，如图 4-38 所示。

标签可以独立使用，也可以附加到其他控件，起标示作用，例如添加某些控件时，Access 2010 会自动为控件创建附加标签，选择该控件，附加标签左上角会出现矩形标识。单击独立标签控件的“错误检查”按钮，选择“将标签与控件关联”，或者剪切独立标签控件，然后选择控件，执行粘贴，可以将标签附加到该控件。

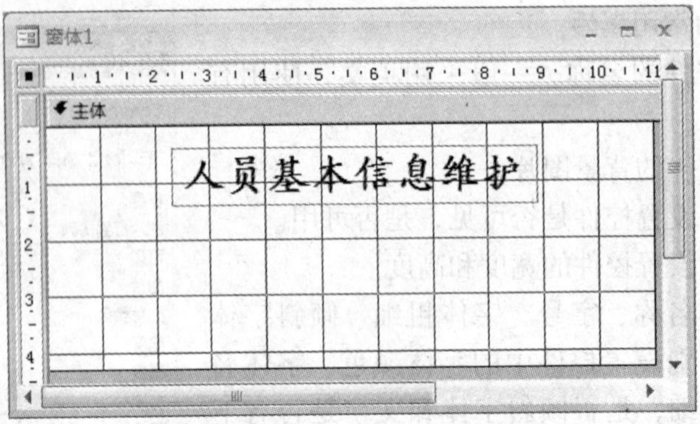

图 4-38　标签控件

2. 文本框

文本框用来输入、显示和编辑数据，文本框可以绑定数据，也可以不绑定。下面创建绑定“人员编号”的文本框，操作步骤如下：

1）继续使用前面窗体，单击“设计”选项卡→“控件”选项组→“文本框”按钮，添加到窗体主体节。此时文本框没有和数据库中的数据发生关联，因此是未绑定控件。

2）打开文本框“属性表”窗格，设置“控件来源”属性为“人员编号”，并修改附加标签标题属性为“人员编号”，如图 4-39 所示。该文本框和数据库中的字段相关联，因此是绑定型控件。

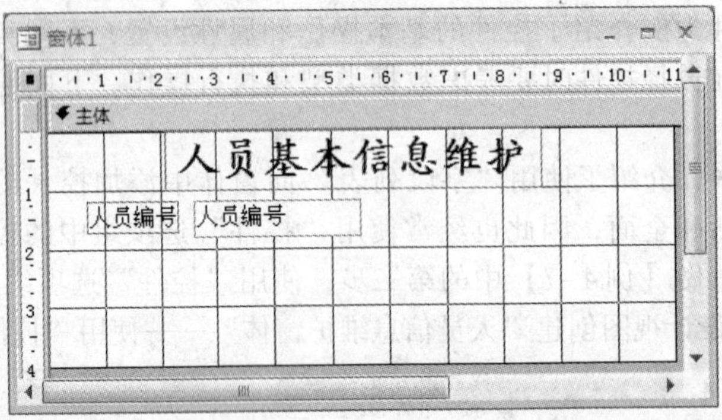

图 4-39　文本框“属性表”窗格

继续创建其他文本框控件。需要补充的是，用来绑定“密码”的文本框，还应该设置“属性表”窗格“输入掩码”属性为“密码”，这样文字在窗体视图中显示为“*”，符合密码使用规则。

3. 组合框

组合框是列表框和文本框的组合，同时具备两者的优点，既可以输入数据，又可以从下拉列表中选择。下面创建绑定“性别”的组合框，操作步骤如下：

1）继续使用前面窗体，单击“设计”选项卡→“控件”选项组→“组合框”按钮，添加到窗体主体节。此时组合框是未绑定控件。

2）打开组合框“属性表”窗格，设置“控件来源”属性为“性别”，此时组合框只具备显示数据库数据的功能；设置“行来源类型”属性为“值列表”，并设置“行来源”属性为“"男";"女"”，那么输入数据时可以在列表框中选择“男”或者“女”。

3）修改附加标签标题属性为“性别”，如图 4-40 所示。该组合框是绑定型控件。

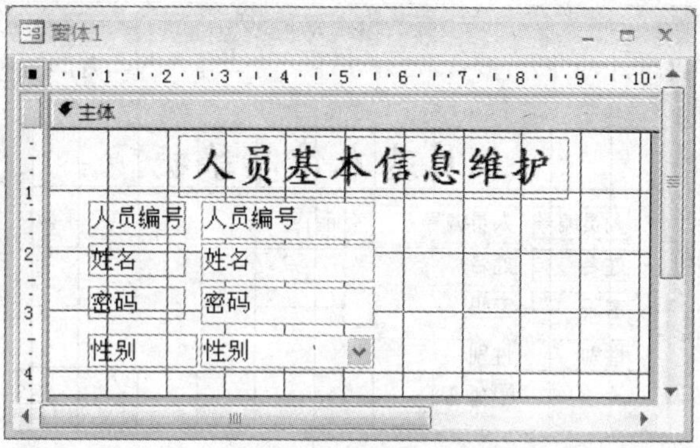

图 4-40　组合框

4. 复选框

多个复选框用于多项选择，单个复选框适合只有两个选择的“是/否”类型数据。下面创建单个复选框绑定“婚否”字段，操作步骤如下：

1）继续编辑窗体，单击“设计”选项卡→“控件”选项组→“复选框”按钮，添加到窗体主体节。此时控件未绑定数据。

2）打开复选框“属性表”窗格，设置“控件来源”属性为“婚否”；附加标签显示“婚否”，如图 4-41 所示。

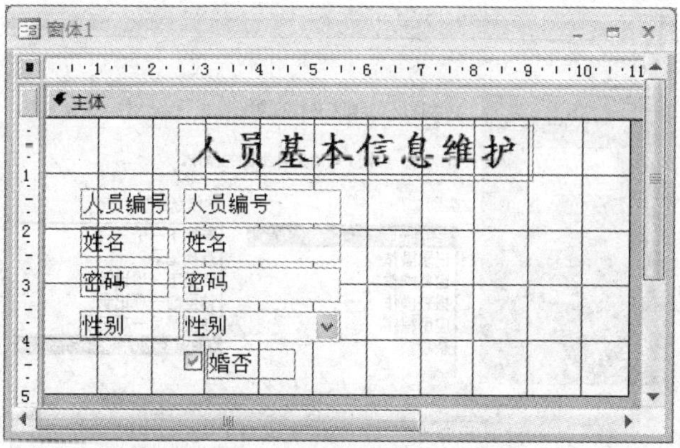

图 4-41　复选框“属性表”窗格

5. 绑定对象框

“控件”选项组有两个对象框，一个是未绑定对象框，用于在窗体或报表中显示未绑定 OLE 对象，如 Excel 电子表格，当移动记录时，该对象内容不变；另一个是绑定对象框，用于显示存储在表中的 OLE 对象，移动记录时，对象内容随之改变。下面使用绑定对象框显示“照片”内容，操作步骤如下：

1）继续编辑窗体，单击“设计”选项卡→“控件”选项组→“绑定对象框”按钮，将其添加到窗体主体节。此时控件未绑定数据。

2）打开绑定对象框“属性表”窗格，设置“控件来源”属性为“照片”，附加标签显示“照片”，如图4-42所示。

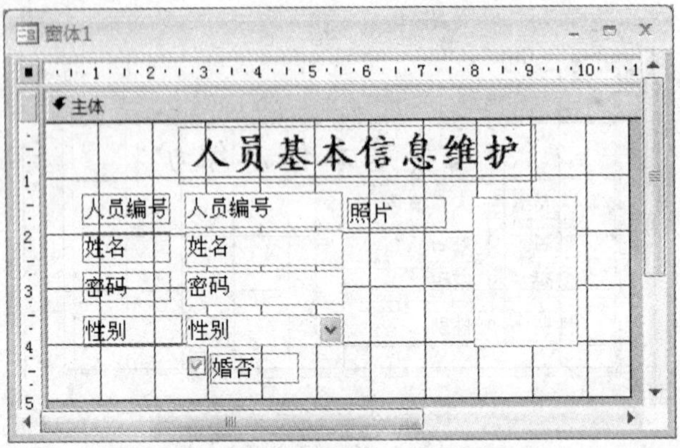

图4-42　绑定对象框

6. 命令按钮

前面介绍的都是直接添加控件，然后使用“属性表”设置控件属性，控件属性非常多且设置复杂，因此Access 2010系统为多数控件提供了简洁的方法，就是使用控件向导设置常用属性和操作。下面使用控件向导为窗体创建导航按钮，操作步骤如下。

1）继续编辑窗体，首先选中“使用控件向导”，然后单击“按钮”控件添加到主体节底部，打开“命令按钮向导”第一个对话框，设置按下按钮时执行的操作。本例选择“记录导航”的“转至第一项记录”，如图4-43所示。

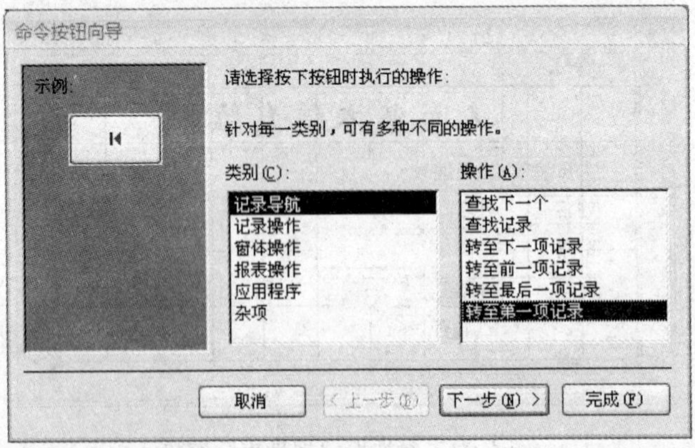

图4-43　“命令按钮向导”第一个对话框

2）单击“下一步”按钮，设置按钮显示方式是图片还是文本。本例使用“文本”，内容为“移至第一项”，如图4-44所示。

3）单击“下一步”按钮，设置命令按钮的名称为“cmd_first”，如图4-45所示。

4）单击“完成”。用同样的方法添加其他按钮控件，并设置适当操作，如图4-46所示。

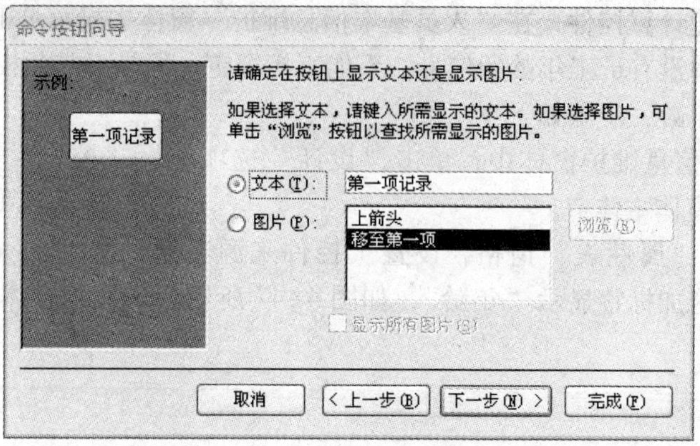

图 4-44 “命令按钮向导”第二个对话框

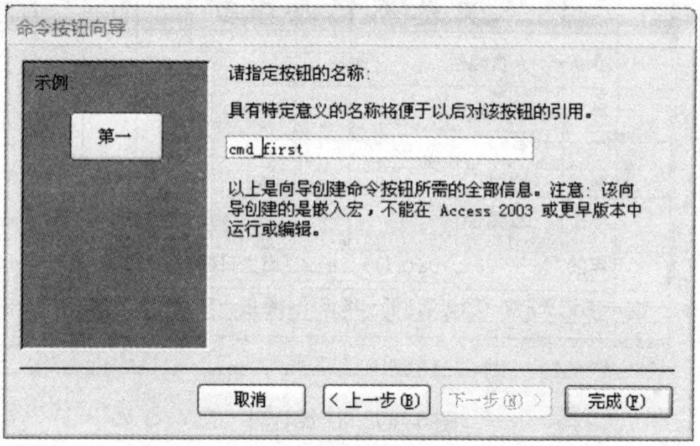

图 4-45 “命令窗体向导”第三个对话框

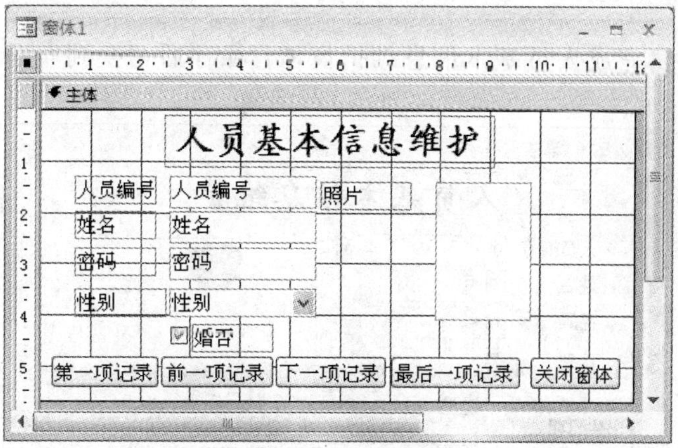

图 4-46 按钮控件

4.4.7 计算控件

计算控件用于显示计算结果，其“控件来源”属性不是数据库中的字段，而是表达式。表达式由运算符、常数、函数、数据库中的字段、窗体中控件及其属性组成。文本框是最常用的计算控件，可以显示不同类型的数据。

【例 4-10】创建计算控件，在“人员基本信息维护”窗体中显示员工的年龄。

窗体的数据源中没有员工年龄的信息，不能直接绑定，但是有与此相关的出生日期，通过运算可以计算出年龄，步骤如下：

1）在人员基本信息维护窗体中，单击“设计”选项卡→“控件”选项组中的“文本框”按钮，添加到窗体主体节。

2）打开文本框“属性表”窗格，设置“控件来源”属性为“ = year(date()) - year([出生日期])”；附加标签显示“年龄”，如图 4-47 所示。切换到窗体视图，查看计算所得年龄。

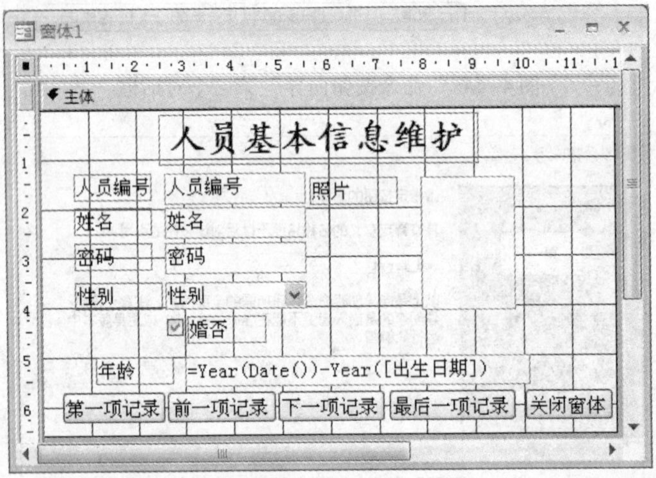

图 4-47　计算控件

4.4.8　窗体布局

继续添加控件，完成人员基本信息维护窗体，保存后切换到布局视图，如图 4-48 所示。

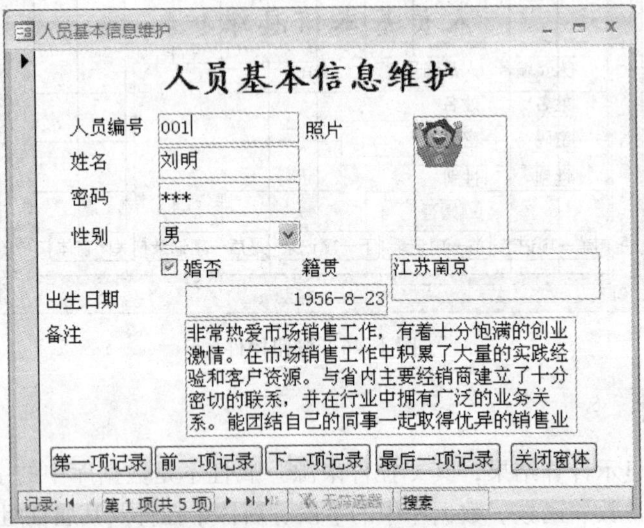

图 4-48　人员基本信息维护窗体

在布局视图中，窗体的每个控件都显示真实数据，非常适合设置和调整控件的大小，或者执行其他许多影响窗体视觉外观和可用性的任务。因此在设计视图中完成窗体框架后，可以切换到布局视图，继续调整和修饰窗体。

【**例 4-11**】调整人员基本信息维护窗体。

1）调整控件内容，使数据显示更清晰。使用“布局”选项卡“字体”选项组或者使用控件的“属性表”。绑定控件及其附加控件一般采用不同的字体，以达到便于区分的效果，如图 4-49 所示。

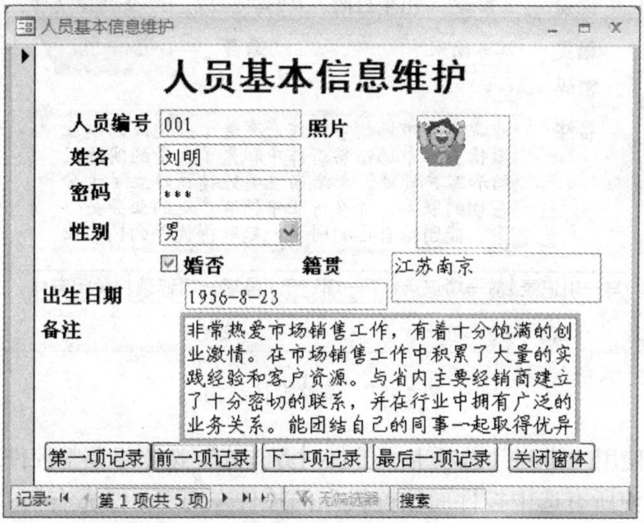

图 4-49　调整控件内容

2）根据实际数据调整控件大小，如图 4-50 所示。“备注”控件内容较多，可以设置“滚动条”属性为垂直；编辑“照片”控件，使图片大小合适。

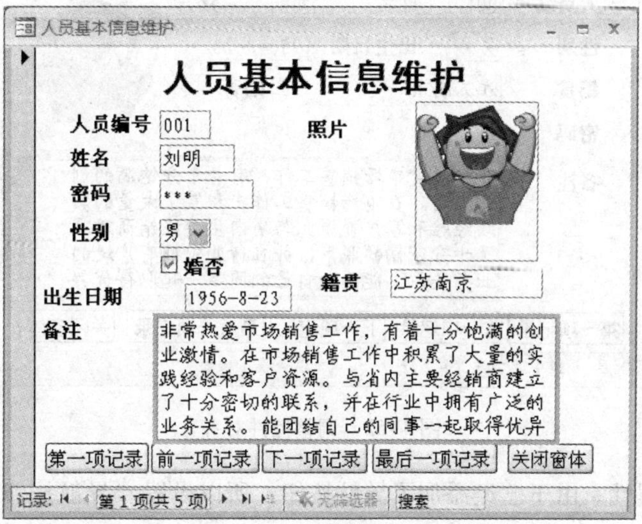

图 4-50　调整控件大小

3）根据实际需要和控件大小，调整窗体结构，如图4-51所示。可以直接拖动控件改变窗体结构；也可以选择“排列”选项卡中的“控件布局”选项组，系统提供了“表格”和“堆积”两种布局方式。

图4-51　调整窗体结构

4）控件对齐。使用“排列”选项卡“控件对齐方式”选项组调整控件对齐，如图4-52所示。使用“靠左”使所有选中控件向位置最左的控件左对齐，“靠右”“靠上”“靠下”功能类似。

图4-52　调整控件对齐

5）调整窗体属性。由于已经添加了导航按钮，所以设置“导航按钮”为否；单项目窗体只显示一条记录，所以设置“记录选择器”属性为否，切换到窗体视图，如图4-53所示。

图 4-53　调整窗体属性

4.4.9　使用主题

在布局视图中调整窗体，是精工细作，所需工作量较大，如果想简化过程，可以使用系统提供的“主题”，快速修饰窗体。

其方法是，单击“设计”选项卡→“主题”选项组，如图 4-54 所示。可以直接从“主题”中选择合适的主题，即可直接修饰窗体。

图 4-54　“主题”选项组

4.5　创建特定类型窗体

使用设计视图可以方便地创建各种输入输出窗体，但对于数据透视表窗体和数据透视图窗体并不太适用。本节主要介绍数据透视表窗体和数据透视图窗体的创建方法。

4.5.1　创建数据透视表窗体

创建数据透视表窗体的方法为首先选择数据源，然后进入数据透视表视图进行版面布置。

【例 4-12】 在“图书销售系统”数据库中，创建以“销售业绩月报查询”为数据源的数据透视表。创建步骤如下。

1）在“图书销售系统”数据库中，选择“销售业绩月报查询”，单击“创建”选项卡→“窗体”选项组→“其他窗体”选项→“数据表透视表”选项，进入窗体的数据透视表视图，如图 4-55 所示。

2）“数据透视表字段列表”窗口提供了数据源的字段，根据窗口区域提示，将所需字段分别拖放到相应位置。本例“售货员”作为列字段，“售书日期”作为行字段，“金额”

作为汇总字段，“图书名称”作为筛选字段，如图4-56所示。也可以单击“添加到”按钮，添加到相应区域。

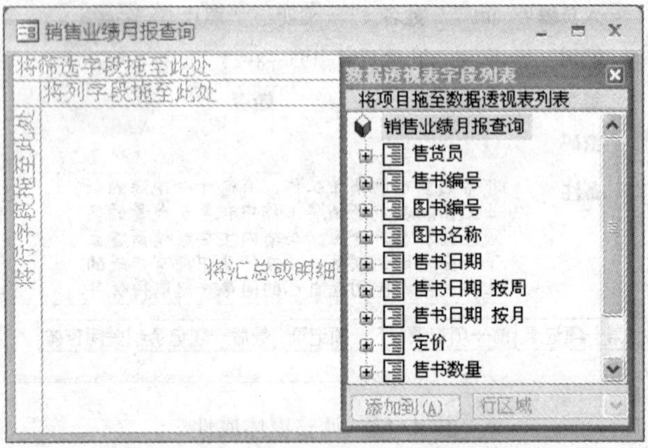

图4-55　数据透视表视图

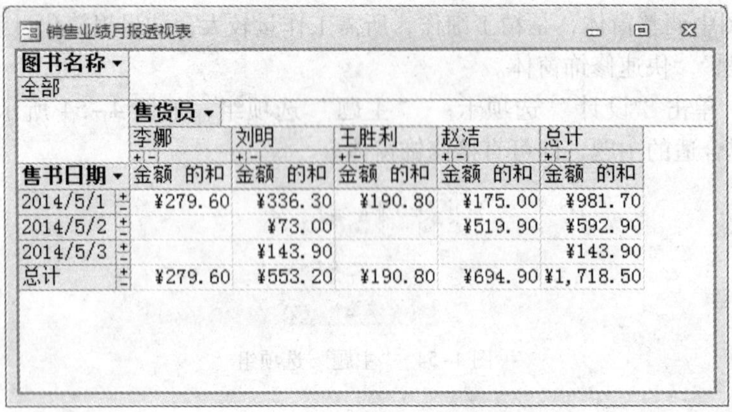

图4-56　销售业绩月报透视表

3）单击“保存”按钮，窗体命名为“销售业绩月报透视表”。

如果需要按照其他方式分析数据，可以重新进行版面布置，每一次改变，数据透视表都会立即重新计算数据。

4.5.2　创建数据透视图窗体

数据透视图窗体和数据透视表窗体创建方法类似。

【例4-13】创建“销售业绩月报查询”的数据透视图。

1）在“图书销售系统”数据库中，选择“销售业绩月报查询”，单击“创建”选项卡→“窗体”选项组→“数据透视图”按钮，进入窗体的数据透视图视图，如图4-57所示。

2）“图表字段列表”窗口提供了数据源的字段，用于创建数据透视图窗体。根据窗口区域的提示，将所需字段分别拖放或添加到相应位置。本例“售货员”作为分类字段，“金额”作为数据字段，“图书名称”作为筛选字段，如图4-58所示。

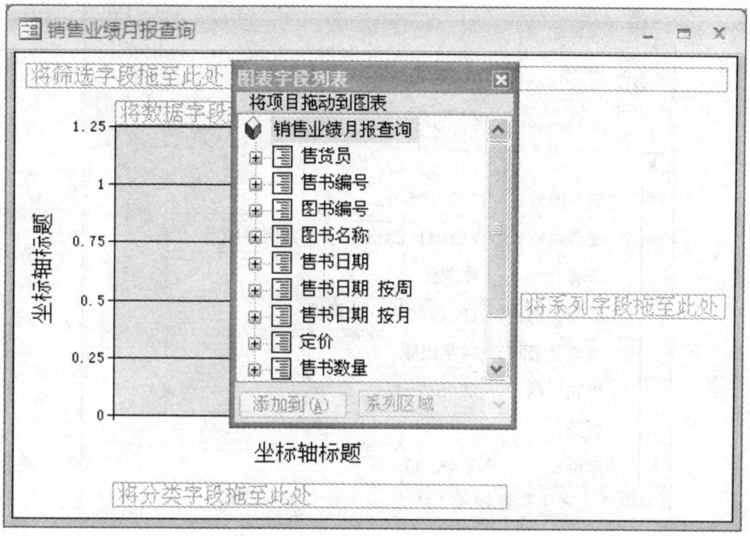

图 4-57　数据透视图视图

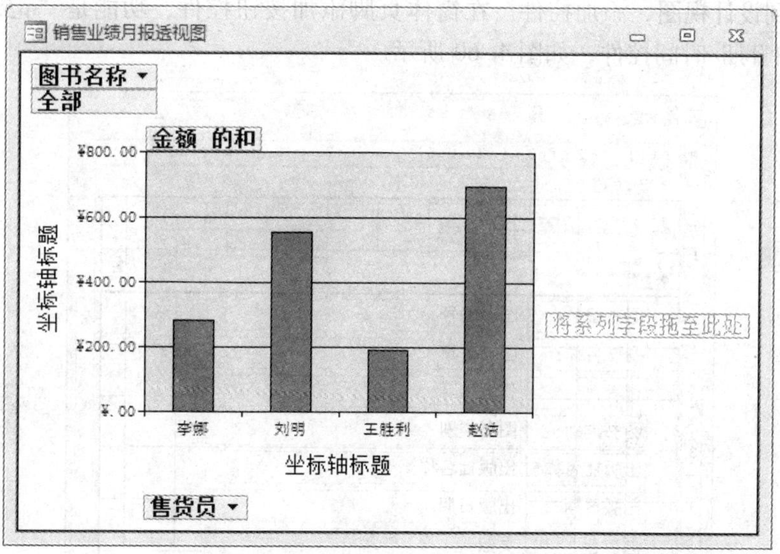

图 4-58　销售业绩月报透视图

3）单击“保存”按钮，窗体命名为“销售业绩月报透视图”。

4.6　图书销售管理系统的窗体设计

实际应用中，创建窗体常用的方法是使用“快速创建窗体”和“窗体向导”先完成窗体大体框架，然后利用设计视图和布局视图进行修改完善。

【例 4-14】创建“图书信息表”为数据源的图书信息维护窗体。

1）在数据库窗口中，选择“图书信息表”，单击“创建”选项卡→“窗体”选项组→“窗体”按钮，创建窗体并进入布局视图，如图 4-59 所示。

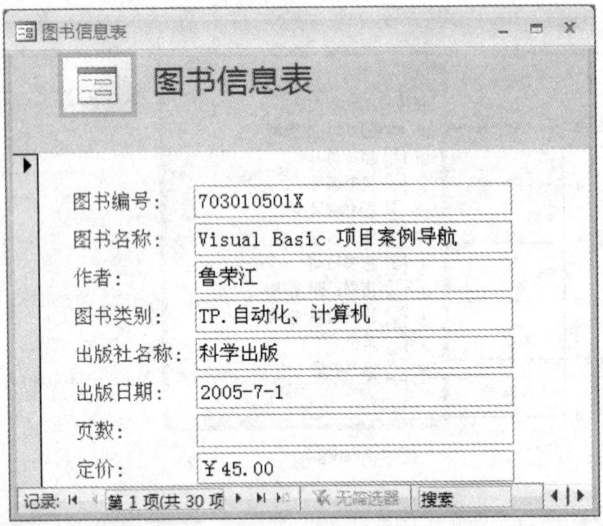

图 4-59　创建窗体并进入布局视图

2）切换到设计视图，添加控件。在窗体页脚添加按钮控件，功能是“记录导航”；在窗体页眉添加日期/时间控件，如图 4-60 所示。

图 4-60　添加控件

3）切换到布局视图，调整窗体布局。根据实际数据，调整控件大小和位置，并对齐；修改标题为“图书信息维护”；设置控件字体，如图 4-61 所示。

4）设置窗体属性。设置记录选定器、导航按钮属性为否。切换到窗体视图查看效果，如图 4-62 所示。

5）保存，窗体命名为“图书信息维护”。

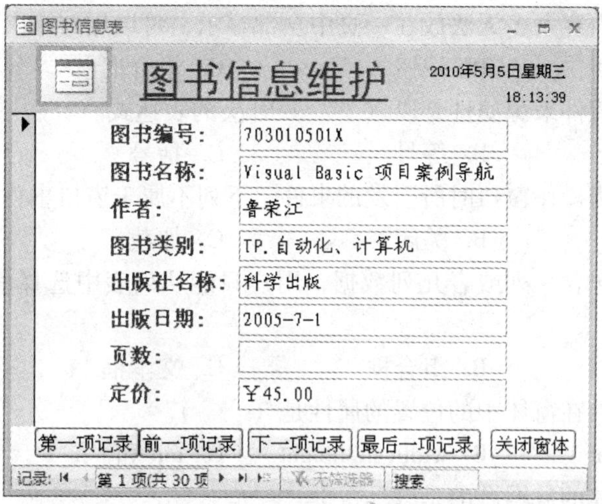

图 4-61　设置控件字体

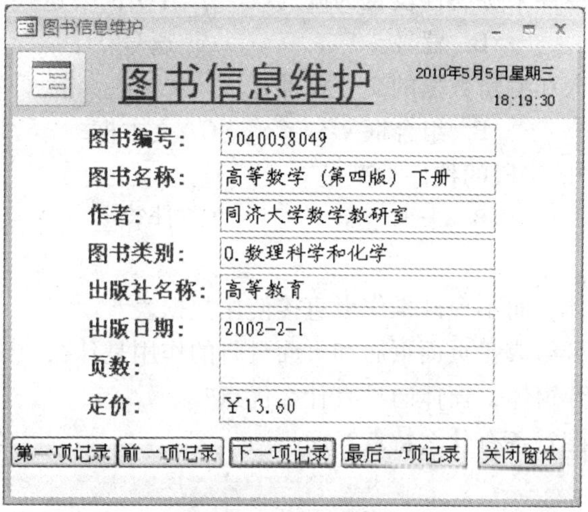

图 4-62　设置窗体属性

本章小结

窗体是用户操作数据库的主要界面，创建功能完善使用方便的窗体是数据库系统设计的重要目标。Access 2010 数据库管理系统提供了丰富的窗体形式和灵活多样的创建方法，实际开发中可以灵活运用。

习题

一、选择题

1. 以下哪个不是窗体的组成部分（　　）。

A. 主体　　B. 窗体页眉　　C. 窗体页脚　　D. 窗体设计器

2. 当窗体中的内容太多无法放在一页中全部显示，可以用（　　）控件来分页。

A. 选项卡　　B. 按钮　　C. 组合框　　D. 选项组

3. 计算控件的控件来源属性是以（　　）开头的表达式。

A. 字母　　B. 等号　　C. 括号　　D. 字段名

4. 窗口事件是指操作窗口时所引发的事件，下列不属于窗口事件的是（　　）。

A. 打开　　B. 关闭　　C. 加载　　D. 取消

5. 窗体中可以包含一列或者几列数据，用户只能从列表中选择值，而不能输入新值的控件是（　　）。

A. 列表框　　B. 组合框　　C. 文本框　　D. 复选框

6. 确定一个控件在窗体中的位置的属性是（　　）。

A. width 和 height　　B. width 或 height　　C. top 和 left　　D. top 或 left

7. 可以作为窗体的数据源的是（　　）。

A. 表　　B. 查询　　C. SQL 语句　　D. 以上都是

8. 计算控件中的控件来源属性设置为以（　　）开头的表达式。

A. 等号　　B. 冒号　　C. 逗号　　D. 双引号

9. 窗体中用来输入和编辑数据的交互控件是（　　）。

A. 列表框　　B. 组合框　　C. 文本框　　D. 复选框

10. 显示数据源中的字段的控件类型是（　　）。

A. 绑定型　　B. 未绑定型　　C. 计算型　　D. 相关型

二、思考题

1. 为什么设计窗体，而不允许操作者直接使用数据表？

2. 窗体由哪几部分组成？页面页眉和页面页脚的作用是什么？

3. 相对于快速创建窗体，窗体向导有什么优点？

4. 窗体有几种视图？各有什么特点？

三、实验

打开“图书销售管理系统”数据库，按照如下要求创建“销售业绩月报浏览”窗体，可以参考图 4-63。

图 4-63　销售业绩月报浏览

1. 设置窗体的记录源为“销售业绩月报查询”，按照顺序添加字段“售书编号”“图书编号”“售书数量”“金额”“售货员”和“售书日期”到窗体。

2. 在窗体页眉添加标签控件，命名为“bTitle”，标题为“销售业绩月报浏览”；在窗体页眉添加时间/日期控件。

3. 在窗体的主体节底部添加四个按钮控件，名称分别为 CmdFirst、CmdPrev、CmdNext、CmdLast；控件的功能分别为导航到第一条记录、导航到前一条记录、导航到下一条记录和导航到最后记录。

4. 在窗体的主体节底部添加一个按钮控件，名称为 CmdQuit，标题属性为“关闭”，功能是关闭窗体。要求与上面的四个按钮控件水平对齐。

5. 合理调整控件大小，要求界面美观。

6. 设置窗体导航按钮属性为否，不允许添加、删除和编辑数据。

第 5 章　开发用户报表

内容提要：

- 报表的基本概念
- 报表的创建方法
- 报表中的计算、排序、分组及汇总

许多应用系统要求具有打印输出功能，报表是 Access 2010 提供的专门用来统计汇总并且打印输出数据的对象。虽然表、查询和窗体等对象可以直接打印，但如果版面格式要求比较高，则应该使用报表。本章介绍报表的类型，创建报表的各种方法，以及如何修改完善报表。

5.1　报表概述

报表能够按照所需的方式显示和查看信息，并且能够对数据进行排序、分组和统计汇总，最后打印输出，因此报表是数据库应用系统输出数据的一种理想方式。

5.1.1　报表的类型

Access 2010 提供了多种样式的报表，按照报表的用途和数据的形式分为以下几种。

- 纵栏表式报表：每次显示一条记录的信息，数据字段的标题信息与字段记录数据一起被安排在每页的主体节区内显示，如图 5-1 所示。

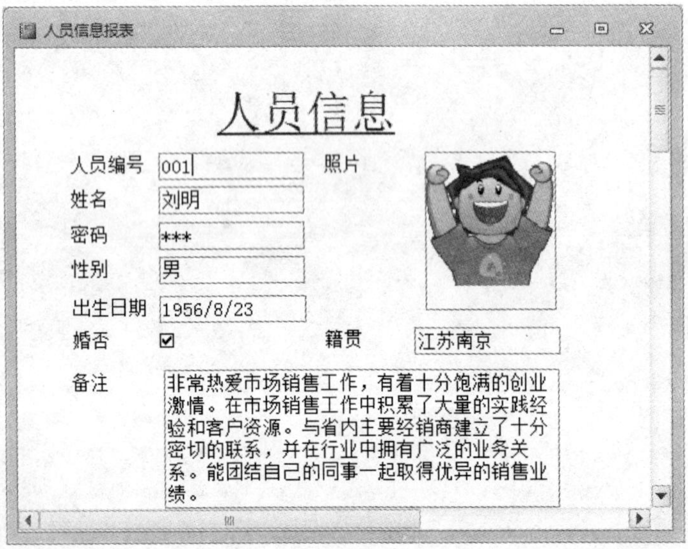

图 5-1　纵栏表式报表

- 表格式报表：以行和列组成的表格形式显示数据，类似于多个项目窗体，如图 5-2 所示。

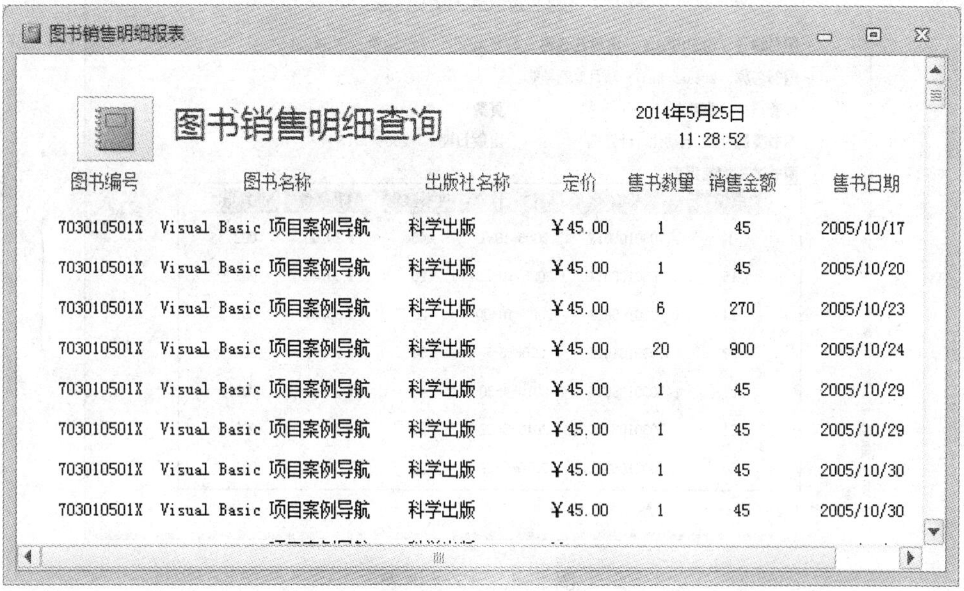

图 5-2　表格式报表

- 标签报表：特殊类型的报表，主要应用于对物品进行标示，如图 5-3 所示。

图 5-3　标签报表

- 主/子报表：在报表中嵌入其他报表，从而实现可以查看相关联的多个数据源的数据，如图 5-4 所示。

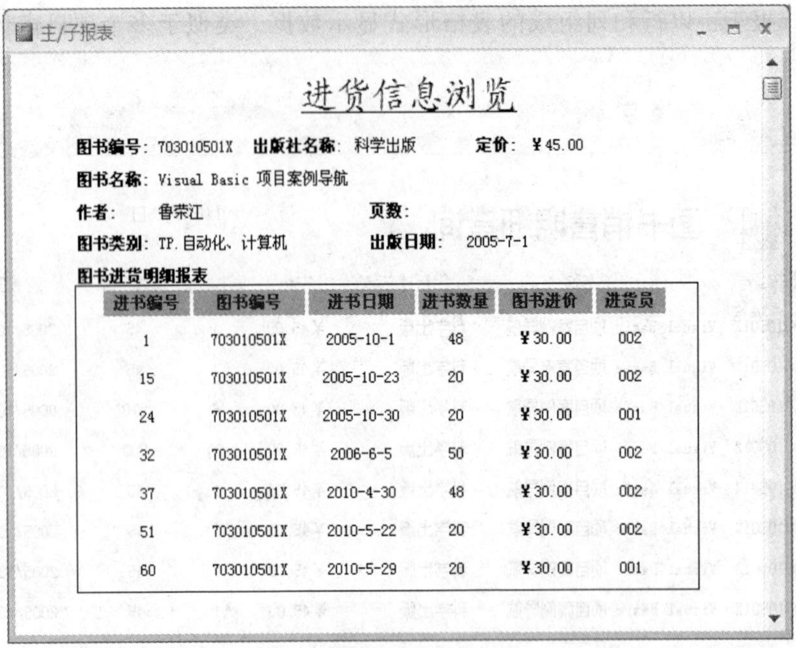

图 5-4 主/子报表

5.1.2 报表的视图

报表提供了四种视图：报表视图、打印预览、布局视图和设计视图。

- 报表视图：用于查看报表的实际效果。
- 打印预览：用于查看报表打印输出的效果。
- 布局视图和设计视图：用于设计和编辑报表。

相对于窗体，报表增加了专用于预览打印输出效果的“打印预览”视图，其余视图则类似窗体的相应视图。使用“视图”选项组中的相应命令，可以在四个视图之间切换。

5.1.3 报表的组成

报表和窗体一样，也是由五个部分组成，每一部分称为“节”，说明如下。

- 报表页眉：在报表开头，通常放置出现在封面的信息，如徽标、标题或日期等。如果在报表页眉使用包含聚合函数的计算控件，运算是针对整个报表的。
- 页面页眉：显示在每一页的顶部。例如使用页面页眉可以在每一页上重复显示字段标题。
- 主体：报表主要的显示区域，用来显示数据。
- 页面页脚：显示在每一页的结尾，用于设置页码或某些特定信息。
- 报表页脚：在报表结尾，显示针对整个报表的汇总信息。

如果需要对报表中的数据进行分组汇总，可以添加组页眉和组页脚，如图 5-5 所示。组页眉和组页脚在每个记录组的开头和结尾，一般用于显示组名称和分组汇总信息。

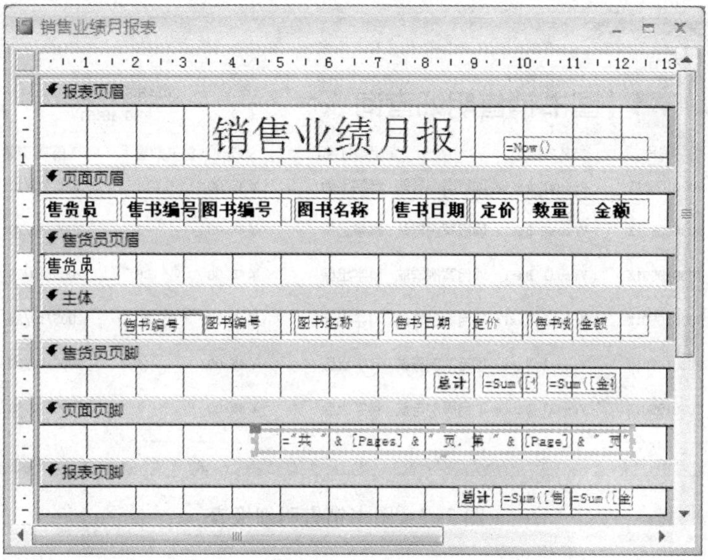

图 5-5　报表组成

5.2　创建报表

Access 2010 在“创建”选项卡下的“报表”选项组中提供了多种创建报表的方法，如图 5-6 所示，可以分为四种类型：快速创建报表、报表向导、标签报表以及使用设计视图和布局视图。各种方法说明如下。

图 5-6　“报表”选项组

- 快速创建报表：指定数据源，直接创建基于单个表或查询的报表。
- 报表向导：按照向导的提示设置各种报表参数创建报表，数据源可以是一个或多个表和查询。
- 标签报表：通过向导的形式，创建标签类型的报表。
- 使用设计视图和布局视图：在空白报表的基础上，灵活设计报表的每个元素，可以创建各种类型的报表，并进行报表的修饰和完善。

实际应用中，首先使用快速创建报表或者报表向导生成报表框架，然后使用设计视图和布局视图修饰完善报表。除了专用于标示物品的标签报表，其余各方法类似于窗体创建的相应方法。

5.2.1　快速创建报表

快速创建报表是一种通过指定数据源，由系统自动生成包含数据源所有字段的创建方法。它的优点是简单、直接，缺点是无法提供最终所需的完美报表，且仅能创建表格式报表。读者可对比快速创建窗体的方法。

【例 5-1】 根据“图书销售明细查询”创建图书销售明细报表，操作步骤如下。

1) 在数据库窗口中，选择“图书销售明细查询”，单击“创建”选项卡→“报表”选项组→“报表”选项，创建报表并进入报表的布局视图，如图 5-7 所示。

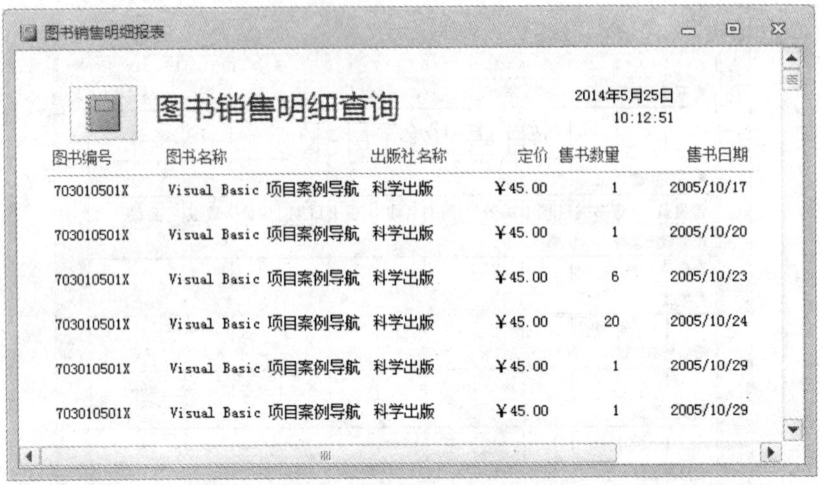

图 5-7　图书销售明细报表

2）单击“保存”，将报表命名为“图书销售明细报表”。

5.2.2　使用报表向导

快速创建报表要求数据源只能是一个表或者查询，并显示数据源所有字段；使用“报表向导”可以选择多个表或查询作为数据源，并且可以根据需要显示字段和报表的外观格式，同时报表中的数据还可以进行排序和分组汇总。

【例 5-2】使用报表向导创建图书信息报表，步骤如下。

1）单击“创建”选项卡→“报表”选项组→“报表向导”按钮，打开“报表向导”第一个对话框，确定数据源和需要显示的字段。首先在“表/查询”组合框选择要使用的数据源是“图书信息表”，然后选择“可用字段”列表框中的“图书编号、图书名称、作者、图书类别、定价”，添加到“选定字段”列表框，如图 5-8 所示。

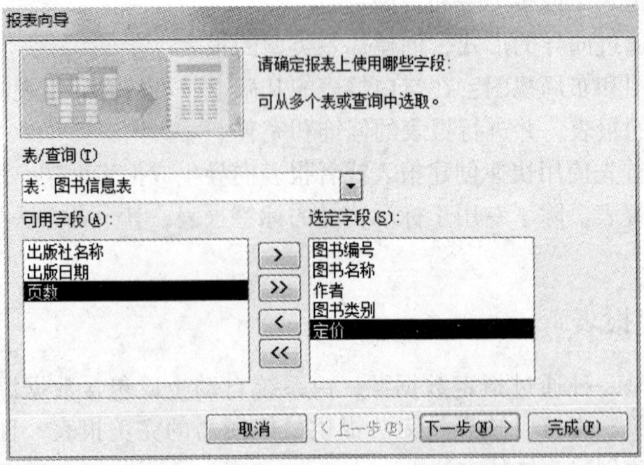

图 5-8　“报表向导”第一个对话框

2）单击“下一步”按钮，打开“报表向导”第二个对话框，设置是否添加分组级别和采用哪个字段分组分级。本例选择“图书类别”作为分组级别字段，如图 5-9 所示。如果有多个字段可以继续添加，并使用“提高”按钮和“降低”按钮来调整字段的分组优先级。

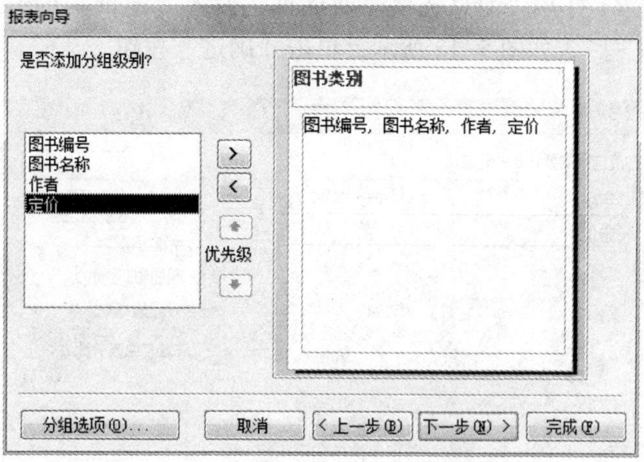

图 5-9 “报表向导”第二个对话框

3）单击“分组选项”按钮，打开“分组间隔”对话框，设定组级字段的分组间隔，本例采用“图书类别”字段中的“普通”间隔，如图 5-10 所示，单击“确定”。

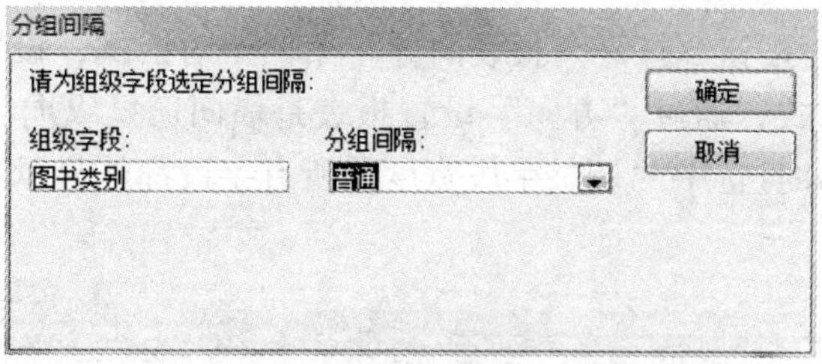

图 5-10 “分组间隔”对话框

4）单击“下一步”按钮，打开“报表向导”第三个对话框，设置排序和汇总。首先设置排序字段，从列表框中选择“定价”为排序字段，如图 5-11 所示。默认的排序方式是“升序”，单击“升序”按钮，可以切换到“降序”进行降序排序。

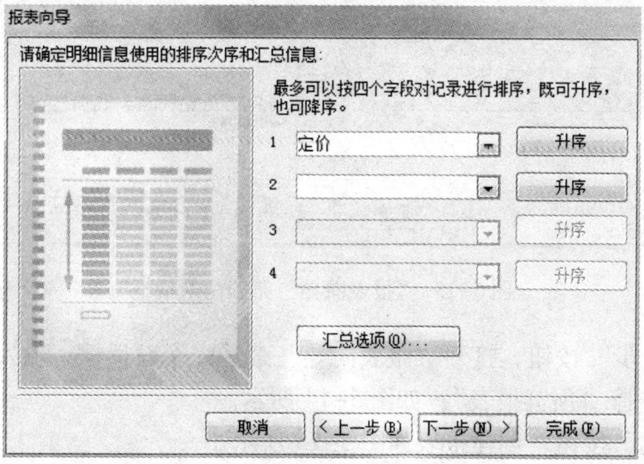

图 5-11 “报表向导”第三个对话框

5）由于在第二个对话框设置了分组字段，因此可以实现数据的分组汇总。单击“汇总选项”按钮汇总选项(O)...，打开“汇总选项”对话框，设置“定价”的汇总方式为“平均”，同时显示“明细和汇总”，如图5-12所示，单击“确定”按钮。

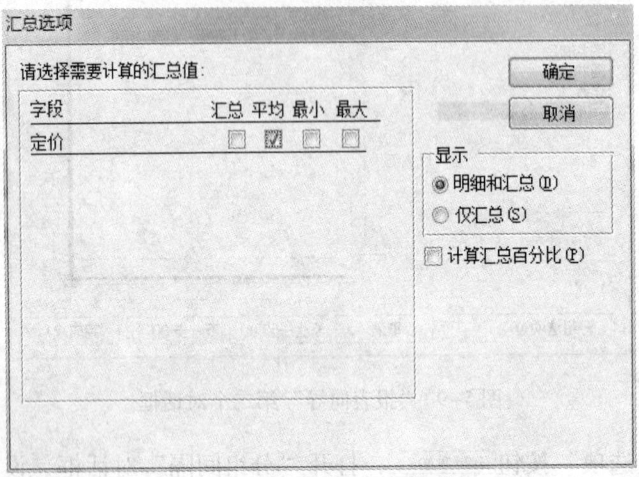

图5-12 “汇总选项”对话框

6）单击“下一步”按钮，打开“报表向导”第四个对话框，设置报表的布局方式。通过“布局”设置布局方式，通过“方向”设置报表是横向还是纵向。本例采用“递阶”布局，方向为“纵向”，并且选中“调整字段宽度使所有字段都能显示在一页中”，如图5-13所示。

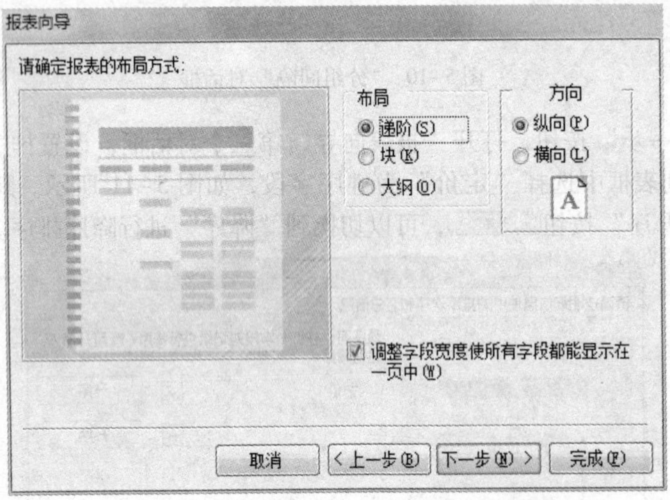

图5-13 “报表向导”第四个对话框

7）单击“下一步”按钮，打开“报表向导”最后一个对话框，输入报表的标题为“图书信息报表”，并选择“预览报表”，如图5-14所示。

8）单击“完成”按钮，创建报表如图5-15所示。

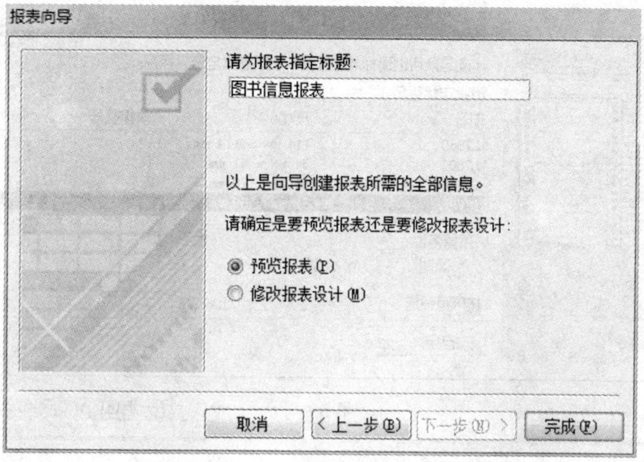

图 5-14 “报表向导”第五个对话框

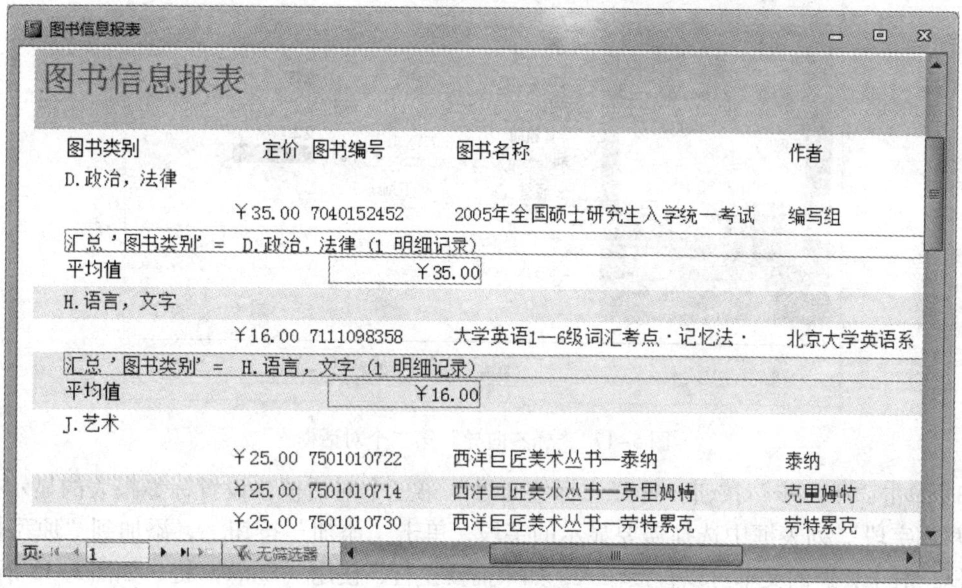

图 5-15 图书信息报表

5.2.3 创建标签报表

生活中很多物品经常要使用标签进行信息说明，Access 数据库提供了“标签向导”来制作标签报表，打印输出后，可以方便使用。

【例 5-3】以表对象“图书信息表”为数据源，创建标签报表。

1）选择“图书信息表”，单击“创建”选项卡→“报表”选项组→“标签”按钮，打开“标签向导”第一个对话框，确定标签报表的类型。可以从列表中选择系统提供的厂商及其标签型号，或者单击“自定义”按钮[自定义...]自己定义标签的大小。本例采用“Avery”厂商的型号为“L7668”的标签，如图 5-16 所示。

2）单击“下一步”按钮，打开“标签向导”第二个对话框，设置报表中文本的字体和颜色，如图 5-17 所示。

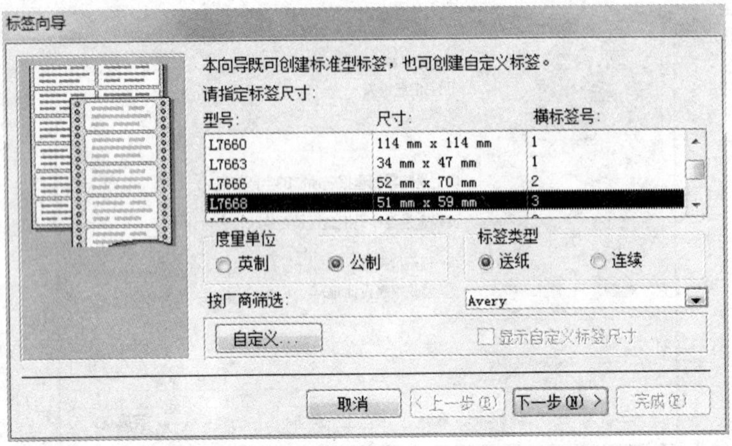

图 5-16 “标签向导”第一个对话框

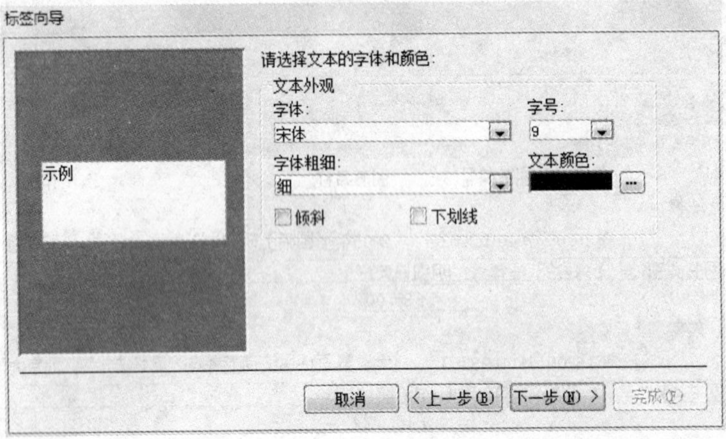

图 5-17 “标签向导”第二个对话框

3）单击“下一步”按钮，打开“标签向导”第三个对话框，设置标签报表的显示内容。从“可用字段”列表框中选择需要显示的字段，单击“添加”按钮[>]，添加到“原型标签”列表框；对于普通的文本可以直接输入，如果需要换行，使用〈Enter〉键，如图 5-18 所示。

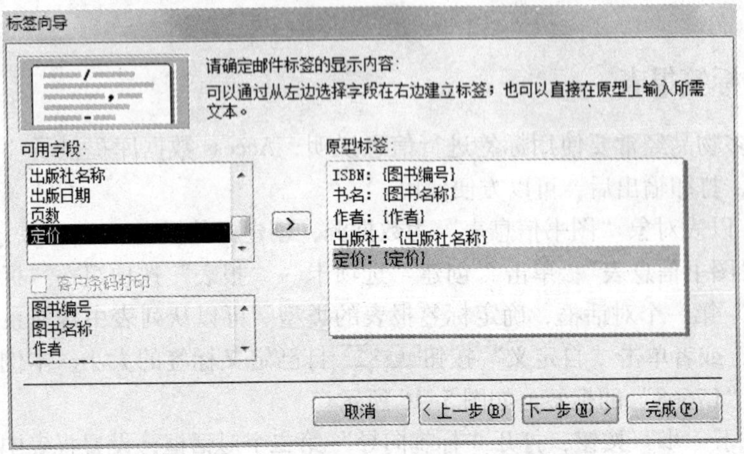

图 5-18 “标签向导”第三个对话框

4）单击“下一步”按钮，打开“标签向导”第四个对话框，设置报表的排序字段。从“可用字段”列表框中选择“图书类别”为排序字段，添加到“排序依据”列表框中，如图 5-19 所示。

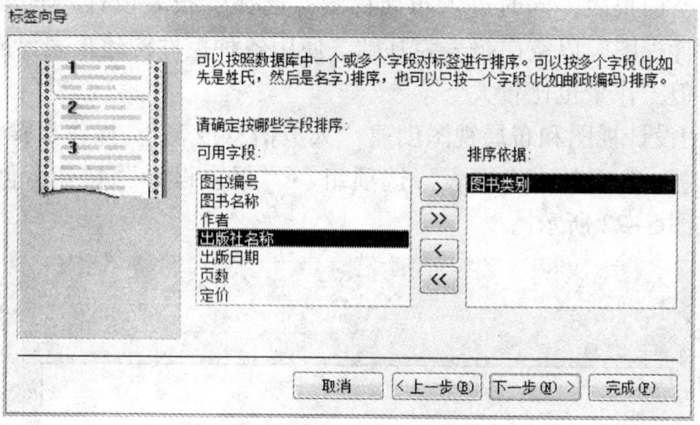

图 5-19 “标签向导”第四个对话框

5）单击“下一步”按钮，打开“标签向导”最后一个对话框，将报表命名为“图书标签报表”，并选择“查看标签的打印预览。”，如图 5-20 所示。

图 5-20 “标签向导”第五个对话框

6）单击“完成”按钮，创建图书标签如图 5-21 所示。此报表可用于图书外包装上。

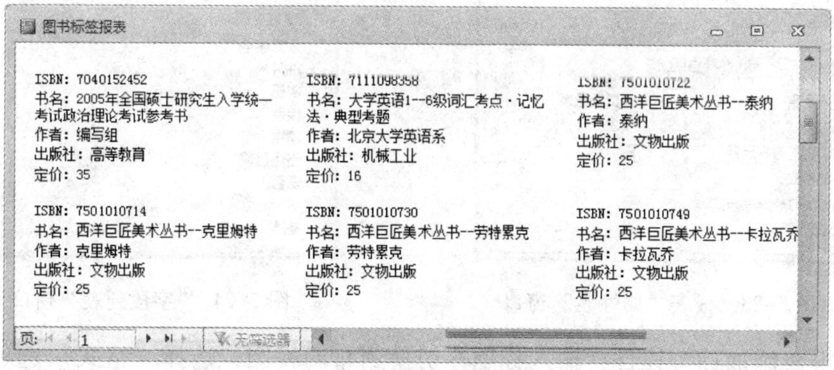

图 5-21 图书标签报表

5.2.4 使用设计视图和布局视图创建报表

在 Access 2010 数据库窗口的“创建”选项卡“报表”选项组中，选择“空报表”选项，可以创建一个空白报表，同时进入布局视图；选择“报表设计”选项，可以创建空白报表，同时进入设计视图。以空白报表为基础，使用各种控件构建报表界面，可以灵活创建多种样式的报表，但工作量也比较大。

【例 5-4】使用设计视图和布局视图创建“人员信息报表”。操作步骤如下。

1）单击“创建”选项卡→“报表”选项组→“报表设计”按钮，创建空白报表，并进入设计视图，如图 5-22 所示。

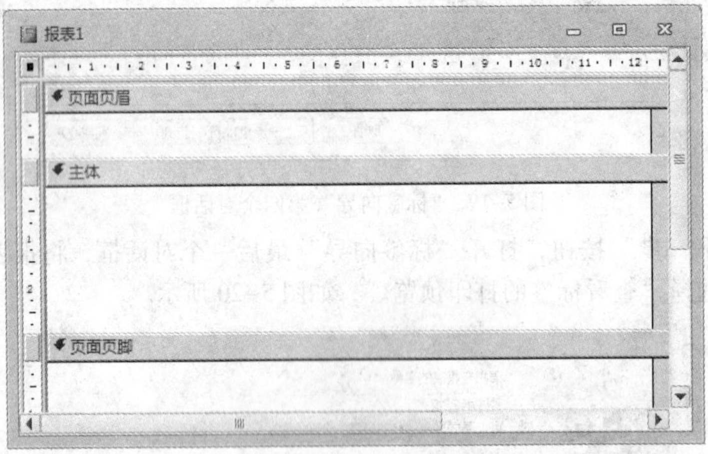

图 5-22　报表设计视图

2）单击“设计”选项卡→“工具”选项组→“属性表”按钮，打开报表的“属性表”窗口，设置“数据”选项卡的“记录源”属性为“人员信息表”，如图 5-23 所示。

3）在“报表设计工具”中，单击“设计”选项卡→“工具”选项组→“添加现有字段”按钮，打开报表的“字段列表”窗口，如图 5-24 所示，在“可用于此视图的字段”中选择所有字段，添加到报表的主体节。可以使用〈Shift〉键配合鼠标选择连续字段，使用〈Ctrl〉键配合鼠标选择不连续字段。

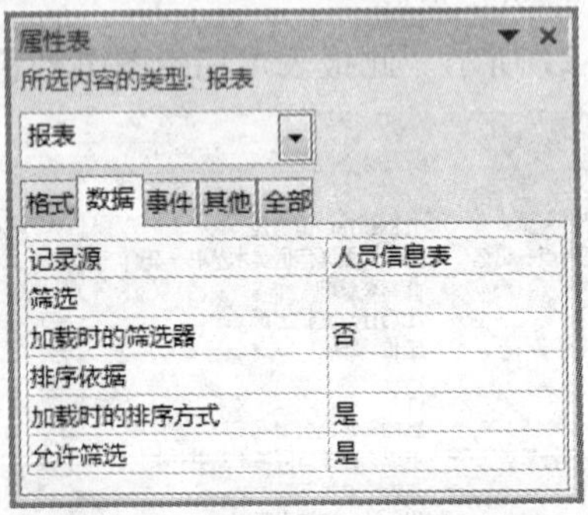

图 5-23　报表“属性表”窗口

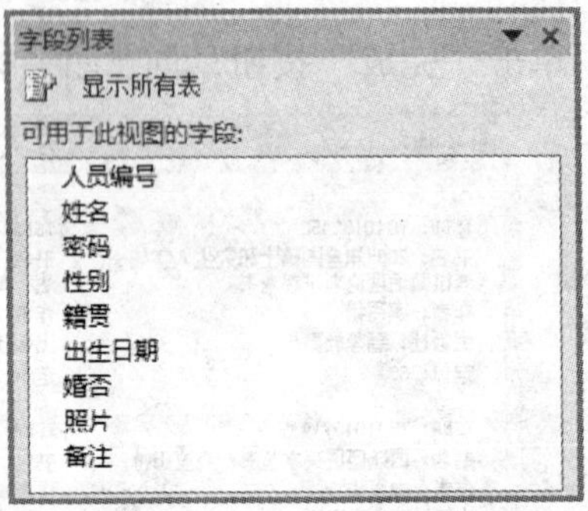

图 5-24　“字段列表”窗口

4）为报表添加标签控件，输入标题；切换到布局视图，选择“格式”选项卡，单击“字体”选项组，调整控件中数据的文字格式；根据数据的实际显示效果，调整控件的大小，最后调整控件位置并对齐，如图 5-25 所示。

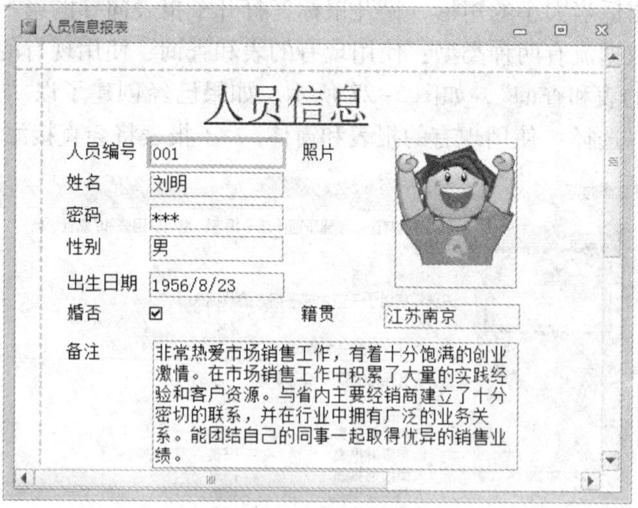

图 5-25　报表设计与布局

5）单击“保存”，将报表命名为“人员信息报表”。

在实际应用过程中，尤其是调整控件的外观，经常需要切换设计视图和布局视图，发挥两个视图的优势；同时还需要反复切换报表视图，查看实际的报表效果。

5.2.5　设计主/子报表

利用主/子报表可以同时查看相关联的多个数据源的数据，方便、快捷。创建主/子报表有两种方法：报表向导和“子窗体/子报表”控件，其中报表向导类似于窗体向导的使用，详细过程读者可以查看窗体中相应部分。本节介绍使用“子窗体/子报表”控件创建主/子报表。

【例 5-5】分别以“图书信息表”和“图书进货表”为数据源，创建主/子报表，查看图书的基本信息，同时了解图书的进货情况。

1）单击“创建”选项卡→“报表”选项组→“报表设计”按钮，创建空白报表，同时进入设计视图。设置报表数据源为“图书信息表”，选择添加字段，适当调整控件的位置，为子报表留出空间，如图 5-26 所示。

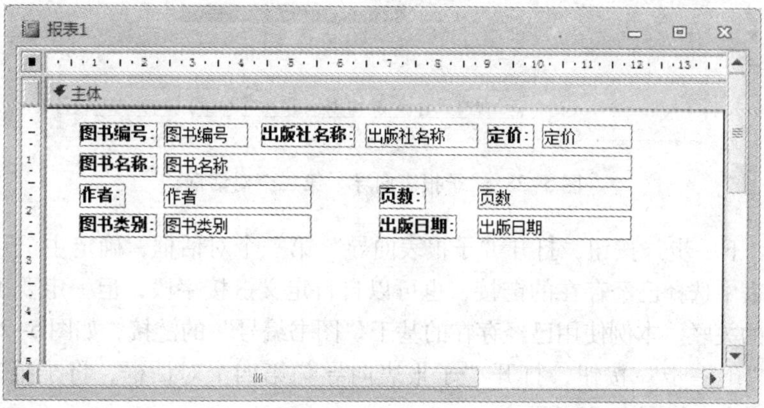

图 5-26　主报表设计

2）首先选择“使用控件向导”，然后单击“控件”选项组，选择“子窗体/子报表”控件，在报表中画出适当大小的矩形，松开鼠标，打开子报表向导的第一个对话框，确定子报表的数据来源，数据流有两种类型：使用现有的表和查询、使用现有的报表和窗体。本例中选择“使用现有的表和查询”，如图 5-27 所示。如果已经创建了以“图书进货表”为数据源的子报表，可以选择“使用现有的报表和窗体”，子报表将会直接添加到主报表。

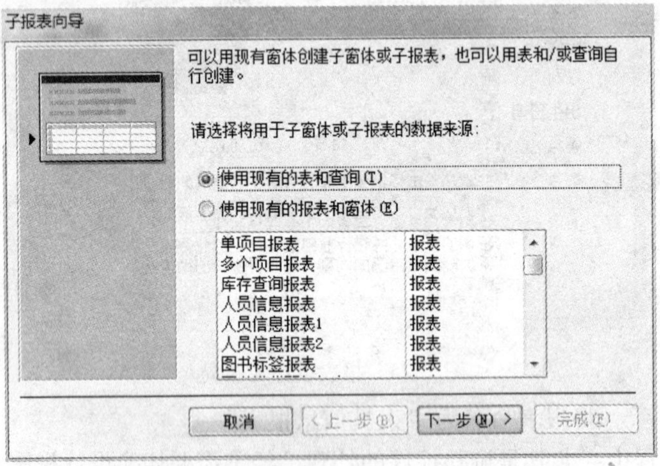

图 5-27 “子报表向导”第一个对话框

3）单击“下一步”按钮，打开“子报表向导”第二个对话框，选择“图书进货表”，添加该表所有字段到“选定字段”，如图 5-28 所示。

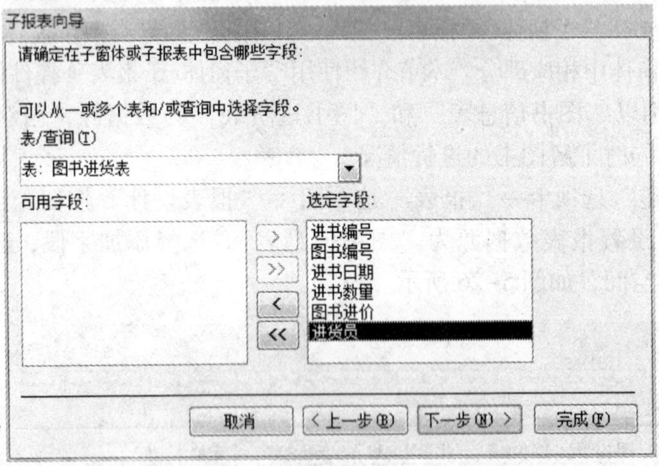

图 5-28 “子报表向导”第二个对话框

4）单击“下一步”按钮，打开“子报表向导”第三个对话框，确定主/子报表的链接字段。可以从列表中选择已经存在的链接，也可以自行定义链接字段，但一定要确保主/子报表之间存在正确的关联。本例使用已经存在的基于“图书编号”的链接，如图 5-29 所示。

5）单击“下一步”按钮，打开“子报表向导”第四个对话框，将子报表命名为“图书进货信息报表”，如图 5-30 所示。

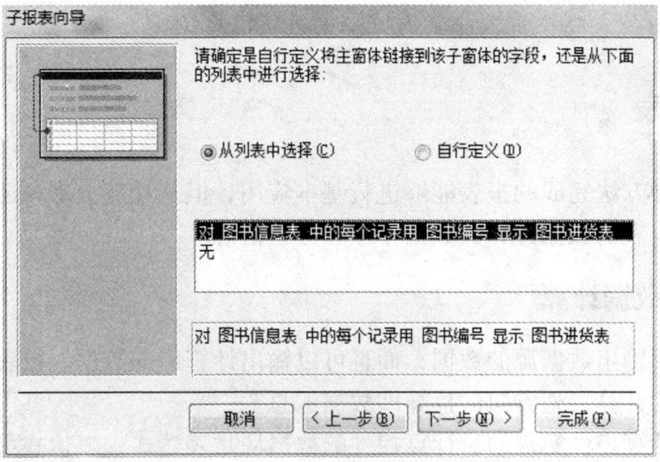

图 5-29 “子报表向导”第三个对话框

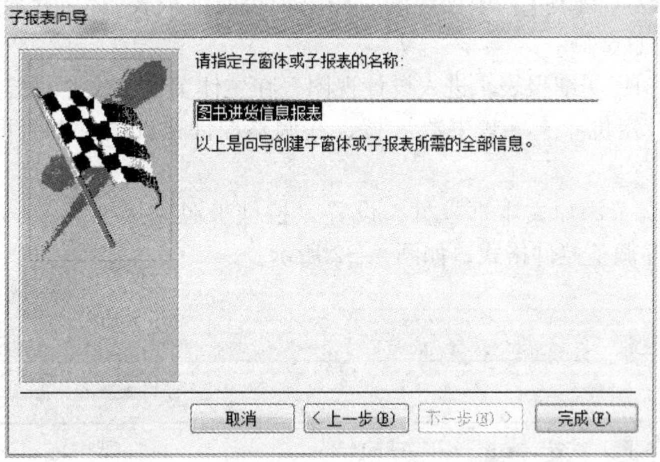

图 5-30 “子报表向导”第四个对话框

6）单击“完成”按钮，进入设计视图，可以切换到报表视图，查看报表实际效果，如图 5-31 所示。

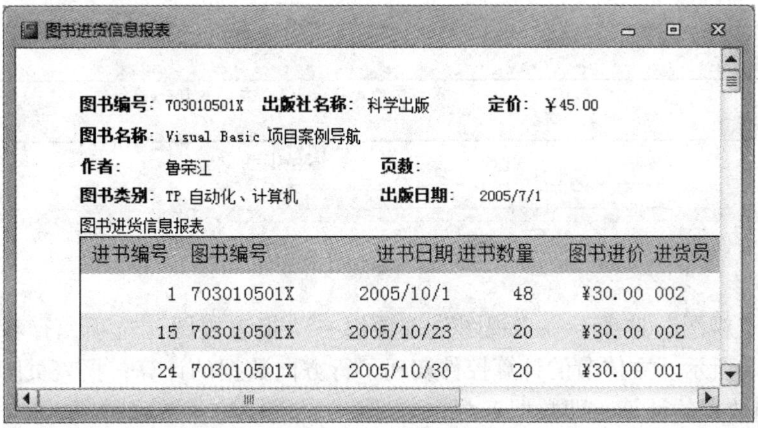

图 5-31 主/子报表效果

7）单击“保存”，将主报表命名为“图书进货信息浏览”。

5.3　完善报表

前面应用各种方法完成的报表能够进行基本应用，但从功能上来说还不完善，需要继续调整。本节介绍报表的数据计算、数据排序和分组汇总。

5.3.1　报表的数据计算

报表不仅能够输出数据源的数据，而且可以输出计算后的数据。报表中数据的计算包括行方向和列方向的计算，列方向的计算即数据汇总。

计算是通过计算控件实现的，计算控件的数据源是表达式，表达式可以引用数据库表或者查询中的字段，也可以引用报表或窗体中控件的值，常用的计算控件是文本框。

【例5-6】修改【例5-1】中创建的“图书销售明细报表”，使其能够显示每次销售的销售金额和销售的总金额。

1）打开图书销售明细报表，进入设计视图，在主体节添加文本框控件，设置“控件来源”属性为“=［定价］*［售书数量］”，并调整控件格式。在页面页眉添加标签控件，显示“销售金额”。

2）在报表页脚节添加文本框控件，设置“控件来源”属性为“=Sum（［定价］*［售书数量］)”，并调整控件格式，如图5-32所示。

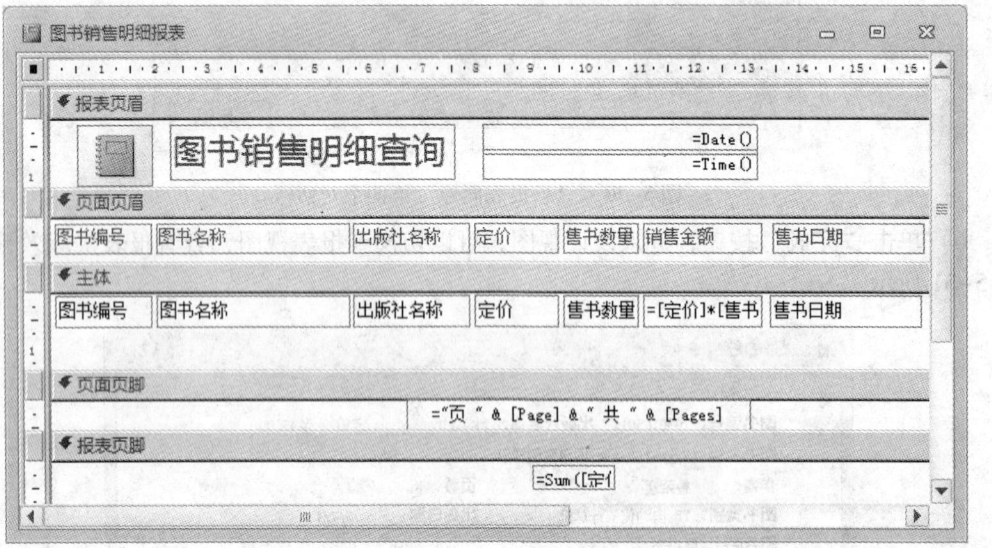

图5-32　添加计算控件

3）单击“视图”选项卡→“视图”选项组→“报表视图”选项，查看报表的实际效果，如图5-33所示。主体节的计算控件实现了行方向数据的计算；报表页脚节的计算控件实现了列方向数据的计算，即数据汇总。

图 5-33　报表计算效果

5.3.2　报表的数据排序、分组和汇总

对报表中的数据排序、分组和汇总，利于查看和分析数据。

本小节使用【例 5-1】中创建的“图书销售明细报表”，对报表的数据进行排序、分组和汇总。

1. 报表的数据排序

对报表进行排序的操作步骤如下。

1）布局视图易于查看数据的实际效果，因此在布局视图中打开“图书销售明细报表”，单击“设计”选项卡→“分组和汇总”选项组→“分组和排序”选项，在数据库窗口下部出现“分组、排序和汇总”窗格，如图 5-34 所示。

2）在“分组、排序和汇总”窗格中单击“添加排序”按钮，选择排序字段，设置排序选项，如图 5-35 所示。同时布局视图中的数据立即显示为排序形式，也可以切换到报表视图查看数据排序的情况。

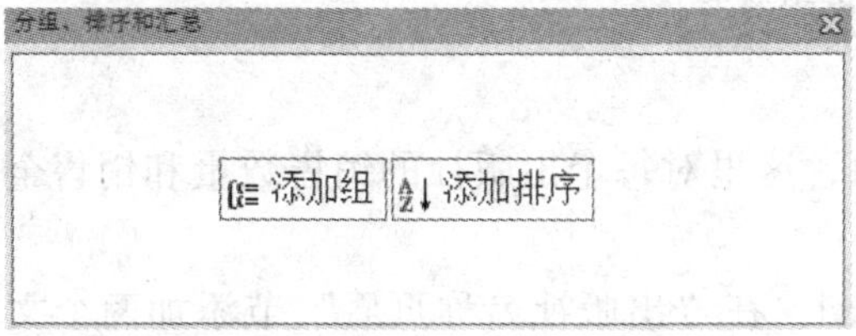

图 5-34　“分组、排序和汇总”窗格

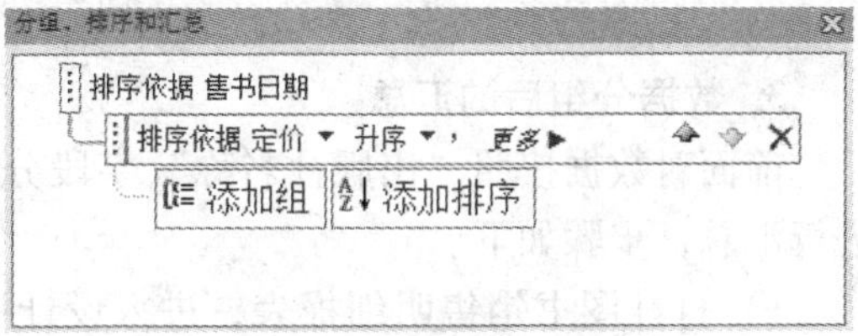

图 5-35　设置排序选项

如果是按照多字段排序，可以继续单击“添加排序”，设置排序方式。

2. 报表中数据分组

对报表中数据进行分组的操作步骤如下：

1）打开“图书销售明细报表”，进入布局视图，在“分组、排序和汇总”窗格中单击“添加组”按钮，选择“出版社名称”为分组字段，显示组页眉，如图 5-36 所示。

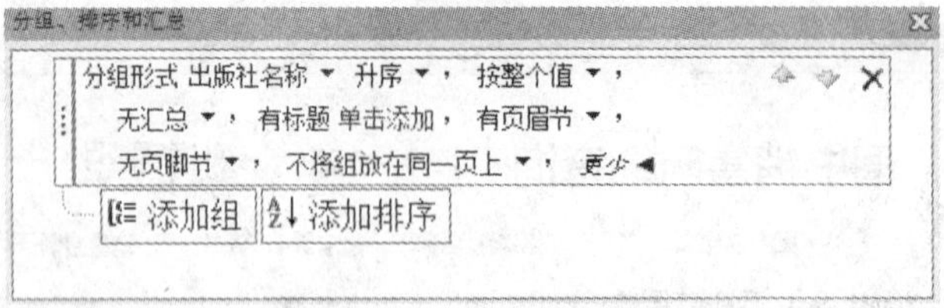

图 5-36　分组操作

2）将主体节中的“出版社名称”文本框通过剪切、粘贴的方法移至“出版社名称页眉”节。切换到报表视图查看分组效果，如图 5-37 所示。

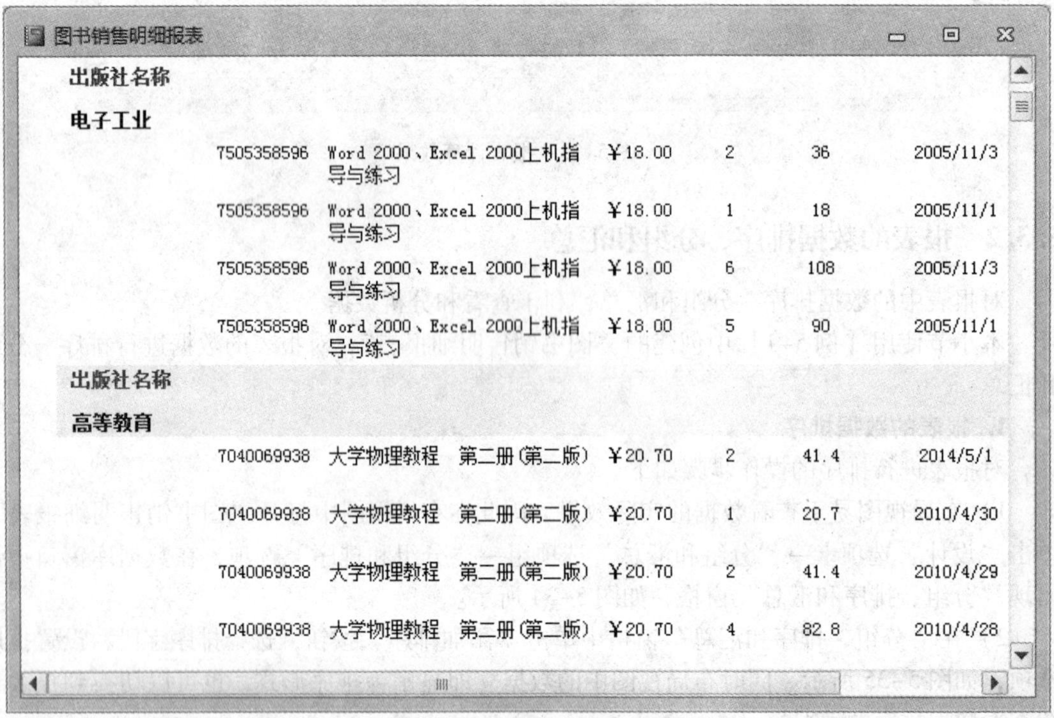

图 5-37　分组效果

3. 数据分组后的汇总

前面对数据按照“出版社名称”字段分组，这里对每个出版社的销售数量和销售金额进行汇总，步骤如下。

1）打开图书销售明细报表，进入设计视图，在“出版社名称页眉”节添加两个文本框控件，设置附带标签控件分别为“售书总数量”和“售书总金额”，设置文本框的属性“控件来源”分别为“=Sum（[售书数量]）”和“=Sum（[定价]*[售书数量]”，如图 5-38 所示。

2）切换到报表视图查看实际效果，如图 5-39 所示。从报表可以看到，按照“出版社名称”分组汇总了图书售书总数量和售书总金额。

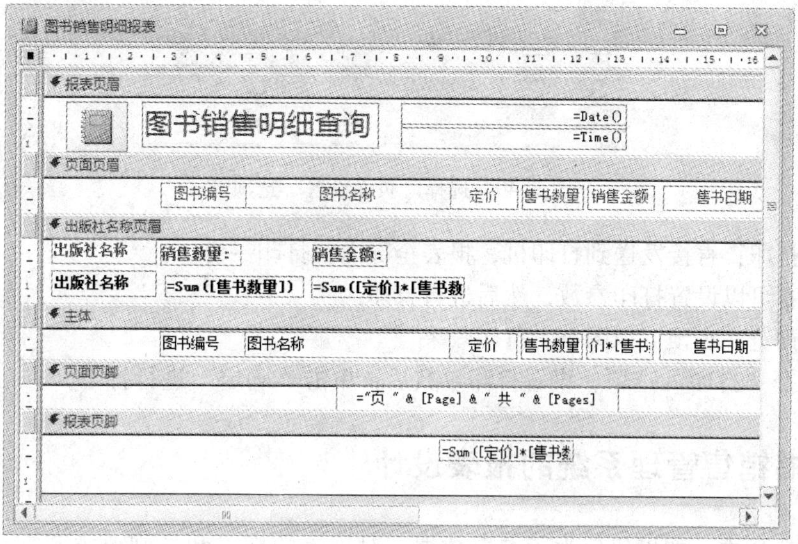

图 5-38　分组汇总

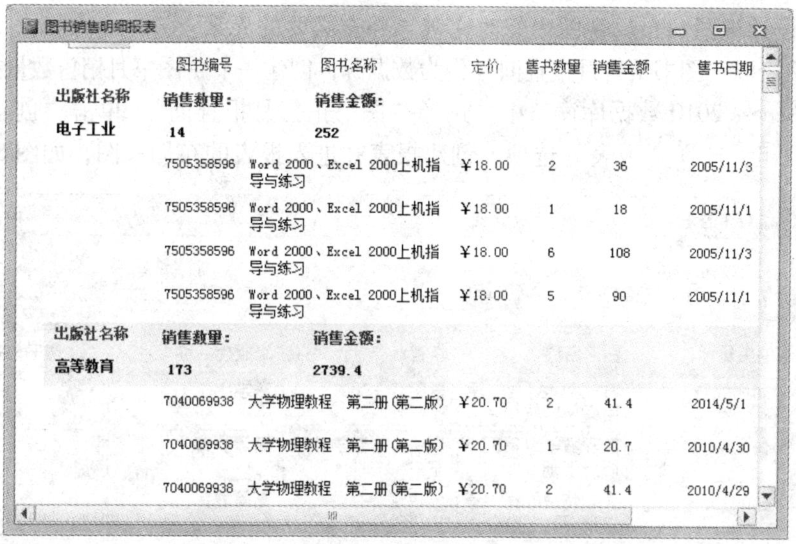

图 5-39　分组汇总效果

5.4　打印报表

完成了报表的设计和修改，就可以打印输出报表了，操作步骤如下。

1）打开报表的“设计视图”或者“布局视图”，选择“页面设置”选项卡，如图 5-40 所示，进行页面设置。

2）打印之前一般要先预览一下报表的设计情况。使用“视图”选项组的“打印预览”，检查报表的实际效果，如果不合理，应该返回“设计视图”或“布局视图”进行修改和完善。

3）确认版面合理，可以进行打印。选择“文件”菜单→“打印”命令，打开“打印”窗口，有三个选项。

图 5-40　选择“页面设置”选项卡

- 快速打印：直接发送到打印机，报表全部内容打印一份。
- 打印：可以设置打印参数，然后进行打印。
- 打印预览：在预览视图查看打印效果。

一般选择“打印”选项，设置打印参数后，单击“确定”进行打印。

5.5　图书销售管理系统的报表设计

在实际应用中，如果仅仅为了查看数据，对报表的样式和外观要求不高，可以用“快速创建报表”或者“报表向导”生成；如果想要制作整洁、美观和形式符合要求的报表，则要继续在设计视图和布局视图中修改完善，补充必要的元素。

【例 5-7】 以“图书销售月报查询”作为数据源，创建一个“图书月销售数量排行”报表。

1）在 Access 2010 数据库窗口中，选择“图书销售月报查询”，单击“创建”选项卡→“报表”选项组，选择“报表”选项，创建报表并进入报表的布局视图，如图 5-41 所示。

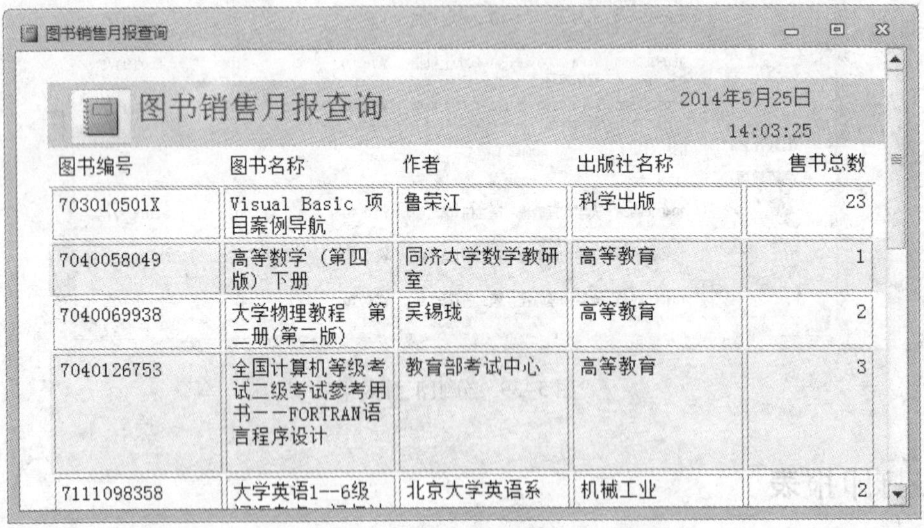

图 5-41　布局视图

2）单击“分组和汇总”选项卡→“分组和排序”选项组打开“分组、排序和汇总”窗格，单击“添加排序”按钮，选择“售书总数”为排序字段，“降序”排序，如图 5-42 所示。

3）修改报表标题为“图书本月销售排行”。调整所有控件位置，设置主体节数据控件居中对齐，字段标题行加粗显示，如图 5-43 所示。

4）切换到设计视图，在报表的“报表页脚”添加文本框控件，设置文本框“控件来源”属性为“=Sum（[售书总数]）”，在“打印预览”中查看如图 5-44 所示。

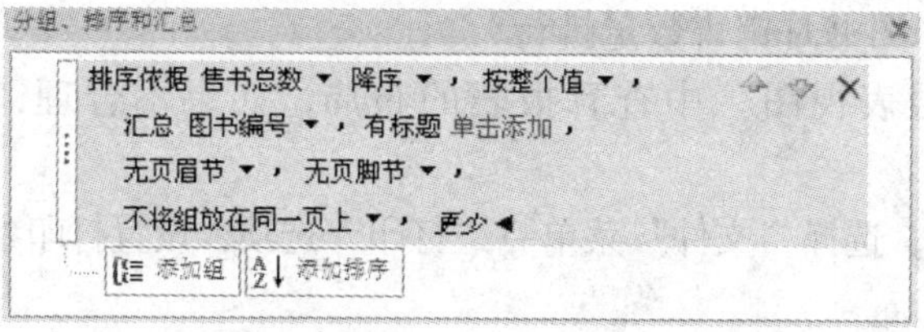

图 5-42 “分组、排序和汇总”窗格

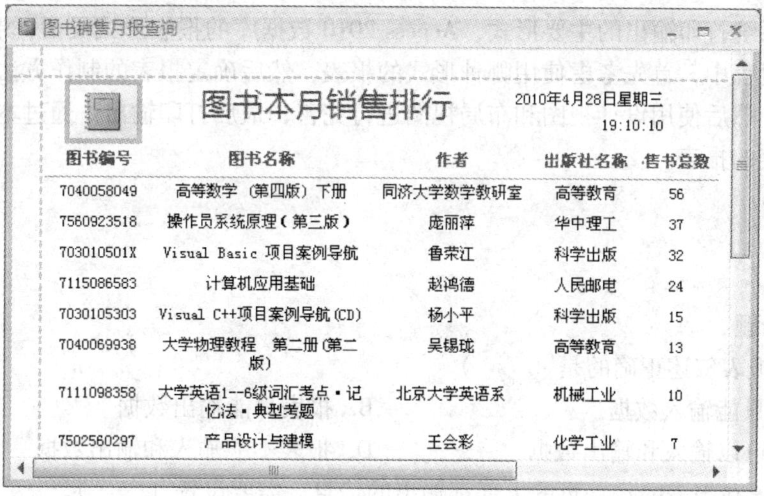

图 5-43 修改报表标题

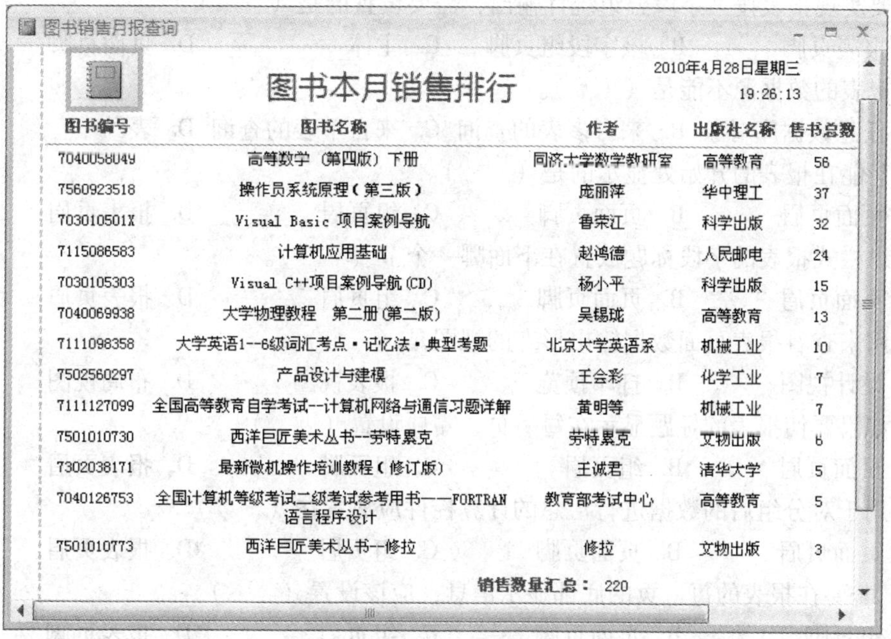

图 5-44 打印预览

5）保存报表为“图书月销售数量排行”。

6）在报表的“报表视图”中查看报表的布局，如果不合理，继续调整，直到符合要求。

7）如果需要打印，选择“文件”菜单→“打印”选项，设置打印参数，然后打印输出。

本章小结

报表是系统打印输出的主要形式，Access 2010 数据库的报表形式灵活，制作方法多样。在实际应用过程中，首先考虑使用哪种形式的报表，然后确定报表的制作方法；创建报表可以先用向导，然后使用设计视图和布局视图进行完善；最后打印输出。通过本章的学习，读者可创建精美的报表。

习题

一、选择题

1. 关于报表叙述正确的是（　　）。

A. 报表只能输入数据　　B. 报表只能输出数据

C. 报表可以输入和输出数据　　D. 报表不能输入和输出数据

2. 要设置在报表的每一页的上部都输出的信息，需要设置（　　）。

A. 报表页眉　　B. 页面页眉　　C. 页面页脚　　D. 报表页脚

3. 要实现报表按某字段分组统计输出，需要设置的是（　　）。

A. 报表页脚　　B. 该字段组页脚　　C. 主体　　D. 页面页脚

4. 报表的数据源不能是（　　）。

A. 任意数据库对象　B. 来自多表的查询　C. 来自单表的查询　D. 表

5. 只能在报表的开始处显示的是（　　）。

A. 页面页眉　　B. 页面页脚　　C. 组页眉　　D. 报表页眉

6. 纵栏式报表的字段标题放置在下面哪一个节（　　）。

A. 页面页眉　　B. 页面页脚　　C. 组页眉　　D. 报表页眉

7. 用来查看报表页面数据输出形态的视图是（　　）。

A. 设计视图　　B. 打印预览　　C. 报表视图　　D. 布局视图

8. 如果要使报表的标题显示在每一页，需要设置（　　）。

A. 页面页眉　　B. 组页眉　　C. 组页脚　　D. 报表页眉

9. 用于对分组后的数据进行汇总的计算控件应放置在（　　）。

A. 页面页眉　　B. 页面页脚　　C. 组页眉　　D. 报表页眉

10. 若要在报表的每一页的底部显示信息，应该设置（　　）。

A. 组页脚　　B. 页面页脚　　C. 组页眉　　D. 报表页脚

二、思考题

1. 为什么不能用窗体对象完全取代报表对象？

2. 报表是由哪几部分组成的？各部分的作用是什么？

3. 在 Access 2010 中报表有几种类型？

4. 如何在报表对象中添加计算控件？

三、实验

打开“图书销售管理系统”数据库，创建一个如图 5-45 所示的报表，命名为“图书销售日报表”，用来统计当天的售书业务明细和总销售额，设计要求如下：

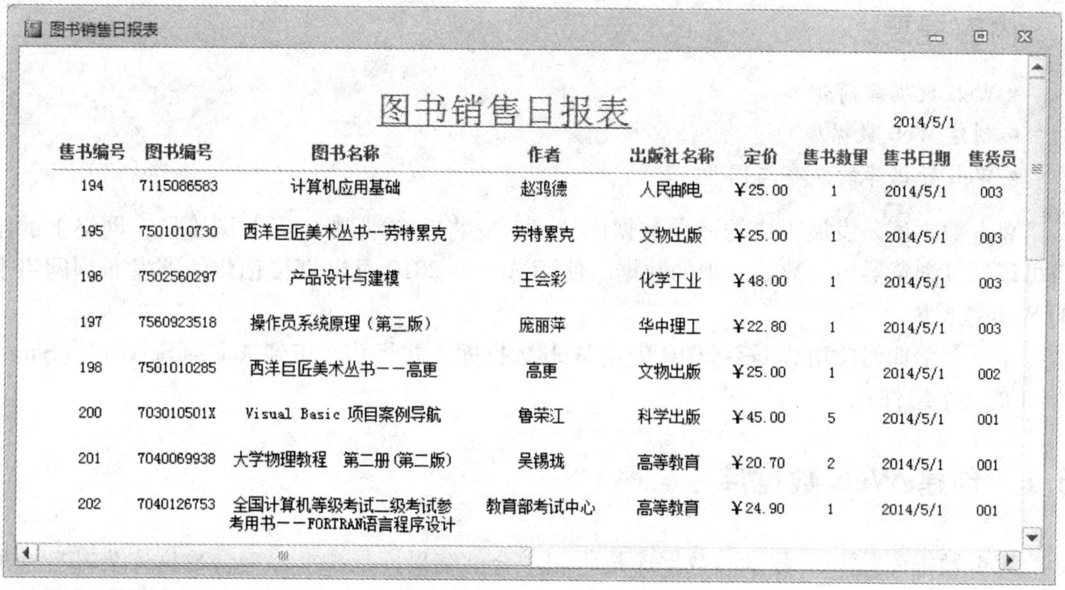
图书销售日报表

图书销售日报表

2014/5/1

售书编号	图书编号	图书名称	作者	出版社名称	定价	售书数量	售书日期	售货员
194	7115086583	计算机应用基础	赵鸿德	人民邮电	￥25.00	1	2014/5/1	003
195	7501010730	西洋巨匠美术丛书--劳特累克	劳特累克	文物出版	￥25.00	1	2014/5/1	003
196	7502560297	产品设计与建模	王会彩	化学工业	￥48.00	1	2014/5/1	003
197	7560923518	操作员系统原理（第三版）	庞丽萍	华中理工	￥22.80	1	2014/5/1	003
198	7501010285	西洋巨匠美术丛书——高更	高更	文物出版	￥25.00	1	2014/5/1	002
200	703010501X	Visual Basic 项目案例导航	鲁荣江	科学出版	￥45.00	5	2014/5/1	001
201	7040069938	大学物理教程　第二册（第二版）	吴锡珑	高等教育	￥20.70	2	2014/5/1	001
202	7040126753	全国计算机等级考试二级考试参考用书——FORTRAN语言程序设计	教育部考试中心	高等教育	￥24.90	1	2014/5/1	001

图 5-45　图书销售日报表

1. 设置报表的数据源为“图书销售日报查询”，添加所有字段到报表。

2. 在报表页眉添加一个标签控件，命名为“bTitle”，设置控件属性：高度 1cm，宽度 6cm，标题为“图书销售日报表”，楷体，字号 20，居中对齐，有下画线。

3. 在报表页眉添加一个文本框控件，命名为“bDate”，该控件显示当前的日期。

4. 在页面页脚添加一个文本框控件，显示页码，形式如：第 1 页，共 10 页。

5. 在报表页脚添加一个计算控件，用来统计总销售额。

第 6 章　Web 数据库

内容提要：

- Web 数据库简介
- 创建 Web 数据库
- Web 数据库的发布与同步

Web 数据库是发展很快的一种数据库技术，它将客户端融入 Web 浏览器，网络上的用户可以通过浏览器访问数据库中的数据。使用 Access 2010 可以直接创建能够发布到网络上的 Web 数据库。

本章介绍如何使用 Access 2010 创建 Web 数据库，并将其发布到 Access Services（SharePoint 的一个组件）。

6.1　创建 Web 数据库

Web 数据库是 Web 技术与数据库技术相融合的结果，是一个以后台数据库为基础，加上前台程序，通过浏览器完成数据库存储、查询等操作的数据库系统。简单地说，一个 Web 数据库就是用户利用浏览器作为输入接口，输入所需要的数据，然后将这些数据传送给数据库服务器，服务器再对这些数据进行处理，例如将数据存入数据库，或者对数据库进行查询操作等，最后服务器将操作结果传回给浏览器，通过浏览器将结果反馈给用户。

与传统方式相比，利用 Web 来访问数据库，具有以下优点：

- 利用通用的浏览器软件实现数据库客户端功能，不再需要考虑数据库客户端的设计，软件更新更加方便。
- 数据库与浏览器完全独立，数据库结构的变更不会影响浏览器。因此，用户的操作不受影响。
- 标准统一。HTML 语言是网络上的信息组织方式，是一种国际标准语言，所有的浏览器软件都遵循这个标准。因此，可以通过任何浏览器软件来访问 Web 数据库。
- 具有跨平台特性。每种操作系统下都有浏览器软件可供使用。因此，设计开发的 Web 数据库应用可以在各种平台下运行，从而提高了企业软、硬件选择的自由度。

6.1.1　创建 Web 数据库的过程

Web 数据库是可以直接发布到 Access Service 的数据库，使用 Web 数据库，可以轻松地将数据库分发给多个用户。

需要注意的是，需要发布到 SharePoint 上的数据库必须与 Web 兼容。Web 数据库与桌面数据库在一些方面存在差异，例如，在 Web 数据库中不能使用表的设计视图，只能使用表的数据表视图来更改表结构；在 Web 数据库中如果需要建立表间联系，必须使用查阅字段来实现。这是因为 Web 数据库需要将数据库转换为动态 HTML 和 ECMAScript，而客户端对象与这些语言是不兼容的。为了保证创建的数据库与 Web 兼容，可以直接使用 Access 2010 提供的 Web 数据库模板来创建 Web 数据库。

【例 6-1】创建一个名为“网上图书销售管理系统”的空白 Web 数据库。创建步骤如下。

1）启动 Access 2010，窗口将显示“ Microsoft Office Backstage”视图。

2）选择左侧导航窗格中的“新建”选项卡，然后从“可用模板”中选择“空白 Web 数据库”。通过创建 Web 数据库，可确保该数据库所使用的功能将与 Web 发布功能兼容如图 6-1a 所示。

3）在“文件名”文本框中输入“网上图书销售管理系统”，若要更改路径，请单击“文件名”框旁边的“文件夹”图标，浏览数据库文件的存放位置，如图 6-1b 所示。

4）单击“创建”按钮。此时将打开新的 Web 数据库，并且 Access 2010 自动创建一个名为“表 1”的空表。

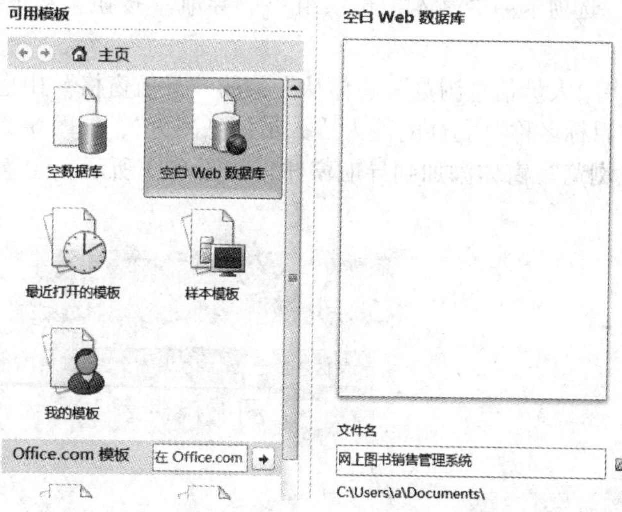

a)　　b)

图 6-1　创建“空白 Web 数据库”的窗口

6.1.2　Web 数据库中对象的建立

1. 创建表

创建数据库之后，接下来就需要创建数据库中所需要的表了。Wcb 表只有数据表视图，其结构的修改也需要在数据表视图中完成，其创建过程与通过数据表视图创建桌面数据库中的表相似。

【例 6-2】建立名称为“人员信息表”的 Web 表，步骤如下。

1）单击“创建”选项卡→“表格”选项组→“表”按钮。

首次创建表时，它包含一个字段，名称为“ID”，数据类型为“自动编号”。可以添加新字段，以存储表主题所需的信息项目。

2）在表中增加名称为“人员编号”“姓名”“密码”“性别”“籍贯”“出生日期”“婚否”字段。

3）保存为“人员信息表”。

2. 创建窗体

【**例6-3**】创建“人员信息浏览”窗体，步骤如下：

1）在左侧导航窗格中选中“人员信息表”，然后单击“创建”选项卡→“窗体”选项组→“窗体”按钮，Access 2010将创建一个以“人员信息表”为数据源的Web窗体。

2）保存新创建的窗体为“人员信息浏览”窗体。

3. 创建导航窗体

由于“导航窗格”在Web浏览器中不可用，所以需要创建一个导航窗体以便于用户在各个窗体之间进行导航，并指定通过Web浏览器打开用户的应用程序时显示此导航窗体。但是，如果用户未指定要在应用程序启动时显示的窗体，将不会打开任何窗体，那么任何人使用该应用程序都将非常困难。

【**例6-4**】创建导航窗体，步骤如下：

1）单击“创建”选项卡→“窗体”选项组→“导航”按钮。从下拉菜单中选择“水平标签”选项。

2）添加项目，将“人员信息浏览”窗体从左侧的“导航窗格”中拖至导航控件，或设置导航控件的“导航目标名称”属性的值为“人员信息浏览”，如图6-2所示。采用同样的方法，将“图书信息浏览”窗体添加到导航窗体，如图6-3所示。注意，只能向导航控件添加窗体和报表。

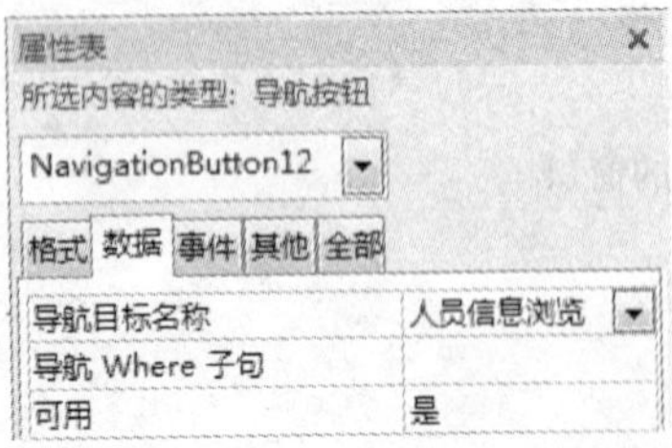

图6-2　设置导航控制属性

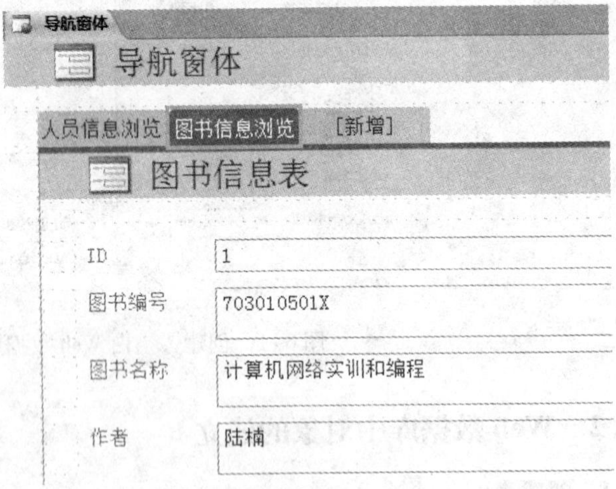

图6-3　导航窗体

将导航窗体配置为默认的Web窗体，以便用户首次在Access Services上打开Web数据库时将显示该窗体。选择功能区上的“文件”选项卡，然后选择左侧导航窗格中的“选项”。Access 2010将会显示“Access选项”窗口。选择“当前数据库”，并将“显示窗体”设置更改为“导航窗体”，单击“确定”保存更改。

6.2　Web数据库的发布与同步

Web数据库在设计完成之后，需要发布到Access Services。发布之后，如果进行了设计方面的更改，则需要在更改完成之后进行同步，以弥补计算机上的数据库文件与 SharePoint 网站上的数据库文件之间的差异。

6.2.1 发布 Web 数据库

Web 数据库发布之后，数据库中的所有表都成为 SharePoint 列表，因此数据存储在 SharePoint 列表中，并且，窗体和报表在浏览器中运行，而所有查询都在服务器上执行。Web 数据库的发布步骤如下。

1）选择"文件"选项卡→"保存并发布"选项组→"发布到 Access Services"选项，如图 6-4所示，将显示"Access Services 概述"窗格，其中提供了一些选项，可用于检查数据库的 Web 兼容性以及将数据库发布到 Access Services。利用兼容性检查器，可以测试数据库以确认其没有任何会导致与 Access Services 不兼容的项或设置。

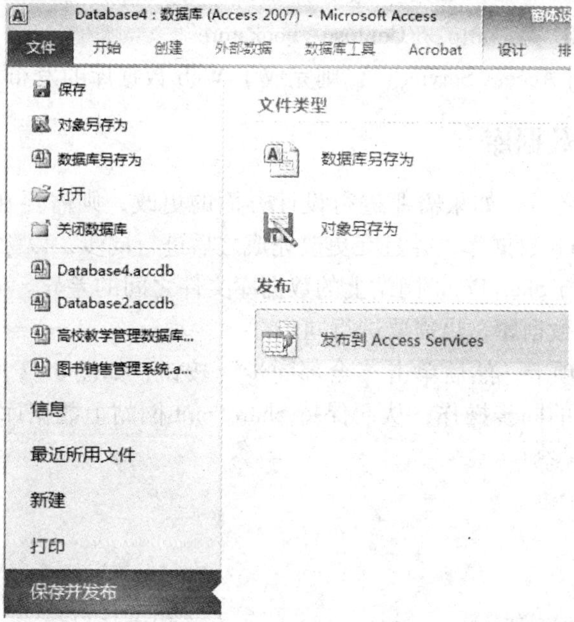

图 6-4 发布 Web 数据库

2）单击"运行兼容性检查器"按钮。Access 2010 客户端提供了 Web 兼容性检查和专为 Web 设计的模式，使数据库创建者能够确保其应用程序符合发布到 Web 的标准，这样就可以避免包含不兼容的对象，从而为其节约宝贵时间。如果发现任何问题，Access 2010 会将问题存储在名为"Web 兼容性问题"的表中。如图 6-5 所示。

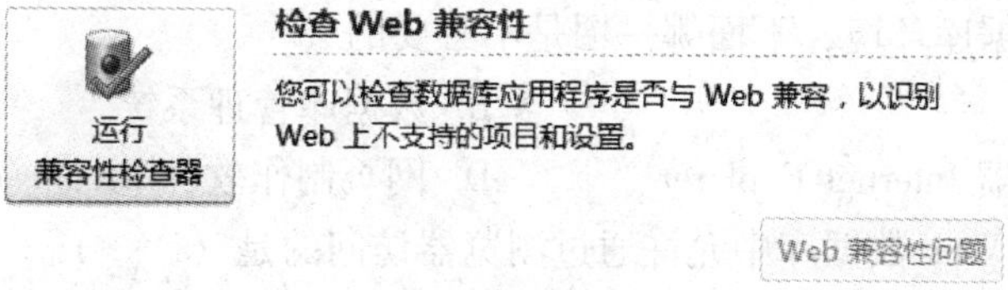

图 6-5 兼容性检查

3）在“发布到 Access Services”下面，如图 6-6 所示，填写以下内容：

图 6-6　发布到 Access Services

在“服务器 URL”框中，输入要在其中发布数据库的 SharePoint 服务器的网址。例如，http://Contoso/。

在“网站名称”框中，键入 Web 数据库的名称。此名称将附加在服务器 URL 后面，以生成应用程序的 URL。例如，如果“服务器 URL”为 http://Contoso/，“网站名称”为“bookstore”，那么 URL 为“http://Contoso/ bookstore”。

4）单击“发布到 Access Services”，则完成了 Web 数据库的发布。

6.2.2　同步 Web 数据库

Web 数据库发布之后，如果需要进行设计方面的更改，则需要在 Access 2010 中打开该 Web 数据库，并且在更改完成之后进行同步，以弥补计算机上的数据库文件与 SharePoint 网站上的数据库文件之间的差异。同样，如果脱机使用了 Web 数据库，也需要进行同步。

图 6-7　“全部同步”按钮

单击“文件”选项卡，然后单击“全部同步”按钮，如图 6-7 所示，即可完成 Web 数据库的同步操作，从而保持 SharePoint 网站上数据库与计算机上数据库之间的一致。

本章小结

本章介绍了使用 Access 2010 创建以及发布 Web 数据库的过程。Web 数据库与桌面数据库存在一定的差异，所以如果需要在浏览器中使用数据库，那么应该创建 Web 数据库，以免由于兼容性问题影响数据库的发布。

习题

一、选择题

1. 构成网络数据库环境，下面哪一项是不必要的（　　）。

A. Web 服务器　　B. 数据库管理系统

C. 客户端浏览器 Internet Explorer　　D. 网页制作软件 Dreamweaver

2. Access 2010 Web 数据库中允许通过浏览器访问的是（　　）。

A. 表　　B. 宏　　C. 关系　　D. 报表

3. 下面（　　）选项不是 Access 2010 桌面数据库的特有功能。

A. 联合查询　　B. 切换面板　　C. 关系　　D. 报表

4. Access 2010 Web 数据库中，向表中添加一个计算字段，该计算字段的表达式（　　）。

A. 可以是一个表中的数据

B. 可以是两个表中的数据

C. 可以是三个表中的数据

D. 只能为表达式使用与数据源相同的表中的其他字段

5. Access 2010 Web 数据库中，只能向导航窗体的导航控件中增加（　　）。

A. 窗体和报表　　B. 表和查询　　C. 窗体和查询　　D. 报表和查询

6. Access 2010 Web 数据库中，创建两个 Web 表之间的关系，可以通过（　　）建立。

A. 关系　　B. 查阅字段　　C. 查阅属性　　D. 宏

7. Access 2010 Web 数据库中不能使用（　　）。

A. 表　　B. 查询　　C. 窗体　　D. 链接表

8. Access 2010 Web 数据库中，同步 Web 数据库是指（　　）。

A. 将计算机上的 Web 数据库文件上传到 SharePoint 网站

B. 将 SharePoint 网站的 Web 数据库文件下载到计算机上

C. 去除计算机上的 Web 数据库文件与 SharePoint 网站上的数据库文件之间的差异

D. 从 Web 浏览器打开数据库

9. Access 2010 Web 数据库中，“兼容性检查器”检查（　　）。

A. 检查 Web 表的正确性

B. 检查 Web 数据库应用程序是否符合发布到 Web 的标准

C. 检查 Web 报表的正确性

D. 检查 Web 窗体的正确性

二、简答题

1. Access Web 数据库和 Access 2010 桌面数据库比较，有什么优点？
2. 如何建立 Access Web 数据库？
3. Access 桌面数据库特有的功能有哪些？
4. Access Web 数据库和 Access 2010 的数据访问页有什么不同？
5. Access 2010 Web 数据库能否使用表中的关系？
6. Access Web 数据库支持的字段的数据类型有哪些？
7. Access Web 数据库如何建立查阅字段？
8. 如何创建 Access Web 数据库中的导航窗体？
9. 如何发布 Access Web 数据库？
10. 如何同步 Access Web 数据库？

第7章　宏

内容提要：

- 宏的基本概念
- 宏的创建
- 宏的运行与调试

在 Access 2010 中，宏可以将经常重复的一系列工作步骤自动完成，虽然也可以通过 Visual Basic 语言编程来完成相应的操作，但对于用户来说，使用宏则更为方便。使用宏时，用户不需要记住各种语法，也不需要编程，只需利用几个简单宏操作就可以将已经创建的数据库对象联系在一起，实现特定的功能。

本章主要介绍宏的基本概念和使用方法，主要包括：宏的概念、用途、创建、编辑和调试运行等问题。

7.1　宏的概述

宏是一个或多个操作的集合，其中每个操作实现特定的功能，这些操作称为宏操作，在 Access 2010 中，提供了几十个宏操作。为了实现某个特定的任务，可以使用这些宏操作创建一个有序的操作序列，这种操作序列就是宏。执行宏时，Access 2010 自动执行宏中的每一条宏操作，以完成特定任务。

使用宏很方便。用户不需要记住各种语法，从宏设计窗口中选择所要使用的宏操作及相关的参数即可。例如，图 7-1 是在宏设计窗口中的一个宏示例。这个宏很简单，它只包括一个宏操作 OpenForm，该宏操作的功能是打开窗体，被打开的窗体的名称通过“操作参数”指定。执行该宏，可以打开“库存查询窗体”。

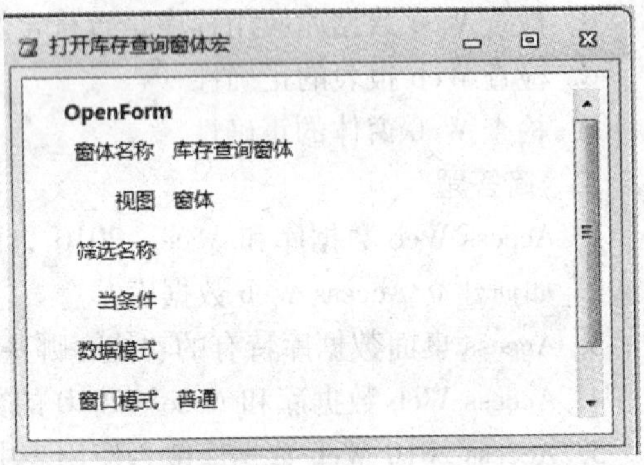

图 7-1　宏的设计示例

7.1.1　宏的分类

Access 2010 中宏的概念包括独立宏、嵌入宏、数据宏和子宏。

1. 独立宏

独立宏是独立的对象，与窗体、报表等对象无附属关系，独立宏在导航窗格中可见。

2. 嵌入宏

嵌入宏与窗体、报表或控件有附属关系，作为嵌入对象的组成部分，嵌入宏嵌入在窗体、报表或控件对象的事件中，它在导航窗格中不可见。

3. 数据宏

每当在表中添加、更新或删除数据时，都会发生表事件，数据宏就是在发生这些表事件时被触发。数据宏可以设计为检查表中输入的数据是否有效，也可以对表中数据进行更新等。

4. 子宏

子宏是存储在同一宏名下的一组宏的集合。一个宏中可以包含一个或多个子宏，子宏具有单独的名称，可独立运行。使用子宏更便于数据库的操作和管理。

7.1.2 常用的宏操作

Access 2010 的宏操作总共有 70 多个，按功能可以分为不同的八种类别：筛选/排序/搜索、窗口管理、数据库对象、数据导入/导出、宏命令、系统命令、用户界面命令和数据输入操作。在此，介绍其中常用的几种基本操作。

1. 筛选/排序/搜索

- FindRecord：查找符合指定条件的第一条记录。
- FindNextRecord：查找符合指定条件的下一条记录。
- OpenQuery：打开选择查询或交叉表查询，或者执行动作查询。
- Requery：在激活的对象上实施指定控件的重新查询。

2. 数据库对象

- GoToControl：将焦点移到激活数据表或窗体上指定的字段或控件上。
- GotoPage：在活动窗体中将焦点移到某一特定页的第一个控件上。
- GoToRecord：使指定的记录成为打开的表、窗体或查询结果集中的当前记录。
- OpenForm：打开指定窗体。
- OpenReport：打开指定报表。
- OpenTable：打开指定数据表。

3. 窗口管理

- CloseWindow：关闭指定的窗口，如果未指定，则关闭当前活动窗口。
- MaximizeWindow：将活动窗口最大化。
- MinimizeWindow：将活动窗口最小化。

4. 数据导入/导出

- ExportWithFormating：将指定数据库对象的数据输出为某种格式。
- WordMailMerge：执行邮件合并。

5. 宏命令

- RunMacro：运行选定的宏。
- RunCode：调用 VBA 函数过程。
- StopMacro：停止当前正在运行的宏。
- StopAllMacros：停止当前运行的所有宏。
- OnError：定义错误处理行为。

6. 系统命令

- Beep：使计算机发出“嘟嘟”的响声向用户报警，表明错误或重要的可视性变化。
- Closedatabase：关闭当前数据库。

- QuitAccess：退出 Access 2010。

7. 用户界面命令

- MessageBox：显示包含警告信息或其他信息的消息框。
- AddMenu：为窗体或报表将菜单添加到自定义菜单栏。

8. 数据输入操作

- DeleteRecord：删除当前记录。
- EditListItems：编辑查阅列表中的项。
- SaveRecord：保存当前记录。

大部分宏操作在使用时都需要设置操作参数来说明如何执行该操作，操作参数有些是必须设置的，有些是可选的。

7.2 宏的创建

在使用宏之前，要首先创建宏。创建宏对象没有太多的语法需要用户去掌握，用户所需要去做的就是在宏的操作设计列表中安排一些简单的选择。

创建宏的过程主要有指定宏名、添加操作、设置操作参数以及提供备注等。本节分别介绍独立宏、嵌入宏、子宏和数据宏的创建。

7.2.1 独立宏的创建

1.“宏工具/设计”选项卡

创建宏时打开“宏工具/设计”选项卡，单击“创建”选项卡→“宏与代码”选项组→“宏”按钮，使用随后出现宏的设计器来设计宏。如图 7-2 所示，该选项卡由“工具”“折叠/展开”“显示/隐藏”三个组构成。

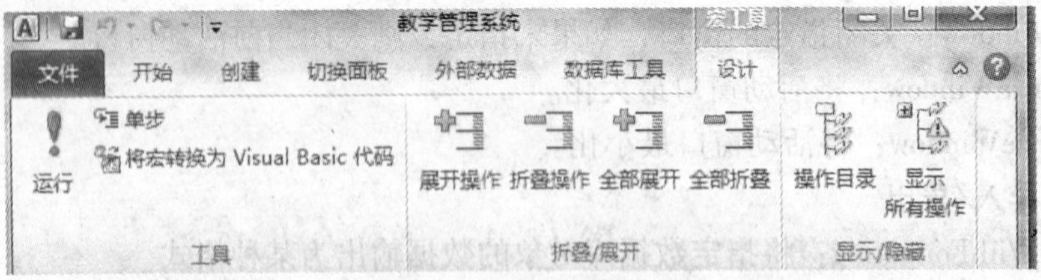

图 7-2 “宏工具/设计”选项卡

“工具”组包括运行、单步、将宏转换为 Visual Basic 代码三个按钮。

“折叠/展开”组提供了浏览宏代码的几种方式。其中，“展开操作”可以详细地阅读每个操作的细节，包括每个参数的具体内容；“折叠操作”把宏操作的细节收缩起来，不显示操作的参数，只显示操作的名称。

“显示/隐藏”组主要对操作目录进行隐藏和显示。

2. 创建独立宏

【例 7-1】创建“进货录入追加宏”。其作用是打开“进货录入窗口追加查询”，追加记录，并进行信息提示，其设计如图 7-3 所示。创建过程如下。

1）单击“创建”选项卡→“宏与代码”选项组→“宏”按钮，打开宏设计器窗口。

2）在宏设计器窗格的“添加新操作”处，输入“OpenQuery”或从下拉列表中选择宏操作“OpenQuery”。

3）设置宏操作参数，“查询名称”设置为“进货录入窗口追加查询”，视图设置为“数据表”，数据模式设置为“追加”。

4）添加第二个宏操作“MessageBox”，并设置宏操作参数，“消息”设置为“进货录入完成”，“标题”设置为“进货录入完成提示”，“发嘟嘟声”设置为“是”。

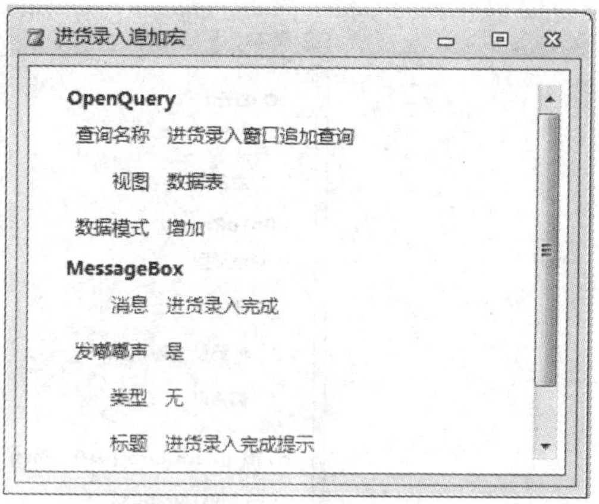

图 7-3　进货录入追加宏的设计

5）单击“保存”按钮，将此独立宏命名为“进货录入追加宏”。

3. AutoExec 宏的使用

在 Access 2010 中，AutoExec 是一个特殊的宏，它在启动数据库时会自动运行。在打开数据库时，Access 2010 将查找名为 AutoExec 的宏，如果找到，就自动运行它。

若创建一个宏，其中包含在打开数据库时要执行的操作，并以 AutoExec 为宏名保存该宏。那么，下一次打开数据库时，Access 2010 将自动运行该宏。

在使用 AutoExec 宏时需要注意的是：

- 如果不想在打开数据库时运行 AutoExec 宏，可在打开数据库时按〈Shift〉键。
- 通过设置“工具”菜单中的“启动”对话框中的选项，也可以控制如何启动数据库。

7.2.2　嵌入宏的创建

用户在窗体上使用向导添加控件时就可能创建了嵌入宏，其中的代码都是 Access 2010 自动生成的。嵌入宏的应用使得 Access 2010 的开发工作更加容易和灵活，它把原来事件过程中需要编写代码的工作都用嵌入宏代替了。

例如，用户在窗体上使用向导添加了一个命令按钮控件，控件的操作选择了“记录导航”里的“转至下一项记录”，完成后，不仅创建了此命令按钮的单击事件，而且在该事件中创建了一个“嵌入的宏”，嵌入宏中包含单击此按钮时需要完成的操作，此嵌入宏的设计如图 7-4 所示，其中的代码都是 Access 2010 自动生成的。

嵌入宏是嵌入在控件的事件中，由事件触发，所以在“宏”导航窗格中看不到嵌入宏。

7.2.3　子宏的创建

一个宏中可以包含一个或多个子宏。在数据库中，可以将相关的宏以子宏的方式创建在同一个宏中，以方便管理。

【例 7-2】创建一个带有子宏的宏，命名为“子宏举例”，此宏中包含两个子宏“Sub1”和“Sub2”，其作用分别是分别打开窗体和打开报表，创建过程如下。

1）单击“创建”选项卡→“宏与代码”选项组→“宏”按钮，打开宏设计器窗口。

2）打开“操作目录”窗格，双击“程序流程”下的“Submacro”（子宏），此时宏设

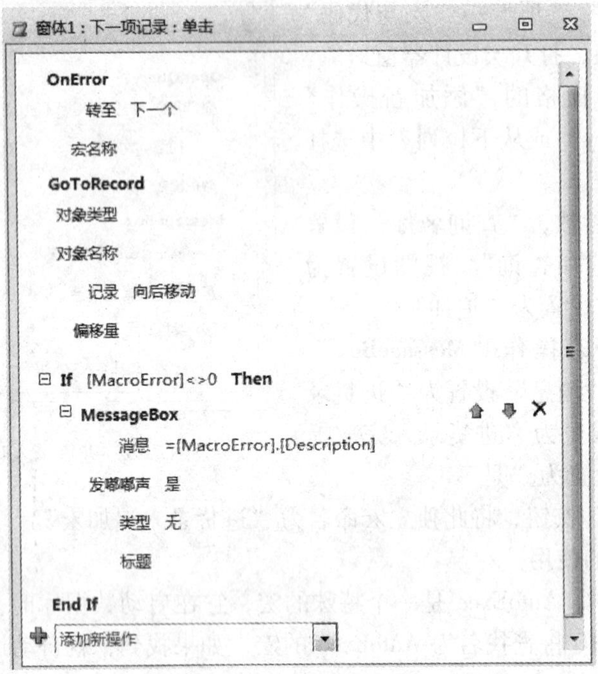

图 7-4　自动生成的嵌入宏

计器中出现子宏的设计。

3）子宏默认的名称为“Sub1”，添加新操作 MessageBox，提示“打开人员信息维护窗体!”，添加第二个操作“OpenForm”，设置窗体名称为“人员信息维护窗体”。

4）添加子宏“Sub2”，添加第一个操作 MessageBox，提示“打开销售业绩月报表开!”。添加第二个操作，选择“OpenReport”，设置报表名称为“销售业绩月报表”。

5）单击“保存”按钮保存宏，将宏命名为“子宏举例”，如图 7-5 所示。

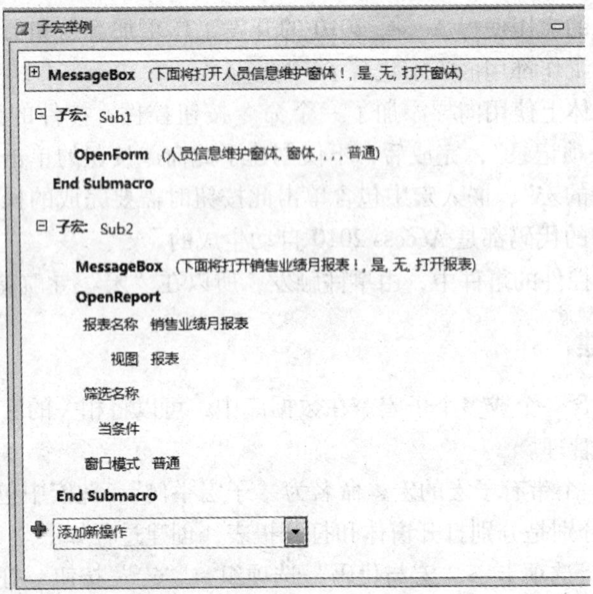

图 7-5　命名为“子宏举例”

宏中的每个子宏都必须定义自己的宏名，用来调用子宏，调用的格式为“宏名．子宏名”，如调用“Sub1”时的格式为“子宏举例．Sub1”。

7.2.4　数据宏的创建

数据宏可以完成一些需要代码来完成的工作。数据宏包括插入后、更新后、删除后、删除前和更改前五个事件，用户只需要在相应的事件中进行宏设计，将来事件发生时，则会触发相应的数据宏。

【例 7-3】 创建数据宏，其作用为限制“人员信息表”中的“性别”字段的输入值只能是“男”或“女”，输入其他的值则进行错误提示。

1）打开“人员信息表”的设计视图，单击“表格工具/设计”选项卡→“字段、记录和表格事件”选项组→“创建数据宏”下拉按钮中的“更改前”选项，进入到宏设计器窗口。

2）在“添加新操作”中选择“If”，输入条件表达式：[性别] < > "男"　And　[性别] < > "女"，并添加新操作“RaiseError”，输入错误号“10002”，以及错误描述，如图 7-6 所示。

3）单击“宏工具/设计”选项卡→“关闭”选项组→“保存”按钮，再关闭宏的设计，返回表的设计视图。

```
⊟ If  [性别]<>"男" And [性别]<>"女"  Then
      RaiseError
          错误号  10002
          错误描述  性别字段值只能输入“男”或“女”！
  End If
```

图 7-6　数据宏的例子

4）保存表后，切换到“人员信息表”的数据表视图，若将某个记录的“性别”字段的值修改为“男”和“女”之外的值，就会看到错误提示框。

数据宏就是一种触发器，可以检查数据表中的数据是否合理有效，也可以实现插入记录、修改记录和删除记录等操作，比建立更新查询更为便捷。对于无法通过查询实现数据更新的 Web 数据库，数据宏尤其有用。

7.2.5　在宏中使用条件

在某些时候，对于宏中的操作需要根据情况来执行，不同的情况需要执行不同的宏操作。例如，在登录窗体上，如果输入的密码正确，则关闭当前窗体“登录窗体”，打开“切换面板”窗体。这个应用包含了条件判断，所以，需要引入条件表达式，通常使用“程序流程”中的“If”来实现不同情况的判断。

```
  Requery ()
⊟ If  [txtPws]=[密码]  Then
      CloseWindow
          对象类型  窗体
          对象名称  登录窗体
              保存  提示
    ⊟ OpenForm
          窗体名称  切换面板
              视图  窗体
          筛选名称
            当条件
          数据模式
          窗口模式  普通
⊟ Else
      MessageBox  (你输入的密码错误！, 是, 警告!, 提示)
  End If
```

图 7-7　登录宏

图 7-7 中的登录宏就是一个条件宏，其功能是进行密码验证，“If”后面的“[txtPws]=[密码]”是条件表达式，用来判断用户输入的密码是否与正确的密码一致，其计算结果是逻辑值“True”或“False”，其中[txtPws]是“登录窗体”中控件的名称，代表用户输入的密码，[密码]是数据源中的一个字段，代表正确的密码。如果

[txtPws]的值和[密码]的值相同，则条件表达式“[txtPws]=[密码]”的值为“True”，执行 Then 后面的语句，即关闭当前的“登录窗体”，并打开“切换面板”窗体；否则，如果[txtPws]的值和[密码]的值不相同，则条件表达式“[txtPws]=[密码]”的值为“False”，执行 Else 后面的语句，即给出一个错误提示信息。

7.3 宏的运行与调试

当创建了一个宏后，需要对宏进行运行与调试，以便察看创建的宏是否含有错误，是否能完成预期任务。

7.3.1 运行宏

宏有以下几种运行方式。

1. 直接运行宏

如果要直接运行宏，可以进行下列操作之一：

如果要从“宏”设计窗口中运行宏，则在打开此宏的设计器后，单击“宏工具/设计”选项卡→“工具”选项组→“运行”按钮

。

如果要从“导航”窗格中运行宏，则选中待运行的宏，然后双击该宏；或右键单击该宏，在弹出的菜单中，单击“运行”。

如果要在 Access 2010 的其他地方运行宏，则单击“数据库工具”选项卡→“宏”选项组→“运行宏”按钮

，然后在“执行宏”对话框中选择相应的宏；如果要直接运行宏中的某个子宏，则在“执行宏”对话框中选择相应的宏．子宏。

2. 运行嵌入宏和数据宏

嵌入宏可以在设计时直接运行，也可以在实际使用时运行。嵌入宏存储在窗体、报表或控件的某一“事件”属性中，事件发生时，会触发嵌入宏运行。

数据宏的运行与嵌入宏类似。

3. 在窗体、报表或控件的事件中运行宏

通常情况下直接运行宏是在对宏进行设计完成后检查、验证其执行的效果，实际使用宏时则是把宏附加到窗体、报表或控件的事件中，如某个命令按钮的单击事件，当事件被触发时（如单击此按钮），附加的宏就会自动运行。

例如“登录宏”的调用，此宏的设计如图 7-7 所示，作用主要是进行密码验证，当单击“登录窗体”的“登录”按钮时，调用此宏进行密码的验证。因此，需要将“登录宏”与名为“cmdLogin”的“登录”按钮的单击事件联系在一起，如图 7-8 所示。

4. 自动运行宏

在打开 Access 数据库时，系统将查找一个名为 Autoexec 的宏，如果找到了，就自动运行它，这个名字为 Autoexec 的宏就是自动运行宏。所以，用户可以把打开数据库时需要触发的操作放到 Autoexec 中，这些操作就会在打开数据库时自动执行了。

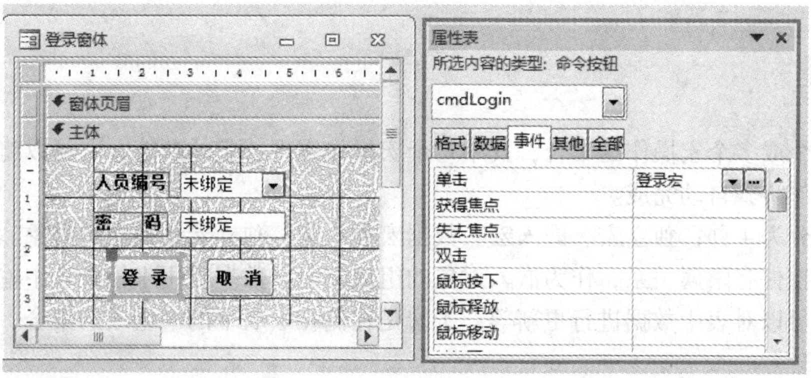

图 7-8 “登录宏”在“登录窗体”中的调用

7.3.2 调试宏

如果创建的宏没有实现预期的效果，或者宏的运行出了错误，就应该对宏进行调试，查找错误。常用的调试方法是通过对宏进行单步执行来发现宏中错误的位置。

使用单步执行宏，可以观察宏的流程和每一个操作的结果，便于发现错误。对宏进行单步执行，操作步骤如下。

1）选中要单步执行的宏，打开宏的设计视图。

2）单击工具栏上“单步”按钮。

3）单击工具栏上“运行”按钮，显示“单步执行宏”对话框，如图 7-9 所示。

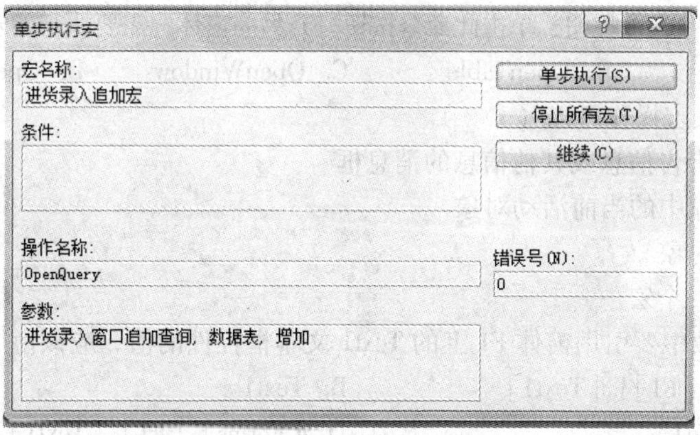

图 7-9 “单步执行宏”对话框

4）在“单步执行宏”对话框中，单击“单步执行”按钮，执行“操作名称：”下面显示的操作；单击“停止所有宏”按钮，以停止宏的运行并关闭对话框；单击“继续”以关闭单步执行，并执行宏的未完成部分。

在单步执行宏时，“单步执行”对话框列出了每一步所执行的宏操作“条件”是否成立、操作名称、操作参数。通过观察这些内在的结果，可以得知宏操作是否按预期执行。

本章小结

宏是一个或多个宏操作的集合，其中每个宏操作实现特定的功能，它可以将经常重复的一系列的工作步骤自动完成。

宏可以分为4种：独立宏、嵌入宏、数据宏和子宏。独立宏是独立的对象。嵌入宏与窗体、报表或控件有附属关系，作为嵌入对象的组成部分。数据宏用来检查表中输入的数据是否有效，也可以对表中数据进行更新等。子宏是存储在宏名下的一组宏的集合，主要作用是方便宏的管理。

创建宏要在宏设计窗体中进行。创建宏的过程主要有指定宏名、添加操作、设置操作参数以及提供备注等。

当创建了一个宏后，需要对宏进行运行与调试，以便察看创建的宏是否含有错误，是否能完成预期任务。使用单步执行宏，可以观察宏的流程和每一个操作的结果，便于发现错误。通常情况下直接运行宏只是进行测试，确保宏的设计无误之后，将宏附加到窗体、报表或控件中，对事件做出响应。

习题

一、选择题

1. 重新查询控件的数据源可以使用的宏操作是（　　）。

A. OpenQuery　　B. OpenTable　　C. ReQuery　　D. FindRecord

2. 某窗体中有一命令按钮，单击此命令按钮打开另一窗体，需要执行的宏操作为（　　）。

A. OpenQuery　　B. OpenTable　　C. OpenWindow　　D. OpenForm

3. MessageBox 宏操作可以（　　）。

A. 显示包含警告信息或其他信息的消息框

B. 打印数据库中的当前活动对象

C. 打开报表对象

D. 可以运行一个宏

4. 在宏的参数中要引用窗体 F1 上的 Text1 文本框控件的值，应该使用（　　）。

A. [Forms]! [F1]! [Text1]　　B. Text1

C. [F1]. [Text1]　　D. [Forms]_[F1]_[Text1]

5. Quit 宏操作的功能是（　　）。

A. 关闭表　　B. 退出宏　　C. 退出查询　　D. 退出 Microsoft Access

6. 打开数据库时自动执行的宏应该命名为（　　）。

A. AutoMacro　　B. Auto　　C. AutoExec　　D. Autodo

二、思考题

1. 为什么要创建子宏?

2. 数据宏有什么作用?

3. 简述宏的几种运行方式。哪种方式最常用?

4. 怎样设置控件事件触发宏的执行?

三、实验

打开“图书销售管理系统”数据库，完成以下实验：

建立一个“登录窗体”，窗体上包括：“人员编号”文本框和“密码”文本框；“登录”命令按钮。用户可以在“人员编号”文本框和“密码”文本框中输入人员编号和密码，单击“登录”命令按钮。

创建名为“登录宏”的条件宏：如果文本框中输入的密码等于“12341234”就打开“切换面板”窗体，否则弹出信息框“输入密码错误，重新输入”。

设置宏的触发执行：设置“登录”按钮的“单击”事件触发执行“登录宏”。

运行“登录窗体”，查看运行效果。

第 8 章　模块与 VBA 编程基础

内容提要：

- 模块的基本概念
- VBA 程序设计基础
- VBA 程序流程控制
- VBA 中的数组
- VBA 数据库编程

前面章节介绍的内容主要是通过交互式操作实现简单的应用，例如打开某一窗体或报表、对数据表中的记录进行操作等。相对于窗体和报表中的对象事件而言，宏的应用要多一些，而且可以连续执行多项指令，但是宏也有一定的局限性，它一般只能执行一些简单的操作，对于较为复杂的应用则无能为力。

VBA 是 Visual Basic for Application 的缩写，具有与 Visual Basic 相同的语言功能。模块是将 VBA 声明和过程作为一个对象进行操作的集合体。通过模块的组织和 VBA 代码设计，可以大大提高 Access 数据库应用的处理能力，从而解决复杂的问题。另外，窗体和报表中的各个对象也可以通过 VBA 编程，自定义事件过程完成较为复杂的应用。

本章主要介绍 Access 数据库模块的创建和 VBA 程序设计基础及其应用。

8.1　模块

模块是 Access 2010 中重要的数据库对象，它是将 VBA 声明和过程作为一个对象进行操作的集合。模块中可以包含多个过程（Sub 过程和 Function 过程），这些过程是由一系列 VBA 代码组成，用于实现某种特定的操作或计算。

一般，用户在开发较为复杂的应用程序时经常会使用模块，以使数据库系统功能更加完善。使用模块可以建立用户自己的函数，完成复杂的计算、执行宏所不能完成的任务。

8.1.1　模块的分类

在 Access 2010 中有两种模块：类模块和标准模块。

1. 类模块

类模块中主要有窗体模块和报表模块，它们各自与某一窗体或报表相关联。窗体模块和报表模块通常都含有某些事件过程，这些事件过程用于响应窗体或报表对应的事件。可以使用事件过程来控制窗体或报表的行为以及它们对用户操作的响应，如单击某个命令按钮时要做什么。

有两种方式可以进入类模块的代码设计区域：一是用鼠标单击“数据库工具”中的“Visual Basic”按钮进入；二是为窗体或报表以及其包含的控件对象创建事件过程时，系统会打开“选择生成器”对话框，在其中选择“代码生成器”即可进入。

注意：窗体模块和报表模块具有局部特性，其作用域局限在所属窗体或报表内部，生命周期则是伴随着窗体的打开而开始、关闭而结束。

2. 标准模块

标准模块一般用于存放供其他 Access 数据库对象使用的公共过程和声明。在 Access 2010 中双击现有模块或新建模块都可以自动进入其代码设计环境。

标准模块通常定义一些公共变量（常量）或过程，它们将用于数据库其他模块的调用；也可以定义私有变量或过程仅供本模块内部使用。在过程的设计中，默认情况下是 Public，如果需要也可以使用 Private 关键字来定义私有过程供本模块内部使用。

标准模块中的公共变量和公共过程具有全局特性，其作用范围在整个数据库中，生命周期是伴随着数据库的打开而开始、关闭而结束。

3. 将宏转换为模块

在 Access 2010 中，可以将设计好的宏对象转换为模块代码形式。其中有三种情况：直接将宏进行转换；将窗体中的宏进行转换；将报表中的宏进行转换。

其转换方法如下：

1）选择将要进行转换的宏（或者是含有宏的窗体、报表），并打开其设计视图。

2）选择“设计”菜单→“将宏转换为 Visual Basic 代码”（或“将窗体\报表的宏转换为 Visual Basic 代码”）命令，将弹出“转换宏”或“转换窗体宏\报表宏”对话框，如图 8-1 和图 8-2 所示。

图 8-1　将宏转换为模块

图 8-2　将窗体宏转换为模块

3）在此对话框中选择是否包含错误处理和注释，并单击“转换”即可。

8.1.2　创建标准模块

注意：Access 2010 中创建标准模块会显示为模块，不含标准两个字。窗体模块或报表模块会显示在 Microsoft Access 类对象层下。

1. VBA 编程环境（Visual Basic Editor）

选择“创建”→“模块”命令，即可打开 VBE 界面，如图 8-3 所示。

VBE 界面中的四个窗口分别对应“视图”菜单中的“工程资源管理器”“属性窗口”“代码窗口”和“立即窗口”菜单项。

- 工程资源管理器窗口：包含 VBA 代码部分的对象分层结构列表。
- 属性窗口：显示可编辑对象的各种属性。
- 代码窗口：用户程序编辑区域，主要用于添加声明和过程。
- 立即窗口：显示代码中调试语句的信息，或直接键入命令所生成的信息。

除了使用创建模块的方法之外，也可以使用其他方式进入 VBA 编程界面：

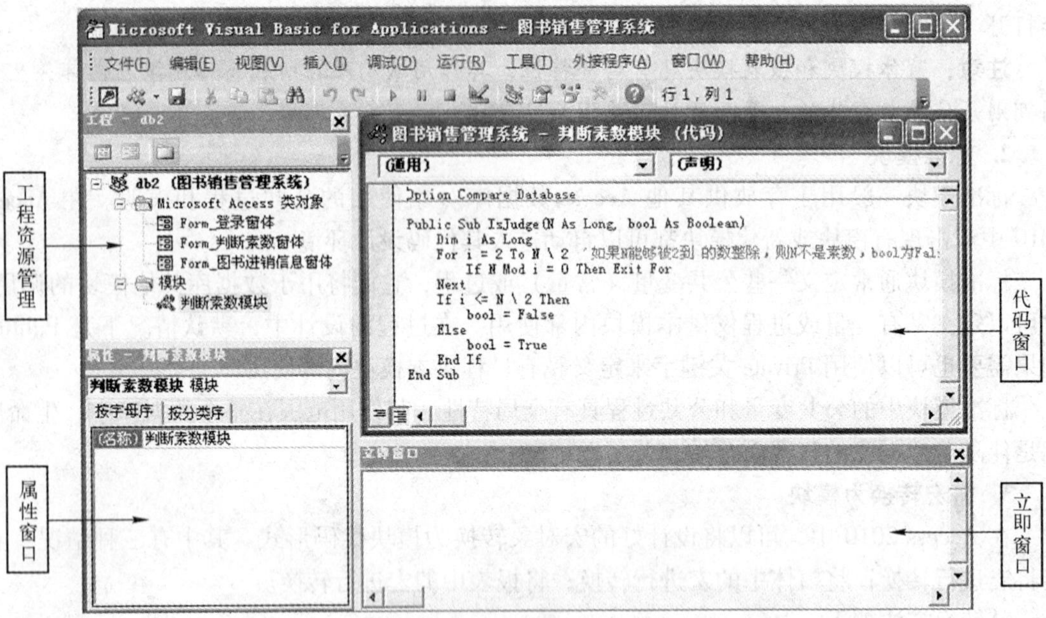

图 8-3　VBE 界面

● 通过对象属性对话框中的事件标签来启动。如图 8-4 所示。

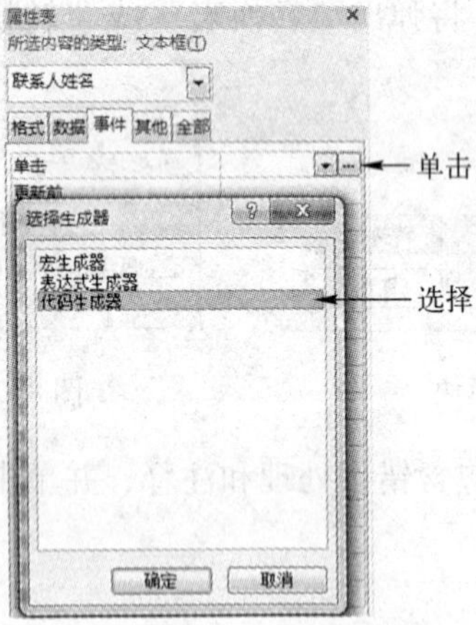

图 8-4　生成器

● 通过“数据库工具”中的“Visual Basic”命令或按〈Alt + F11〉快捷键启动。

2. 模块的组成

模块由声明和过程定义两部分组成。

（1）声明

声明部分主要是常量的定义和变量的声明，以及 Option 语句。

1）常量和变量将在后面小节进行介绍。

2）Option 语句。

● Option Base 语句：用来声明数组下标的默认下界。

格式：Option Base 0 | 1，表示数组下标从 0 或 1 开始，默认是 0。

● Option Compare 语句：用于声明文本比较时所用的比较方法。

格式：Option Compare {Binary | Text | Database}，以二进制、文本或数据库方式比较；模块声明部分默认添加：Option Compare Database。

● Option Explicit 语句：强制显式声明模块中的所有变量。

（2）过程

过程是一个相对独立的个体，由 VBA 的若干语句构成。可以将多次使用的语句块以过程的形式出现，这样有利于简化程序的编辑，提高可读性。

1）窗体模块或报表模块中的过程主要是事件过程（Sub 过程）。

注意： 事件过程名有固定格式，往往由 Access 2010 自动生成，其格式为：对象名_事件。

例如：Form_Load（对应窗体的载入事件）、Command1_Click（对应按钮 Command1 的单击事件）。

另外，窗体的事件过程名永远都是“Form_事件”，而控件对象的事件过程名则是“对象名_事件”。

例如：若窗体 Frm1 中有一个命令按钮 Cmd1，则窗体和命令按钮的 Click 事件过程名分别为：

```
Form_Click()        Cmd1_Click()
```

2）标准模块中的过程主要有自定义的 Sub 过程和 Function 函数过程。

● Sub 过程：用于执行一系列操作。

● Function 函数过程：执行操作的同时还需要获得返回值。

注意：“是否有返回值？”是 Sub 过程和 Function 函数过程之间最大的区别；除此之外，两者的使用方式也不同。

窗体模块或报表模块中也可以添加自定义的 Sub 过程和 Function 函数过程，但尽量不要将其定义为 Public 级别。

8.1.3 在模块中添加过程

注意： 本章中由方括号包围起来的内容是可选项，可以省略。例如：[参数表]。

1. Sub 过程

（1）Sub 过程的定义

其定义格式为：

```
[Public|Private] [Static] Sub 过程名([形参列表])
                    [过程体]
End Sub
```

说明：

1）Public | Private：二选一，表明是否允许此模块外的对象调用该 Sub 过程。Public（公共）表示允许所有数据库中的对象使用；Private（私有）表示只允许在本模块中使用。

注意： 在标准模块中，如果缺省，则默认是 Public。另外尽量不要在类模块中将过程定义为 Public 级别，因为该过程如果被其他模块调用是很麻烦的，而且容易出错。

2）Static：表示在此过程执行结束后，过程中声明的所有变量仍保留其值。

3）过程名：命名规则与对象的命名规则相同，也与后面介绍的变量的命名规则相同。

4）形参列表：需要在过程中进行处理的数据，一般以变量的方式传递。多个参数之间用逗号间隔。

5）可在过程中使用 Exit Sub 语句，用于强行退出过程。

6）过程的定义是独立的，不能嵌套定义过程，即过程定义中不能再定义其他的过程。

例如：

```
Sub P1()
  [程序代码 1]
      Sub P2()
          [程序代码 2]  } 注意:这是错的!
      End Sub
End Sub
```

过程结束标志为 End Sub，与前面的 Sub 相对应。

另外，Sub 过程的建立，也可以使用对话框插入，其操作如下：

1）打开将要添加 Sub 过程的模块（类模块或标准模块）。

2）选择“插入”菜单→“过程”命令，弹出“添加过程”对话框，如图 8-5 所示。

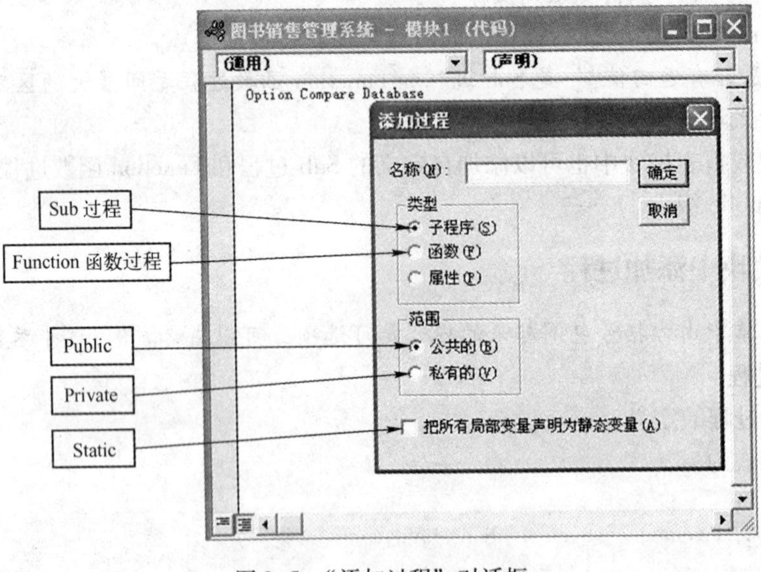

图 8-5 “添加过程”对话框

3）在对话框中进行操作：

- 填写过程名。
- 选择类型（Sub 过程或 Function 函数过程）。
- 选择范围（Public 或 Private）。
- 是否将过程中动态变量转为静态变量。
- 最后单击“确定”，则在当前模块中添加此过程。

（2）Sub 过程调用

1）格式 1：Call　过程名［（实参表）］

当过程没有参数时，缺省实参表；否则应含有对应实参，参数间用逗号间隔。

注意：当含有参数时，过程后一定要带小括号。

2）格式 2：过程名　［实参表］

注意：当含有参数时，实参表外不能使用括号。

【例 8-1】在标准模块中添加过程，用来判断某个数是否是素数。

1）新建一个标准模块“判断素数模块”，并在其中添加下列过程：

```
Public Sub IsJudge(N As Long,bool As Boolean)
        Dim i As Long
        For i = 2 To N\2                ‘如果 N 能够被 2 到 N/2 的数整除,则 N 不是素数,bool
为 False
            If N Mod i = 0 Then Exit For
        Next
        If i <= N\2 Then
            bool = False
        Else
            bool = True
        End If
End Sub
```

代码编辑如图 8-6 所示。

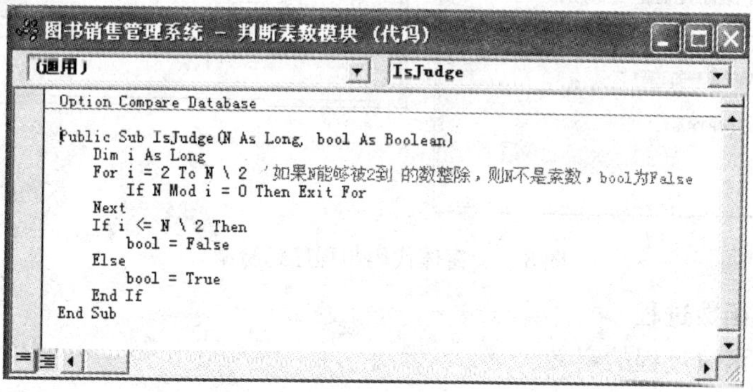

图 8-6　例 8-1 代码

2）新建一个窗体：判断素数窗体。在窗体中添加一个文本框 Text0 和一个命令按钮 CmdJudge（标题：判断素数）。在命令按钮 CmdJudge 的单击事件中选择“代码生成器”，并在 VBE 界面的窗体模块中输入以下程序（程序的功能是调用 IsJudge 过程判断 Text0 中的数据是否是素数）。

```
Private Sub CmdJudge_Click( )
    Dim bool As Boolean
    If Nz(Text0. Value) < >0 Then                'Text0 中不允许为 Null
        If Val(Text0. Value) < >0 Then           'Text0 中不允许为非数字字符
            IsJudge Val(Text0. Value),bool
            If bool Then
                MsgBox Text0. Value & "是素数!"
            Else
                MsgBox Text0. Value & "不是素数!"
            End If
        Else
            MsgBox "请输入正确的数据!"
        End If
    Else
        MsgBox "请输入数据!"
    End If
End Sub
```

窗体代码与程序运行结果如图 8-7 所示。

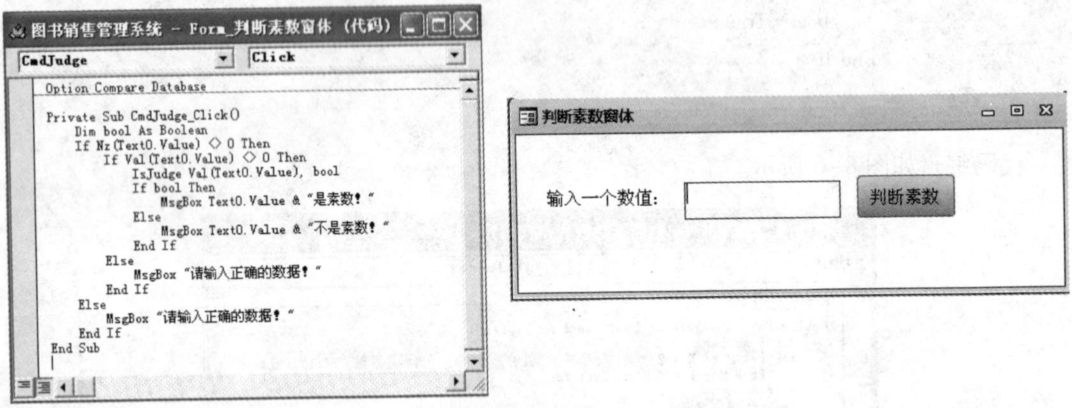

图 8-7　窗体代码与程序运行结果

2. Function 函数过程

1）Function 函数过程的定义。

其定义格式为:

```
[ Public|Private ]  [ Static ]  Function 函数名([形参列表])  [As 数据类型]
    [过程体]
    函数名 = 返回值←注意:这个语句很重要! 函数的返回值由函数名带回。
End Function
```

说明:

- 以 Function 开头，并以 End Function 结束。

- 函数中可用 Exit Function 语句强行退出过程。
- As 数据类型：表示函数返回值的数据类型，缺省时为 Variant 类型。

2）Function 函数过程调用。

与 Access 2010 内部函数的使用相同，不能用 Call 调用。

【例 8-2】将例 8-1 中的 IsJudge 过程改为 Function 函数过程：

1）改变标准模块中的 IsJudge 过程：

```
Public Function IsJudge(N As Long) As Boolean
        Dim i As Long
        For i = 2 To N\2                '如果 N 能够被 2 到 N/2 的数整除,则 N 不是素数
            If N Mod i = 0 Then   Exit For
        Next
        If i <= N\2 Then                '若 N 不是素数,函数返回 False
            IsJudge = False
        Else
            IsJudge = True
        End If
End Function
```

2）改变命令按钮 CmdJudge 的单击事件过程。

```
Private Sub CmdJudge_Click()
    If Nz(Text0.Value) <> 0 Then
        If Val(Text0.Value) <> 0 Then
            If IsJudge(Val(Text0.Value)) Then                'IsJudge 函数调用
                MsgBox Text0.Value & "是素数!"
            Else
                MsgBox Text0.Value & "不是素数!"
            End If
        Else
            MsgBox "请输入正确的数据!"
        End If
    Else
        MsgBox "请输入数据!"
    End If
End Sub
```

例 8-2 与例 8-1 的功能相同。

3. 参数传递

在调用 Sub 过程和 Function 函数过程时，实参与形参之间要进行数据传递，其传递方式主要有两种：值传递和地址传递。这两种传递方式将在参数语法格式中进行区别。

参数的语法格式为：

```
[Optional][ByVal|ByRef][ParamArray]参数名 [()][As 数据类型] [ =DefaultValue]
```

说明：

1）ByVal：值传递。表示将实参的值传递给形参，而形参和实参各自拥有自己的存储单元，过程中对形参值的改变不会影响到实参。

2）ByRef 或缺省：地址传递。表示将实参的地址传递给形参，此时形参和实参指向同一个存储单元，过程中改变形参值一定会影响到实参。

3）Optional：表明该参数为可选参数。注意：如果某一参数使用了 Optional，则此参数的后续参数必须都是 Optional 的。

4）ParamArray：只用于参数列表的最后一个参数，指明最后这个参数是一个 Variant 类型的 Optional 数组。使用 ParamArray 关键字可以提供任意数目的参数，但 ParamArray 关键字不能与 ByVal、ByRef 或 Optional 一起使用。

5）DefaultValue：只对于 Optional 参数时是合法的。

例如：计算若干数值的和。

```
Function MSum (ParamArray A())As Single
    Dim S1 AS Integer,S2 As Integer
    Dim i As Integer
    S1 = LBound(A)              'S1 为数组 A 的下标下界
    S2 = UBound(A)              'S2 为数组 A 的下标上界
    For  i = S1  To  S2         '用循环将数组 A 中所有数值累加,结果由函数名返回
        MSum = MSum + A(i)
    Next
End Function
```

调用时可以求若干个数的和，例如：MSum（20，34）、MSum（10，20，30，40）等。

【例 8-3】 在类模块中进行参数传递示例

新建一个窗体：参数传递。在窗体中添加两个标签、四个文本框和两个命令按钮，如图 8-8所示。

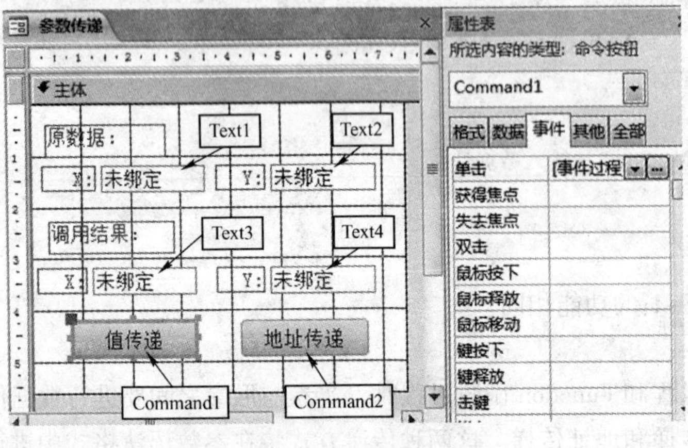

图 8-8　例 8-3 的设计视图

1）两个按钮的单击事件分别对应以下事件过程：

```
Private Sub Command1_Click( )
Dim x As Integer,y As Integer
    x = Text1. Value
    y = Text2. Value
    chang1 x,y
    Text3. Value = x
    Text4. Value = y
End Sub
Private Sub Command2_Click( )
    Dimx As Integer,y As Integer
    x = Text1. Value
    y = Text2. Value
    chang2 x,y
    Text3. Value = x
    Text4. Value = y
End Sub
```

2）窗体的加载事件对应下面的事件过程：

```
Private Sub Form_Load( )          ‘当窗体加载时,文本框 Text1 和 Text2 中分别显示 5 和 10
    Text1. Value = 5
    Text2. Value = 10
End Sub
```

3）当使用值传递时，调用过程 chang 1：

```
Sub chang1 ( ByVal A As Integer,ByVal B As Integer)          ‘值传递
    A = A + B
    B = A - B
End Sub
```

4）当使用地址传递时，调用过程 chang 2：

```
Sub chang 2( A As Integer,B As Integer)          ‘地址传递
    A = A + B
    B = A - B
End Sub
```

当单击“值传递”按钮时，程序运行结果如图 8-9 所示。

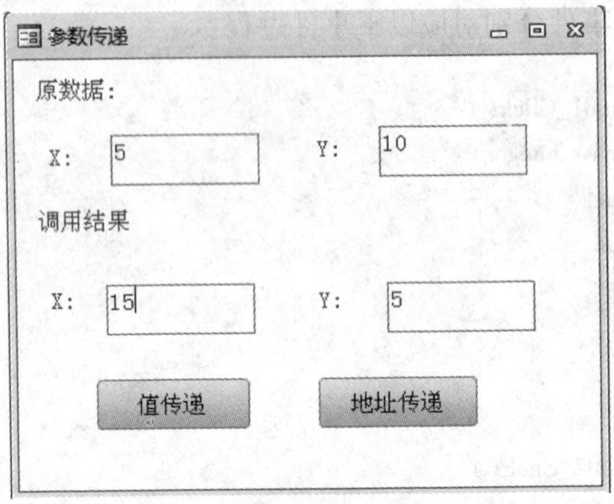

图 8-9　【例 8.3】的运行结果

8.2　VBA 程序设计基础

VBA 是 Visual Basic for Application 的缩写，具有与 Visual Basic 相同的语言功能。

VBA 是新一代标准宏语言。与传统的宏语言不同，传统的宏语言不具有高级语言的特征，没有面向对象的程序设计概念和方法。而 VBA 提供了面向对象的程序设计方法，提供了相当完整的程序设计语言。

Office 软件中的 Word、Excel、Access、PowerPoint 都可以利用 VBA 来提高这些软件的应用效率，例如，通过一段 VBA 代码，可以实现对象的切换；实现复杂逻辑的统计（比如从多个表中，自动生成按合同号来跟踪生产量、入库量、销售量、库存量的统计清单）等。

8.2.1　VBA 中的基本概念

1. 面向对象程序设计

（1）对象和类

对象是面向对象方法中最基本的概念，可以用对象来表示客观世界中的任何实体，对象是对实体的抽象。在面向对象的程序设计方法中，对象是由数据及其相关操作组成的封装体，是系统中对客观事物的某一实体的描述，是构成系统的一个基本单位，由一组表示其静态特征的属性和可执行的一组操作组成。这些操作描述了对象执行的功能，是对象的动态属性，操作也称为方法或服务。

对象的基本特点：标识唯一性；分类性；多态性；封装性；模块独立性。

类是指具有共同属性、共同方法的对象的集合。类是关于对象性质的描述。类是对象的抽象，而对象是其对应类的一个实例。

（2）面向对象程序设计的主要特征

1）封装性：封装是一种信息隐蔽技术，它体现在类的说明上，是对象的重要特性。封装使数据和加工该数据的方法（函数）封装为一个整体，以实现独立性很强的模块，使得用户只能见到对象的外特性（对象能接受哪些消息，具有哪些处理能力），而对象的内特性（保存内部状态的私有数据和实现加工能力的算法等）对用户是隐蔽的。封装的目的在于把对象的设计者和使用者分开，使用者不必知晓行为实现的细节，只需用设计者提供的消息来访问该对象。

2）继承性：继承性是子类自动共享父类的数据和方法的机制。它由类的派生功能体现。一个类直接继承其父类的全部描述，同时可以修改和扩充。继承具有传递性。继承分为单继承（一个子类只有一个父类）和多重继承（一个子类有多个父类）两种。类的对象是各自封闭的，如果没继承性机制，则类对象中数据、方法就会出现大量重复。继承不仅支持系统的可重用性，而且还促进系统的可扩充性。

3）多态性：多态性是指同样的消息被不同的对象接受时可能导致完全不同行动的现象。利用多态性，用户可以发送一个通用的信息，而将所有的实现细节都留给接受消息的对象自行决定，如果是，同一消息即可调用不同的方法。

（3）对象的三要素

一般从三个方面来描述对象：特征、行为和动作，在计算机中分别表示为：属性、方法和事件。

1）属性：指对象的特征，用数据来描述对象的外观、状态等信息。例如，标签的名称、标题等。

其格式为:对象名. 属性

例如，标签 Label1 的标题属性表示为：Label1. Caption。

2）方法：指对象的行为，用对象中的代码来实现。例如，命令按钮的 Move 方法。

其格式为:对象名. 方法

例如，命令按钮 Command1 的 SetFocus 方法：Command1. SetFocus。

此条语句的含义是:让 Command1 获得焦点。

3）事件：指对象可以识别和响应的预定义动作。例如：命令按钮 Command1 的 Click 事件。

每个对象的某一事件只能对应一个事件过程，例如，Command1 的 Click 事件对应的事件过程为 Command1_Click。可以在事件过程体内添加相应的语句，以使对象在事件发生时进行相应的操作。例如，下列语句实现单击 Command1 时弹出消息框，上面显示“我是一名大学生!”。

```
Private Sub Command1_Click( )
    MsgBox "我是一名大学生!"
End Sub
```

2. VBA 程序的书写规则

1）VBA 中的英文字母不区分大小写。

2）多条语句可以写在同一行，但语句间用冒号（:）作间隔。

3）可以将一条语句分成多行来写，但需要用续行符“_”。

4）合理添加注释：用单引号“‘”或 Rem 语句作为注释内容的开始。用单引号时可以将注释放在行末，也可以作为一个单独的语句行；而 Rem 语句只能作为一个单独的语句行出现。**注意：**注释不会参与程序的执行。

8.2.2 数据类型

1. VBA 中常用基本数据类型。

表 8-1 中列出了 VBA 中常用的基本数据类型及参数。

表 8-1 VBA 中常用数据类型及参数

数据类型	类型标志	VBA 类型名	占字节数	取值范围
字节型		Byte	1	0 ~ 255
整型	%	Integer	2	-32 768 ~ 32 767
长整型	&	Long	4	-2 147 483 648 ~ 2 147 483 647
单精度浮点型	!	Single	4	负数：-3.402823E38 ~ -1.401298E-45 正数：1.401298E-45 ~ 3.402823E38
双精度浮点型	#	Double	8	负数：-1.79769313486231E308 ~ -4.94065645841247E-324 正数：4.94065645841247E-324 ~ 1.79769313486232E308
小数型		Decimal	12	小数点右边的数字个数为 0 ~ 28
货币型	@	Currency	8	-922，337，203，685，477.5808 ~ 922，337，203，685，477.5807
布尔型		Boolean	2	True 或 False
日期型		Date	8	100 年 1 月 1 日 ~9999 年 12 月 31 日
字符型	$	String	与文本长度有关	定长：1 ~ 约 65500 个　变长：0 ~ 20 亿
对象型		Object	4	任何对象引用
变体型		Variant	数字：16 字符：22 + 文本长	0 ~ 20 亿

说明：

1）字符型：分定长串和变长串两种，将在变量内容部分进行介绍。

2）布尔型：取值为 True 或 False。当布尔型值转换为其他类型时，True 为 -1，False 为 0；反之 0 为 False，一切非 0 值为 True。

3）日期型：其常量表示时以“#”号为定界符，如#2014-5-21#。

4）变体型：可以包含除定长字符串与用户自定义类型外的其他任意数据类型。

2. 用户自定义数据类型

用户可以根据需要自己定义一种数据类型。

其定义格式为：

```
[Private|Public] Type 自定义数据类型名
数据元素名1  As  <数据类型>
数据元素名2  As  <数据类型>
  ……
数据元素名n  As  <数据类型>
End Type
```

注意：声明自定义数据类型时，如果是放在类模块的声明部分，则必须限定为 Private。

例如，对学生的数据进行操作时，需用到其学号、姓名、性别和年龄等数据，此时可以定义一种新的数据类型，统一对这些数据进行操作：

```
Type   Student                    '定义 Student 自定义数据类型
    Num   as   String * 10        '包含的第一个元素 Num 为定长串,限定 10 个字符
    Name   as   String * 8
    Sex   as   String * 1
    Age   as   Integer
End Type
```

当 Student 数据类型定义后，便可以通过变量来使用此数据类型。

例如：

Dim stu as Student ‘声明变量 stu 为 Student 类型。变量的含义在下一小节介绍。

然后为变量 stu 的各个元素赋值：

```
Stu. Num = "2014422001 "
stu. Name = "张三"
stu. Sex = "男"
stu. Age = 18
```

也可使用 With 语句：

```
With Stu
    . Num = "2014422001 "
    . Name = "张三"
    . Sex = "男"
    . Age = 18
End With
```

8.2.3 常量与变量

1. 常量（或称常数）

常量是指在程序运行时，其值不能被改变的量。可以将一些经常使用的数据定义为常量，比如：可以用 pai 代表 3. 1415926，这样在程序中用到 3. 1415926 时就可以用 pai 代替，如半径为 2. 5 的圆的面积为：pai * 2. 5^2。另外，如果以后要修改为 3. 14，则只需改变常量 pai 的定义语句即可，而不用在程序中搜索 3. 1415926 进行修改，这样可以大大提高程序的可维护性和可读性。

VBA 中一般有 4 种常量。

（1）直接常量

直接常量是指直接给出的数据，可以是数值型、日期型、字符型等。

例如：20. 5，" Welcome "，#2014 - 3 - 23 14:20:40#等都是直接常量。

(2) 符号常量

符号常量是指由用户自己定义的符号来代替某个数据。如前面用 pai 代表 3.1415926，pai 是用户自己定义的，它就是符号常量。

注意：符号常量需要先定义，然后才能使用。

符号常量的定义格式为：

```
[Private|Public] Const 符号常量名 [As 数据类型|类型标志符] = 表达式
```

例如：

```
Private Const pai = 3.1415926                                    '声明私有常量 pai,代表 3.1415926
Public Const Num As Long = 1000000                               '声明公共长整型常量 Num,代表 1000000
Const mDate = #2014-6-1#, XH As String = "H2014435001"          '声明日期型常量 mDate,代表 2014-6
                                                                  -1;字符型常量 XH,代表 H2014435001
```

注意：在模块的声明部分定义符号常量时，省略 Private 或 Public 时默认为 Private；而在过程中定义符号常量时既不能用 Private 也不能用 Public。

(3) 固有常量

固有常量是指 Access 2010 或引用库中预先定义好的常量，可以直接使用。例如：acNormal，acLeftButton 等。

所有的固有常量都包含在类型库中，并显示在“对象浏览器”下。Access 2010 包含 Access、ActiveX 数据对象（ADO）、数据访问对象（DAO）和 Visual Basic 的类型库。

这些固有常量不再一一列举，以后将在数据库应用过程中不断接触到。

(4) 系统常量

主要有：True、False、Yes、No、On、Off、Null 等。

2. 变量

变量是程序运行期间其值可以不断发生变化的量。实际上变量引用了计算机中某一内存地址，该地址空间中可以存储 VBA 运行时可更改的某类数据。例如，可以创建一个名为 cCount 的变量来存储循环的执行次数。

使用变量并不需要了解内存地址，只需通过变量名引用变量就可以查看或更改变量的值。

(1) 变量的命名规则

变量的命名必须遵循以下规则。

1) 必须以字母或汉字开头，由字母、汉字、数字或下画线组成。**注意：**读者应尽量避免在变量名中使用汉字。

2) 名称的长度不能超过 255 个字符。

3) 名称不能与 VBA 本身的过程、语句以及方法的名称相同。例如，If、While、Loop、Len、Format、MsgBox 等。

4) 不能在同范围的相同层次中使用重复的名称。例如，不能在同一过程中声明两个命名为 Age 的变量。

例如，strName1，intMax_Length，intLesson，strNo3 等是合法的变量名，而 A&B，all

right，3M，_Number 等是非法的变量名。

注意：

1）VBA 中是不区分字母大小写的（例如，ABC、aBc、abc 等都是一样的），但是会自动保持声明时名称的状态。

2）变量的命名规则同样适用于过程名、对象名、常量名和参数名称。

（2）变量的声明

VBA 中允许变量不声明就使用，此时这个变量将被看作是 Variant 类型。但对于初学者而言，变量不声明就使用非常容易出错，而且在大多数编程语言中变量必须先声明再使用，所以建议读者在学习过程中应养成先声明变量然后使用的习惯。

为避免出现未声明的变量，可在模块的声明部分添加 Option Explicit 语句，强制模块中所有变量先声明后使用。

变量的声明格式为：

```
{Dim|Private|Public|Static}变量名 1 [As 数据类型|类型标志符] [,变量名 2 [As 数据类型|类型标志符]]…
```

例如：

```
Dim A1 as Integer ,B as date,C!,D   '声明整型变量 A1,日期型变量 B,单精度型变量 C,变体型
                                     变量 D,都为局部变量
Public Lg&                          '声明 Lg 为长整型公共变量
Dim str1 As String * 10 ,str2 As String'声明 str1 为定长字符型变量,str2 为变长字符型变量
```

其中，str1 被限制只能最多容纳 10 个字符。

```
Static  A ,B  As  Integer           'A 为变体型静态变量,而 B 为整型静态变量
```

其中，省略“As 数据类型 | 类型标志符”时，将认为变量为 Variant 类型，所以 A 为变体型。

（3）变量的作用域

1）过程级：用 Dim 或 Static 在过程中声明的变量，仅在此过程中可见。但两者有区别：Dim 声明的过程级变量，其所指向的内存空间随过程的结束而被释放掉；而 Static 声明的变量，其所指向的内存空间则会保留。

例如，新建一个窗体，在窗体中添加一个标签 Label1（标题为 1）和命令按钮 Command1（标题为“改变标签的值”）。单击 Command1 时声明整型变量 X，然后 X 执行加 1 操作，接着将 Label1 的标题赋值为 X 的值。

运行该窗体，并多次单击 Command1，观察结果（声明整型变量 X 时：首先用 Dim 声明后运行，然后改为用 Static 声明后运行（如图 8-10 所示），看看两者的区别）。

2）模块级：用 Dim 或 Private 在标准模块或类模块的声明部分声明的变量，在此模块中可见。

图 8-10　用 Static 声明后运行

注意：如果在此模块中某一过程内声明了同名的过程级变量，则在此过程执行时过程级变量有效，而模块级变量无效，所以应避免模块级和过程级变量同名。

3）全局级：用 Public 在标准模块或类模块中的声明部分声明的变量，在数据库所有项目的任何过程中都可见。

注意：在类模块中声明的全局变量，在其他模块中使用时，必须指明该变量是哪一类模块中的，即：类模块对象名．变量。

另外，如果这个类模块被关闭了，则在其中声明的所有全局变量也不能再使用，所以应避免在类模块中声明全局变量或全局过程。

不同的标准模块中允许定义相同名称的全局变量或全局过程，此时外部引用需要使用“模块对象名．变量”或“模块对象名．过程”的形式。

例如，定义了两个模块对象 Module1 和 Module2，其中都定义了公共常量 PAI 和过程 P( )，相应的引用形式如下：

```
Module1. PAI        Module1. P( )
Module2. PAI        Module2. P( )
```

但为简化程序操作，在实际应用中应尽量避免在多个标准模块中定义相同名称的全局变量或全局过程。

（4）用 DefType 语句声明变量

用 DefType 语句可以在标准模块或窗体模块的声明部分统一声明所有以某个字母开头的变量。

```
其格式为:DefType   字母范围 [,字母范围]
```

DefType 可以是表 8-2 中列举的语句。

表 8-2　DefType 语句

DefType 语句	数据类型	DefType 语句	数据类型
DefBool	Boolean	DefDbl	Double
DefByte	Byte	DefDate	Date
DefInt	Integer	DefStr	String
DefLng	Long	DefObj	Object
DefCur	Currency	DefVar	Variant
DefSng	Single		

例如：DefStr a－c。

这个语句是指所有以 a，b 或 c 开头的变量都是字符型，不过 DefType 语句的优先级低于前面介绍的变量声明语句。例如，如果后面的程序中有声明语句 Dim a1 As Integer，则 a1 为整型而不是字符型。

8.2.4 运算符和表达式

VBA 提供了多种类型的运算符来完成数据的运算和处理，这些运算符主要包括四种类型：算术运算符、文本连接运算符、关系运算符和逻辑运算符。

1. 算术运算符

算术运算符是用来进行数学计算的运算符，具体含义如表 8-3 所示。

表 8-3 算术运算符

优先级	运算	运算符	举例	结果
高	乘方（幂）	^	3^2	9
↓	取负	-	-3^2	-9
↓	乘、浮点除	* /	5 * 3/2	7.5
↓	整除	\	9 \ 2 * 3	1
↓	取余	Mod	15 * 3 Mod 8 \ 2	1
低	加、减	+ -	5 + 2 * 3 - 4	7

注意：

1）算术表达式不允许省略乘法符号。

2）改变子表达式的优先级时只能使用小括号，其他类型的括号一概不能用。

例如，表达式(15 * (3 Mod 8) \2)^3 的值为 10648，此表达式运算顺序是：

1）3 Mod 8。

2）15 * 3。

3）45 \ 2。

4）22^3。

2. 文本连接运算符：& 和 +

格式为：

1）字符表达式 + 字符表达式。

2）表达式 & 表达式。

例如：

```
Vstr = "Visual" + "Basic "                    '将两个文本连接为一个文本"Visual Basic"
Label1. Caption = "第" & N & "条记录"      '若 N 的值为 1,则标签 Label1 上显示"第 1 条记录"
```

说明：

1）使用“+”号时，要求参与连接的两个表达式必须均为字符型，如以下表达式都是错误的：10 + "分","第" +2 + "页"。

2）使用“&”号时，连接的两个表达式可以为除对象型外的任意类型，但结果为字符型。

例如，表达式" 当前日期：" & #10/8/2002# 的结果为：" 当前日期：2002 –10 –8 "。

因为“ + ”既是算术运算符又是文本连接运算符，所以容易混淆，建议在文本连接运算时只使用“&”。

3. 关系运算符

关系运算符用来对两个表达式的值进行比较，比较的结果是一个逻辑值：True 或 False。常用的关系运算符有六种，如表 8–4 所示，这些运算符的优先级相同。

表 8–4 关系运算符

关系运算符	表示的关系	举 例	结 果
=	等于	35 =34	False
< >	不等于	35 < >34	True
<	小于	35 <34	False
<=	小于等于	35 <=34	False
>	大于	35 >34	True
>=	大于等于	35 >=34	True

注意：不能写关系表达式 3 <= X <= 7，VBA 中的关系表达式不能出现两个以上的关系运算符。

想要描述这种表达式，应使用逻辑运算，写为：X >=3 And X <=7。

另外，还有 Is 和 Like 两个比较运算符。Is 用于比较两个对象的引用变量；Like 用于比较两个文本是否匹配，例如，"abc" Like" * ab * " 的结果为 True。

4. 逻辑运算符

逻辑运算符用来对两个逻辑量进行逻辑运算，结果仍为逻辑值。逻辑运算符主要有六种，如表 8–5 所示。

表 8–5 逻辑运算符

优 先 级	运 算 符	运 算	意 义
高	Not	非	真变假，或假变真
↓	And	与	两个表达式都为真时结果为真，否则为假
	Or	或	两个表达式都为假时结果为假，否则为真
	Xor	异或	两个表达式都为真或都为假时结果为假，否则为真
	Eqv	等价	两个表达式都为真或都为假时结果为真，否则为假
低	Imp	蕴含	当第一个表达式为真，且第二个表达式为假时，结果为假，否则为真

通常使用最多的逻辑运算符是：Not 、And 和 Or。

逻辑运算符的真值表如表 8–6 所示。

表 8-6 逻辑运算符

X	Y	Not X	X And Y	X Or Y	XXor Y	XEqv Y	X Imp Y
True	True	False	True	True	False	True	True
True	False	False	False	True	True	False	False
False	True	True	False	True	True	False	True
False	False	True	False	False	False	True	True

5. 四种运算符的优先级关系

算术运算符 > 文本连接运算符 > 关系运算符 > 逻辑运算符。

优先级：高————————→低。

8.2.5 VBA 中常用的语句

1. 赋值语句

赋值语句是 VBA 中使用最多的语句之一，一般用于给变量和对象的属性赋值。

其格式为：

1）变量名 = 表达式。

2）自定义数据类型变量名．元素名 = 表达式。

3）对象名．属性 = 表达式。

说明：赋值语句是将赋值符号“ = ”右端表达式的值赋值给左端，所以赋值语句先计算右端表达式，然后再赋值。

例如：

```
Minfo = InputBox("请输入用户名:")   '将输入框中输入的内容赋值给变量 Minfo
Text3. Value = x                 '将 x 的值赋值给文本框 Text3,即在文本框 Text3 中显示 x 的值
stu. Name = "张三"                '为自定义类型变量 stu 的 Name 元素赋值为"张三"
```

2. InputBox 函数（输入框）

InputBox 函数提供了一个简单的信息输入对话框，并返回用户输入的字符信息。其格式为：

```
变量 = InputBox(prompt [,title] [,default] [,xpos] [,ypos])
```

各项参数的含义如表 8-7 所示。

表 8-7 参数的含义

参　数	参 数 含 义
Prompt	必选参数，在对话框中显示的提示信息。如果 prompt 包含多个行，则可在各行之间用回车符（Chr（13））、换行符（Chr（10））来分隔
Title	可选参数。设置对话框的标题
Default	可选参数。设置默认输入的字符。如果省略 default，则文本框为空
Xpos	可选参数。设置对话框距屏幕左边界的距离，应与 Ypos 同时设置。如果省略 xpos，则对话框会在水平方向屏幕居中显示
Ypos	可选参数。设置对话框距屏幕上边界的距离，应与 Xpos 同时设置。如果省略 ypos，则对话框被放置在屏幕垂直方向距下边大约三分之一的位置

例如，Minfo = InputBox（"请输入用户名："，"用户输入"，"张三丰"）。

该语句执行后将弹出“用户输入”对话框，如图 8-11 所示。

图 8-11 “用户输入”对话框

3. MsgBox 语句（消息框）

MsgBox 语句将弹出一个消息对话框，并等待用户单击消息对话框上的按钮，以使程序继续执行。

MsgBox 语句有两种格式：

1）函数格式：变量 = MsgBox（prompt［，buttons］［，title］）。

2）过程格式：MsgBox prompt［，buttons ］［，title］。

其中：prompt 和 title 与 InputBox 的参数含义相同，Buttons 的含义如表 8-8 所示。

表 8-8 Buttons 的含义

类 别	常 数	值	描 述
设置消息框中显示的按钮（六选一）	vbOKOnly	0	只显示 OK 按钮
	VbOKCancel	1	显示 OK 及 Cancel 按钮
	VbAbortRetryIgnore	2	显示 Abort、Retry 及 Ignore 按钮
	VbYesNoCancel	3	显示 Yes、No 及 Cancel 按钮
	VbYesNo	4	显示 Yes 及 No 按钮
	VbRetryCancel	5	显示 Retry 及 Cancel 按钮
设置消息框中显示的图标（四选一）	VbCritical	16	显示 Critical Message 图标
	VbQuestion	32	显示 Warning Query 图标
	VbExclamation	48	显示 Warning Message 图标
	VbInformation	64	显示 Information Message 图标
设置消息框中哪个按钮是默认的	vbDefaultButton1	0	第一个按钮是默认值
	vbDefaultButton2	256	第二个按钮是默认值
	vbDefaultButton3	512	第三个按钮是默认值
	vbDefaultButton4	768	第四个按钮是默认值
强制返回方式	vbApplicationModal	0	应用程序强制返回；应用程序一直被挂起，直到用户对消息框做出响应才继续工作
	vbSystemModal	4096	系统强制返回；全部应用程序都被挂起，直到用户对消息框做出响应才继续工作

例如：

```
Minfo = MsgBox("你确定要删除吗?" ,4 +48 +256 ,"提示")
```

消息框的样式如图 8-12 所示。

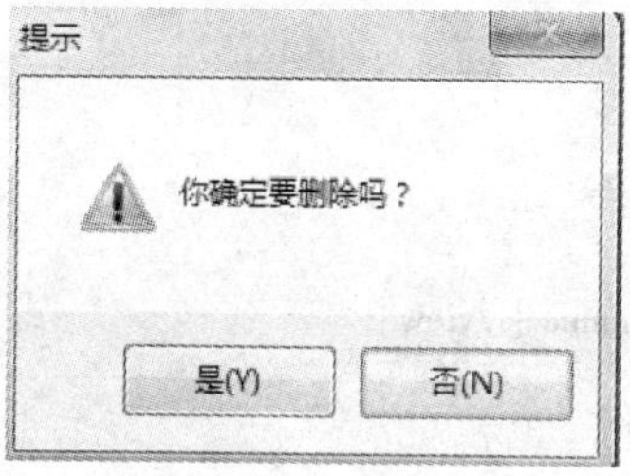

图 8-12　消息框

```
MsgBox    "程序将立即结束!",64 ,"提示"
```

注意：过程格式不能带括号。

MsgBox 函数会返回一个数值，返回值如表 8-9 所示。

表 8-9　MsgBox 函数的返回值

常　数	值	当单击了以下按钮时
vbOK	1	OK
vbCancel	2	Cancel
vbAbort	3	Abort
vbRetry	4	Retry
vbIgnore	5	Ignore
vbYes	6	Yes
vbNo	7	No

例如：执行“Minfo = MsgBox（" 你确定要删除吗?"，4 +48 +256，" 提示"）”语句后，当单击“是”按钮时，Minfo 的值为 6。

4. 打开和关闭操作

在 VBA 中打开和关闭操作主要使用 DoCmd 对象来实现。

DoCmd 对象有许多方法可以在 Visual Basic 中运行 Access 的操作，这些操作用于执行诸如关闭窗口、打开窗体及设置控件值等任务。

（1）打开窗体操作

其格式为：

```
DoCmd. OpenForm    formname    [ ,view]
```

说明：

1）Formname：文本表达式，表示当前数据库中窗体的名称。

2）View：可使用以下固有常量：acDesign、acFormDS、acNormal（默认值）和 acPreview。这些固有常量表示以何种视图打开窗体，它们分别为：设计视图、数据表视图、窗体视图和预览视图。

例如，用设计视图打开“人员信息维护窗体”。

```
DoCmd.OpenForm  "人员信息维护窗体",  acDesign
```

（2）打开报表操作

其格式为：

```
DoCmd.OpenReport   reportname［,view］
```

说明：

1）reportname：文本表达式，表示当前数据库中报表的名称。

2）View 可使用以下固有常量：acViewDesign、acViewNormal（默认值）和 acViewPreview。这些固有常量表示以何种视图打开报表，它们分别为：设计视图、报表视图和打印预览视图。

例如，打印预览“库存查询报表”。

```
DoCmd.OpenReport   "库存查询报表",acViewPreview
```

除此之外，DoCmd 对象还可以用于打开数据表、查询、宏，模块等，例如：

```
DoCmd.OpenQuery   "售书汇总查询",acViewDesign   '打开"售书汇总查询"的设计视图
DoCmd.OpenTable   "图书信息表",acViewNormal     '打开"图书信息表"的数据表视图
```

（3）关闭操作

其格式为：

```
DoCmd.Close［objecttype,objectname］,［save］
```

其中各项参数说明如表 8-10 所示。

表 8-10　Close 参数

参　数	说　明
objecttype	可以是下列固有常量：acDataAccessPage、acDefault（默认值）、acDiagram、acForm、acMacro、acModule、acQuery、acReport、acServerView、acStoredProcedure 和 acTable 注意：如果关闭“Visual Basic 编辑器”（VBE）中的一个模块，则必须在 objecttype 参数中使用 acModule
objectname	文本表达式，代表有效的对象名称，该对象的类型由 objecttype 参数指定
save	可以是下列固有常量之一：acSaveNo、acSavePrompt（默认值）和 acSaveYes

例如，关闭名为 frmstuinf 的窗体，如果此窗体设计修改时没有保存，则会提示“是否保存”。

```
DoCmd.Close acForm,"frmstuinf"
```

注意：如果不带任何参数，DoCmd.Close 将关闭活动窗口。

8.2.6 VBA 中的常用标准函数

前面模块小节中介绍的函数过程是用户自定义函数，而在 VBA 中有许多预先定义好的函数，用户可以直接拿来使用，以此简化程序编辑过程。

VBA 中的常用标准函数主要有：数学函数、文本函数、日期/时间函数、转换函数和域聚合函数等。

1. 数学函数

数学函数如表 8-11 所示。

表 8-11 数学函数

函 数	功 能	实 例
Abs（N）	返回 N 的绝对值	Abs（-3.5）值为 3.5
Int（N）	返回小于 N 的最大整数	Int（-8.6）值为 -9 Int（8.6）值为 8
Fix（N）	返回 N 的整数部分	Fix（-8.6）值为 -8 Fix（8.6）值为 8
Exp（N）	计算 e 的 N 次方，返回双精度数	Exp（3）值为 20.0855
Log（N）	计算以 e 为底的 N 的对数值，返回双精度数	Log（10）值为 2.302585
Sqr（N）	计算 N 的平方根，返回双精度数	Sqr（4）值为 2
Rnd（[N]）	产生一个 0～1 的单精度随机数；与 Randomize 语句配合使用将产生不同的随机序列。若需要产生［N，M］之间的随机整数，则可以使用公式：Int（（M-N+1）*Rnd（）+N）	生成［60，90］之间的随机整数： Int（Rnd（）*（90-60+1）+60）
Sin（N）	计算 N 的正弦值，返回双精度数	Sin（0）值为 0
Cos（N）	计算 N 的余弦值，返回双精度数	Cos（0）值为 1
Tan（N）	计算 N 的正切值，返回双精度数	Tan（0）值为 0
Sgn（N）	返回自变量 N 的符号：N>0 时为 1；N=0 时为 0；N<0 时为 -1	Sgn（-5）值为 -1
Round（N，m）	将数字 N 保留 M 位小数	Round（3.4501，1）值为 3.5 Round（3.45，1）值为 3.4

2. 文本函数

文本函数如表 8-12 所示。

表 8-12 文本函数

函 数	功 能	实 例
Left（C，N）	获取文本 C 中左起的 N 个字符	Left（" Welcome"，3）值为 " Wel"
Right（C，N）	获取文本 C 中右起的 N 个字符	Right（" Welcome"，4）值为" come"

（续）

函　数	功　能	实　例
Mid（C，N1，[N2]）	从第 N1 位开始获取文本 C 中的 N2 个字符，如果省略 N2，则是从第 N1 位开始到末尾	Mid（"abcderfs"，2，3）值为"bcd" Mid（"abcderfs"，2）值为"bcderfs"
Len（C）	返回文本 C 中字符的个数	Len（"Visual Basic"）值为 12
Space（C）	返回 N 个空格	"a" & Space（2）&"b" 值为"a　b"
Ucase（C）	将小写字母转换为大写字母	Ucase（"abc"）值为"ABC"
Lcase（C）	将大写字母转换为小写字母	Lcase（"ABcD"）值为"abcd"
String（N，C）	返回 N 个 C 中的第一个字符	String（4，"ABcD"）值为"AAAA"
InStr（[N,] C1，C2）	从文本 C1 的第 N 个字符开始查找 C2，返回其在 C1 中 N 个字符后第一次出现的位置	InStr（"afgcdefgefghy"，"fg"）值为 2 InStr（3，"afgcdefgefghy"，"fg"）值为 7 InStr（"afgcdefgefghy"，"eg"）值为 0
Replace（C，C1，C2）	将文本 C 中与 C1 相同的字符替换为 C2	Replace（"她是河北大学的大学生"，"大"，"小"）值为"她是河北小学的小学生"

3. 日期/时间函数

日期/时间函数如表 8-13 所示。

表 8-13　日期/时间函数

函　数	功　能	实　例	结　果
Date	返回本机上系统当前日期		
Now	返回本机上系统当前日期和时间		
Year（D）	返回日期 D 中的年份	Year（#2014－10－6#）	2014
Month（D）	返回日期 D 中的月份	Month（#2014－10－6#）	10
Day（D）	返回日期 D 中的日期	Day（#2014－10－6#）	6
Time	返回系统当前的时间		
WeekDay（D，[FirstDay]）	返回日期 D 在一周中所处的天数，默认周日为第一天，可以设定一周中任一天为第一天	WeekDay（#2014－10－14#） WeekDay（#2014－10－14#，vbMonday）	3 2

4. 转换函数

转换函数如表 8-14 所示。

表 8-14　转换函数

函　数	功　能	实　例	结　果
Asc（C）	获取 C 中第一个字符的 ASCII 码值	Asc（"ABCD"）	65
Chr（N）	将 ASCII 码值转换成字符	Chr（65）	A
Str（N）	将数值 N 转换为文本。 注意：有符号位。即 N 为三位正数时，转换后的文本为四个字符，第一位为空格	Str（120） Str（－120）	" 120" "－120"

（续）

函　数	功　能	实　例	结　果
Val（C）	将文本转换为数值，转换操作在遇到第一个非数字或空格的字符时停止。若第一个字符就是非数字或空格字符，则函数结果为0	Val（" 123b"） Val（" 1　23b"） Val（" b 123"）	123 123 0

5. 域聚合函数

域聚合函数如表 8-15 所示。

表 8-15　域聚合函数

函　数	功　能	实　例	结果
DCount（Expr，Domain，[Criteria]）	获得特定记录集内的记录数。Expr 指统计字段名，也可以是表达式；Domain 指数据表名或查询名；Criteria 为可选项，表示记录集进行统计的范围，相当于查询中的 Where 子句	统计学生选课表中综合成绩大于 90 分的人数：DCount（" 学号"," 学生选课表"," 考试成绩 *0.6 + 平时成绩 *0.4 >90"）	12
DLookup（Expr，Domain，[Criteria]）	从指定记录集内获取特定字段的值。*Expr*，*Domain*，*Criteria* 的含义同 DCount 函数	引用学生信息表中学号为 2012001001 的学生姓名：DLookup（"姓名"," 学生信息表"," 学号 =' 2012001001'"）	张洪硕

8.3　VBA 程序流程控制

VBA 中有三种基本的程序结构：顺序结构、选择结构和循环结构。

顺序结构是指程序中语句的执行是按照其先后顺序自上而下依次执行的。因为其简单易懂，所以在这里不再介绍。

下面主要介绍选择结构和循环结构。

8.3.1　选择结构

在实际应用过程中，经常需要根据给定的条件进行不同的操作，这就需要使用选择结构来实现了。选择结构相当于汉语中的“如果……，那么……，否则……”。

在选择结构中一般有两种语句：If 语句和 Select Case 语句。

1. If 语句

（1）行 If 语句

格式为：If　条件　Then　语句组 1　[Else　语句组 2]

如果条件成立则执行语句组 1，否则执行语句组 2 。

说明：

1）条件：可以是关系表达式或逻辑表达式，也可以是算术表达式，但是算术表达式的结果将由 VBA 强制转换为逻辑值：结果为 0 时代表 False，非 0 值代表 True。

2）该语句只能在同一行上书写，若语句组中有多条语句则用冒号分隔。

3）该语句自身还可嵌套使用。

例如：

```
If x > 85 Then Label1. Caption = "优秀" Else Label1. Caption = "良"   '如果 x 的值大于 85 则在 Label1 的标题上显示优秀，否则显示良
If x > y Then m = x - y : x = 1 Else m = y - x : y = 1                 '为 m 赋值为 x - y 的绝对值，并将 x 或 y 赋值为 1
```

（2）块 If 语句

格式为：

```
If 条件 Then
        语句组 1
[Else
        语句组 2 ]
End If
```

说明：

1）If - Then、Else 和 End If 都必须单独成行。

2）块 If 语句也可以进行嵌套使用，但应注意：要将待嵌入的 If 语句完整地嵌入到外层 If 语句的某一分支中。

例如，当 x > y 或 x < y 时，M 的值为 | x - y | ；如果 x = y 时，M 的值为 x + y。

```
If   x >= y   Then
        M = x - y
        If   x = y   Then  ┐
        M = x + y          │  If 语句完整地嵌入到外层 If 语句条件为 True 的情况下
    End If                 ┘
Else
        M = y - x
End If
```

（3）多分支 If 语句

其格式为：

```
If 条件 1   Then
      语句组 1
ElseIf 条件 2   Then
      语句组 2
ElseIf 条件 3 Then
```

```
        语句组 3
    …
    ElseIf 条件 n  Then
        语句组 n
    Else
        语句组 n+1
    End If
```

如果条件 1 成立则执行语句组 1，如果条件 2 成立则执行语句组 2，……。

注意：*如果在多分支 If 语句中有 Else 子句，则 Else 子句必须在所有 ElseIf 子句之后。*

例如，根据成绩设置级别，85 分及以上为优秀；70 至 84 分为良；60 至 69 分为合格；60 分以下为不合格。

假设成绩都是整数，并且已经存储在整型变量 cj 中，成绩级别在文本 Text1 中显示。

```
If  cj >= 85  Then
   Text1. Value = "优秀"
ElseIf  cj >= 70  Then
   Text1. Value = "良"
ElseIf  cj >= 60  Then
   Text1. Value = "合格"
Else
   Text1. Value = "不合格"
End If
```

2. Select Case 语句

如果分支过多，用 If 语句结构会比较复杂，可读性也比较差，此时可以采用 Select Case 语句来实现多分支结构。

Select Case 语句的格式为：

```
Select Case 测试表达式
        Case 表达式列表 1
                语句组 1
        [Case 表达式列表 2
                语句组 2]
                …
        [Case Else
                语句组 n]
End Select
```

根据测试表达式的值依次与每个 Case 后的表达式列表进行比较，当测试表达式的值出现在表达式列表中时，则执行相应的语句组。

其中，表达式列表有三种基本格式。

1）枚举式：列举所有值，以逗号间隔。例如：2，4，6，8。

2）闭区间式：从初值到终值，采用“初值 To 终值”的格式。例如：1 To 10。

3）Is 关系式：Is 关系表达式中只允许出现一个关系运算符，例如：Is >= 85，而 60 <= Is < 70 是错误的。另外，也不能用逻辑运算符连接两个 Is 表达式，例如：Is >= 60 And Is < 70，这也是错的。

说明：

1）当测试表达式一旦找到满足的表达式列表，就执行其后的语句，之后便退出 Select Case 语句，所以在各表达式列表中不要有交叉值。

2）表达式列表可以是三种基本格式的组合。

3）Case 子句的先后顺序不影响程序的运行结果，但对执行速度有影响。因此，应将出现概率高的情况写在前面。

4）Case Else 子句必须放在所有 Case 子句之后。

例如，仍然是根据成绩设置级别，85 分以上为优秀；70 至 84 分为良；60 至 69 分为合格；60 分以下为不合格。

假设成绩是整数，并已经存储在整型变量 cj 中，成绩级别在文本 Text1 中显示。

```
Select  Case  cj
        Case  Is >= 85
            Text1. Value = "优秀"
        Case  70 To 84
            Text1. Value = "良"
        Case  60,61,62,63,64,65,66,67,68,69
            Text1. Value = "合格"
        Case Else
            Text1. Value = "不合格"
End Select
```

3. IIf 函数

其格式为：

```
IIf(条件表达式,表达式 1,表达式 2)
```

说明：当条件表达式的结果为 True 时，函数返回表达式 1 的值，否则返回表达式 2 的值。

例如，当性别字段值为“男”时，文本框 TxtSex 中显示“先生”，否则显示“女士”。

```
TxtSex. Value = IIf(性别 = "男","先生","女士")
```

8.3.2　循环结构

在实际应用中，有许多时候需要重复执行某些语句，此时就需要使用循环结构了。在VBA中有三种循环语句：For循环、Do…Loop循环和While循环。

1. For循环

For循环一般用于循环执行次数已知的情况下。

其格式为：

```
For 循环变量 = 初值 To 终值 [Step  步长]
    语句块   ┐
[Exit For]   ├  循环体
    语句块   ┘
Next [循环变量]
```

说明：

1）Exit For语句可以强制从循环中退出。

2）步长
- >0　初值必须小于终值；当步长 = 1时，可省略Step子句。
- <0　初值必须大于终值。
- =0　如果在循环体内没有改变循环变量的语句，那么程序将死循环。

循环次数：int（（终值 - 初值）/步长 + 1）。

【例8-4】单击按钮Command1时计算1 ~ 100之间的偶数的和，将最后结果在文本框Text1中显示。

新建一个窗体，并在窗体上添加一个文本框Text1（对应标签的标题为“100以内偶数和”）和按钮Command1（标题为“计算”）。在Command1的单击事件过程中添加下列语句，并运行。

```
Dim i% ,s%                  '声明 i 和 s 两个整型变量,其初值为 0
For i = 2  To  100  step 2  '循环变量从 2 开始以 2 的速度递增到 100
   s = s + i                '循环体执行 50 次,s 记载累加的结果
Next i
Text1. Value = s
```

程序的执行结果如图8-13所示。

图8-13　100以内偶数的和

2. Do … Loop 循环

Do … Loop 循环不仅用于循环次数已知的情况，还可用于循环次数未知的情况。其语句格式有两种类型。

（1）先判断条件，然后执行循环体

```
Do [While|Until 循环条件]
        语句块
    [Exit Do]
    语句块
Loop
```

说明：

1）使用 While 时，指当循环条件为 True 时执行循环体，否则退出循环；而 Until 正好相反。

2）Exit Do 语句可以强制从循环中退出。

3）循环体可能一次也不执行。

【例 8-5】 Sum = 2 + 4 + 6 + … + N，现在求 Sum 不超过 10000 的最大整数值和数据项数 N。

```
SubQueSum( )
    Dim Sum As Integer,N As Integer
    Do While Sum <= 10000
            N = N + 2
            Sum = Sum + N
      Loop
      Sum = Sum - N        '最后一次判断循环条件为 False 时,Sum 应减去最后加的 N 值
      N = N - 2
      MsgBox "Sum = " & Sum &chr(10) & "N = " & N  '以消息的形式在消息框中分两行显示
End Sub
```

如果用 Do Until，只需要将条件改为：Sum > 10000。

（2）先执行循环体，然后判断条件

```
Do
    语句块
    [Exit Do]
    语句块
Loop [While|Until 循环条件]
```

说明：不管循环条件是否为 True，循环体至少执行一次。

例如，根据输入的值 N，求 Sum = 100 + 101 + 102 + … + N。

（1）先判断条件，然后执行循环体

```
Dim N As Integer,I   As Intege ,Sum As Integer
N = Val(InputBox("输入 N 值:"))          '因为 InputBox 函数返回值为字符型,所以将其强
                                         制转换为数值型后,再赋值给 N,这样使得程序不
                                         会出错
I = 100
Do While I <= N
Sum = Sum + I
I = I + 1
Loop
```

程序执行后，如果输入 99，则循环不执行，Sum = 0。

（2）先执行循环体，然后判断条件

```
Dim N As Integer,I   As Integer,Sum As Integer
N = Val(InputBox("输入 N 值:"))     '因为 InputBox 函数返回值为字符型,所以将其强制转换
                                    为数值型后,再赋值给 N,这样使得程序不会出错
I = 100
Do
Sum = Sum + I
I = I + 1
Loop While I <= N
```

程序执行后，如果输入 99，则循环执行一次，Sum = 100。

3. While 循环

While 循环的用法与 Do While… Loop 循环大体类似，区别是 While 循环不能强制从循环中退出。

其格式为：

```
While 循环条件
    循环体
Wend
```

注意： Do … Loop 循环和 While 循环的循环体中必须有改变循环条件的语句，否则很有可能是死循环。

4. 循环嵌套构成多重循环

可以将一个完整的循环放入另一个循环中，形成多重循环。

例如：

```
For  i = 1  To  10
For  j = 1  To  10 ┐
    循环体          ├  [作为内层循环整个嵌入] (a)
    Next  j        ┘
Next i
```

以上语句也可写为：

```
For i = 1 To 10
    For j = 1 To 10
        循环体
Next j,i
```

（b）

```
For i = 1 To 10
    For j = 1 To 10
        循环体
    Next
Next
```

（c）

这三种表示的含义一样。

注意：（b）中的语句 Next j，i，不能写为 Next i，j，这会造成交叉嵌套。如果采用（b）的格式，Next 后面循环变量的顺序应为从内向外。

8.4 VBA 中的数组

数组是指具有相同类型和名称的变量的集合，这些变量称为数组的元素，每个数组元素都有一个编号，称为下标，可以通过下标来区别数组元素。比如，A 数组有 10 个元素，其中下标为 1 的元素记为 A(1)。

数组可以是一维数组、二维数组、三维数组等，二维以上的数组称为多维数组，最多可声明 60 维，但实际应用过程中一般不会超过三维。

另外，数组也分静态数组和动态数组两种类型。静态数组是指声明数组变量时就已经确定了数组的大小，且在运行过程中不能改变大小的数组。动态数组是指在声明时没有确定数组大小，而是在使用前重新为其分配大小的数组，并且数组的大小可以多次重新设定。

下面介绍静态数组和动态数组的声明。

1. 静态数组

声明格式为：

```
Public | Private | Dim | Static  数组名([下标下界 to] 下标上界 [,[下标下界 to] 下标上界] [,…]) [As 数据类型]
```

说明：

1）Public | Private | Dim | Static 的含义与前面介绍的变量声明语句相同。

2）数组元素默认最小下标值为 0，若要从 1 开始可以使用 Option Base 1 语句；若从其他值开始需要在声明时指定下标下界。

3）数组元素个数为(下标上界 - 下标下界) +1。

例如：

‘声明整型一维数组变量 marr1，它有 11 个数组元素。

```
Dim marr1(10)  As  Integer
```

‘声明整型一维数组变量 marr2，它有 8 个数组元素（即：10 - 3 +1）。

```
Dim marr2(3 To 10)  As  Integer
```

‘声明单精度型二维数组变量 marr3，它有 55 个数组元素（即：11 ×5）。

```
Dim marr3(10,4)  As  Single
```

‘声明字符型三维数组变量 marr4，它有 110 个数组元素（即：11 ×5 ×2）。

```
Dim marr4(10,4,1 To 2)  As  String
```

也可以使用类型标志符，例如：Dim marr1%(10)　‘声明整型一维数组变量 marr1。

注意：不要在使用时超过下标的范围，否则会产生“下标越界”错误。例如，上面声明的 marr2 数组，其下标范围是[3,10]，所以 marr2(1)是错的。

【例 8-6】声明一维数组 Darr，包含 10 个数组元素，并且下标从 1 开始。为每个数组元素赋值[1,99]之间的随机整数，然后求出数组中所有数据的和。

```
Dim Darr(1 To 10)  As  Integer  ‘声明整型一维数组变量 Marr,它有 10 个数组元素
Dim  i  As  Integer             ‘声明整型变量 i,它作为循环变量
Dim  sum  As  Integer           ‘声明整型变量 sum,存储数组中数据的和
For  i = 1  To  10
  Darr(i) = Int(99 * Rnd()) + 1  ‘为数组中的第 i 个元素赋值
  sum = sum + Darr(i)
Next
Msgbox"数组中数据的累加和为:" & sum
```

2. 动态数组

声明格式为：

```
Public | Private | Dim | Static    数组名()  [As 数据类型]
```

说明：

1）数组名后面的括号内必须为空。

2）动态数组的声明语句必须与 ReDim 语句配合使用，因为声明语句只是给数组变量起了个名字，并未为其分配空间。

ReDim 语句格式如下：

```
ReDim  [ Preserve ]  数组名(下标 1 [,下标 2…])
```

说明：

1）Preserve 是指保留数组中原有的数据。

2）ReDim 不仅可以改变数组的大小，也可改变维数；但若带有 Preserve 关键字，则只能改变最后一维的大小。

【例 8-7】新建一个窗体，并在窗体中添加一个命令按钮 Command1 和一个文本框 Text1。Command1 的单击事件过程如下：

```
Private Sub Command1_Click( )
Dim Darr( )   As   Integer          '声明整型一维动态数组变量 Darr
ReDim   Darr(1 to 5)                '设定数组 Darr 的大小为 5 个元素
Dim   i   As   Integer
For   i = 1   To   5
    Darr(i) = i ^2                  '将第 i 个数组元素赋值为其下标值的平方
Next
ReDim   Preserve   Darr(1 To 10)    '重新设定数组的大小为 10 个元素,且前 5 个元素仍保留原
                                     有值。如果不带 Preserve,则所有元素的值都为 0
For   i = 6   To   10
Darr(i) = i * 10          '为下标为 6 至 10 的数组元素赋值,分别为 60,70,80,90,100
Next
For   i = 1   To   10
    Text1. Value = Text1. Value   &Darr(i)   & ";"   '将数组中的所有元素值在文本框 Text1 中
                                                     显示,各值之间用";"号间隔
Next
      End Sub
```

程序执行结果如图 8-14 所示。

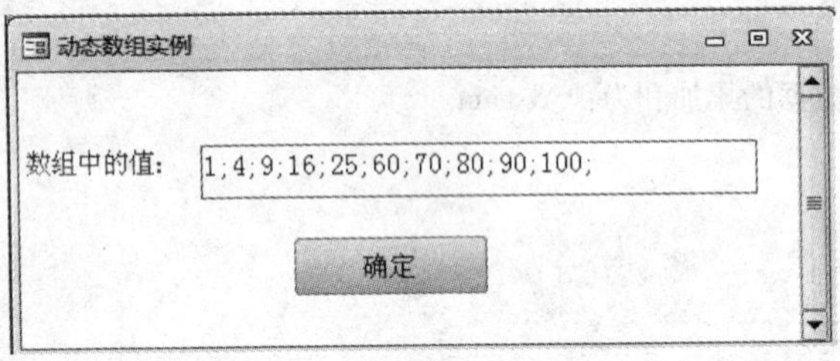

图 8-14　动态数组实例结果

注意：数组的操作往往需要与循环相结合，一维数组对应一重循环，二维数组对应二重循环，依次类推。

例如，为静态二维数组 Marr 赋值。

```
Dim Darr(1 To 3,4)   As   Integer
Dim   x   As   Integer, y   As   Integer
For   x = 1   To   3
  For   y = 0   To   4
    Darr(x,y) = x * 10 + y
  Next
Next
```

语句执行后，Darr 数组中的值如表 8-16 所示。

表 8-16 Darr 数组中的值

Darr(1,0) = 10	Darr(1,1) = 11	Darr(1,2) = 12	Darr(1,3) = 13	Darr(1,4) = 14
Darr(2,0) = 20	Darr(2,1) = 21	Darr(2,2) = 22	Darr(2,3) = 23	Darr(2,4) = 24
Darr(3,0) = 30	Darr(3,1) = 31	Darr(3,2) = 32	Darr(3,3) = 33	Darr(3,4) = 34

8.5 VBA 数据库编程

Access 数据库提供多种访问方式，包括：数据访问对象（Data Access Object，DAO）、对象链接和嵌入（OLE DB）、ActiveX 数据对象（ActiveX Data Object，ADO）、开放式数据库连接（Open Database Connectivity API，ODBC API），都可以访问 Access 数据库，本节主要介绍 DAO 和 ADO 两种方式。

8.5.1 数据库引擎及其接口

1. 数据库引擎

在 Access 2007 之前，Access 使用 Microsoft 连接性引擎技术（JET 引擎）进行数据访问。

所谓数据库引擎实际上是一组动态链接库（DLL），当程序运行时，DLL 被连接到 VBA 程序从而实现对数据库的数据访问功能。数据库引擎是应用程序与物理数据库之间的桥梁，它以一种通用接口的方式，使用户可以用统一的形式和相同的数据访问与处理方法来操作不同类型的物理数据库。

尽管 JET 通常被视为 Access 的一部分，但是 JET 引擎经常被当作一个独立的产品而使用。自从 Microsoft Windows 2000 发布之后，JET 已成为 Windows 操作系统的一部分，然后通过 Microsoft 数据访问组件（Microsoft Data Access Components，MDAC）分发或更新。但在 Access 2007 版本之后，JET 引擎已被弃用并不再通过 MDAC 进行分发。现在，Access 2010 改为使用集成和改进的 ACE（Access Control Engine）引擎，通过拍摄原始 JET 基本代码的代码快照来对该引擎进行开发。

ACE 引擎对以前版本的 JET 引擎完全向下兼容，以便从早期 Access 版本读取和写入(.mdb) 文件。由于 Access 现在拥有引擎，因此开发人员可以相信他们的 Access 解决方案不仅可以在未来继续使用，而且具有更快的速度、更强的可靠性和更丰富的功能。例如，对于 Access 2010 版本，除了其他改进，ACE 引擎还进行了升级，可以支持 64 位的版本，并从整体上增强了与 SharePoint 相关技术和 Web 服务的集成。

2. 数据访问接口

以下数据访问应用程序编程接口（Application Proglamung Interfoce，API）和数据访问层均可用于 Access 数据库编程：

1）数据访问对象（Data Access Object，DAO）。

2）对象链接和嵌入（OLE DB）。

3）ActiveX 数据对象（ActiveX Data Object，ADO）。

4）开放式数据库连接（Open Database Connectivity API，ODBC API）。

ACE 引擎实现以上所提及的三种技术的提供程序：DAO、OLE DB 和 ODBC。ACE DAO 提供程序、ACE OLE DB 提供程序和 ACE ODBC 提供程序通过 Access 产品分发，而 ADO 仍为 Microsoft Windows DAC 的一部分。许多其他数据访问编程接口、提供程序和系统级别的框架（包括 ADO 和 ADO. NET）均构建于这三个 ACE 提供程序之上。

在下面的小节中将主要介绍数据访问对象（DAO）和 Active 数据对象（ADO）。

另外，VBA 也可以访问其他类型的数据库。

1）ISAM 数据库：索引顺序访问方法（Indexed Sequential Access Method，ISAM）是一种索引机制，用于高效访问文件中的数据行。例如，dBase、FoxPro 等。

2）ODBC 数据库：遵循 ODBC（Open Database Connectivity）标准的客户机/服务器数据库。例如，Microsoft SQL Server、Oracle 等。

8.5.2 数据访问对象（DAO）

数据访问对象（DAO）是 VBA 提供的一种数据访问接口。包括数据库创建、表和查询的定义等工具，借助 VBA 代码可以灵活地控制数据访问的各种操作。

1. DAO 模型结构

1）DBEngine 对象：DBEngine 对象相当于 JET 数据库引擎，它是不需要创建就已经存在的对象，而且一个应用界面只能有一个 DBEngine 对象。DBEngine 对象位于 DAO 对象的顶层。

2）Workspace 对象：表示工作区。数据库必须在工作区中打开。

3）Database 对象：表示将要进行操作的数据库对象。

4）RecordSet 对象：表示数据操作返回的记录集。

5）Field 对象：表示记录集中的字段数据信息。

6）QueryDef 对象：表示数据库查询信息。

7）Error 对象：表示数据提供程序出错时的扩展信息。

2. 操作步骤

（1）连接数据源

例如，连接数据库"E:\图书销售管理系统 . accdb"。

```
Dim  ws  As  DAO. Workspace                    '声明工作区对象 ws
Dim  db  As  DAO. Database                     '声明数据库对象 db
Set  ws = DBEngine. Workspaces(0)              'ws 指向默认工作区
Set  db = ws. OpenDatabase("E:\图书销售管理系统 . accdb")  '在默认工作区中打开"E:\图书
销售管理系统 . accdb"数据库
```

（2）打开记录集对象

```
Dim  rs  As  DAO. Recordset                    '声明记录集对象 rs
Set  rs = db. OpenRecordset("图书销售表")       '返回"图书销售表"记录集
```

（3）打开字段对象

```
Dim BookSellNum  As DAO. Field                 '声明字段对象 BookSellNum
Set  BookSellNum  = rs. Fields("售书数量")      'BookSellNum 指向售书数量字段
```

(4) 操作记录集

对记录集中记录的访问往往是一条一条依次进行，可以通过移动记录集中记录指针的方式对每一条记录进行操作。当记录指针移动到记录集末尾时，EOF 函数值为 True ，所以经常使用此函数判断是否结束对记录集的访问。

例如，将“图书销售表”中“售书数量”字段的值加 2：

```
Do While Not rs. EOF          '当记录指针没有指向末尾时,rs. EOF 的值为 False
        rs. Edit              '设置当前记录为"编辑"状态
        BookSellNum   = BookSellNum   + 2      '改变“售书数量”字段的值
        rs. Update            '更新记录,保存售书数量值
        rs. MoveNext          '记录指针移动至下一条
Loop
```

(5) 关闭并回收对象变量

```
rs. Close
db. Close
Set rs = Nothing
Set db = Nothing
```

【例 8-8】 用 DAO 来完成“E:\图书销售管理系统 . accdb”数据库中“图书销售表”的“售书数量”字段值的修改操作。

“售书数量”的修改规则是：

1）“图书编号”字段末尾是“3”的记录，“售书数量”加 5。

2）“图书编号”字段末尾是“9”的记录，“售书数量”减 2。如果“售书数量”原本就小于 2，则不减。

本例将自定义 SetSellNumber 过程来实现。

```
Sub SetSellNumber( )
        Dim  ws  As  DAO. Workspace
        Dim  db  As  DAO. Database
        Dim  rs  As  DAO. Recordset
        Dim BookSellNum  As  DAO. Field, BookNum  As  DAO. Field
        Dim  Tmp  As  String
        ‘连接数据库“E:\图书销售管理系统 . accdb”,并返回“图书销售表”记录集
        Set  ws = DBEngine. Workspaces(0)
        Set  db = ws. OpenDatabase( "E:\图书销售管理系统 . accdb" )
        Set  rs = db. OpenRecordset( "图书销售表" )
        Set BookSellNum  = rs. Fields( "售书数量" )
        Set BookNum = rs. Fields( "图书编号" )
      '对“图书销售表”记录集用循环结构进行遍历
      Do While Not rs. EOF
```

```
            rs.Edit
            Tmp = Right(BookNum,1)          '获取图书编号的末位数字字符
            Select Case Tmp
                Case "3"
                    BookSellNum    = BookSellNum    +5    '售书数量的值加5
                Case "9"
                    If  BookSellNum > =2   Then   BookSellNum = BookSellNum  -2
                        '如果售书数量的值大于等于2,则作减2运算
            End Select
            rs.Update
            rs.MoveNext
        Loop
        '关闭并回收对象变量
        rs.Close
        db.Close
        Set rs = Nothing
        Set db = Nothing
End Sub
```

8.5.3 ActiveX 数据对象（ADO）

ActiveX 数据对象（ADO）是基于组件的数据库编程接口，它是一个和编程语言无关的 COM 组件系统，可以对来自多种数据提供者的数据进行读取和写入操作。

注意： 在 Access 2010 中要想使用 ADO 的各个组件对象，应该增加对 ADO 库的引用。其引用设置方式为：在 VBA 编程环境中，打开“工具”菜单并单击“引用”菜单项，即会弹出引用对话框，如图 8-15 所示，在从“可使用的引用”列表框中选中“Microsoft ActiveX Data Object6.0 Library”，单击“确定”按钮即可。

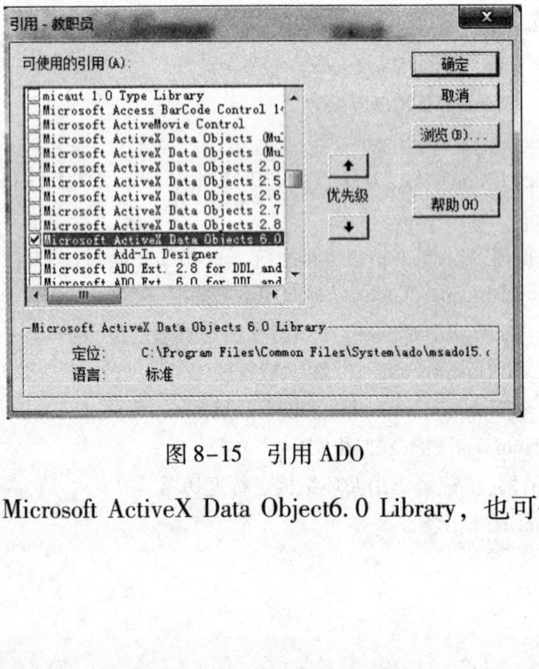

图 8-15　引用 ADO

如果计算机中没有 Microsoft ActiveX Data Object6.0 Library，也可使用 2.0 到 2.8 中任意版本的 ADO。

1. ADO 模型结构

1）Connection 对象：用于建立与数据库的连接。

2）Command 对象：在建立数据库连接后，可以用 Command 对象通过 SQL 语句实现对数据源的增、删、更新等操作。它可以完成 RecordSet 对象不能完成的工作，例如，创建表、修改表结构、删除表等。

3）RecordSet 对象：执行数据访问或 SQL 命令等得到的动态记录集，记录集被存放在内存中。

4）Fields 对象：表示记录集中的字段数据信息。

2. 操作步骤

（1）连接数据源

1）声明一个 Connection 对象。

2）初始化 Connection 对象（决定 Connection 对象与哪个数据库相连接）。

例如，连接指定的一个数据库“E:\图书销售管理系统.accdb”。

```
Dim  cn  As  New ADODB.Connection                   '声明连接变量 cn
strConnect = " E:\图书销售管理系统.accdb "          '设置连接数据库
cn.Provider = "Microsoft.jet.oledb.4.0"             '设置数据提供者
cn.Open  strConnect                                 '打开与数据源的连接
```

若要连接当前数据库，则可用下列语句：

```
Dim cnn  As  New ADODB.Connection                   '声明连接变量 cnn
Set cnn = CurrentProject.Connection                 '变量 cnn 指向当前数据库
```

（2）打开记录集对象或执行查询

1）声明 Recordset 对象。

2）创建 Recordset 对象实例。

3）打开 Recordset 对象。

例如，返回图书销售表中的所有记录。

```
Dim  rs  As  New ADODB.Recordset              '声明记录集对象 rs
strSQL = "select  *  from 图书销售表"         '设置查询语句
rs.Open strSQL,cn,adOpenDynamic,adLockOptimistic,adCmdText   '返回记录集
```

记录集的打开方式　数据的锁定方式　打开的对象

说明：

1）AdOpenDynamic：允许所有操作，可以对记录集进行添加、删除、更改。

2）adLockOptimistic：当数据源正在更新时，系统并不会锁住其他用户的动作，其他用户可以对数据进行增、删、改的操作。锁定方式还可以是以下几种。

- adLockReadOnly：数据处于只读状态。

• adLockPessimistic：编辑数据时即锁定数据源记录，直到数据编辑完成才释放。
• adLockOptimistic：编辑数据时不锁定，用 Update 方法提交数据时才锁定数据源记录。
• adLockBatchOptimistic：应用于批更新模式。

3）adCmdText：表示第一个参数是 SQL 语句。

（3）操作记录集

记录集的访问往往需要一条一条地进行，在记录集中有一个记录指针，初始时指向第一条记录，然后由记录集的 MoveNext 方法后移，直到末尾，此时记录集的 EOF 函数值为 True。

Recordset 记录集对象记录指针的移动方法有以下几种：

• MoveFirst 记录指针移到第一条记录。
• MoveNext 记录指针移到当前记录的下一条记录。
• MovePrevious 记录指针移到当前记录的上一条记录。
• MoveLast 记录指针移到最后一条记录。

注意：只有当记录指针指向记录集末尾时，EOF 函数的值才为 True。

例如，将"图书销售表"中"售书数量"字段的值加 2。

```
Set BookSellNum = rs. Fields("售书数量")
Do While Not rs. EOF                          '当记录没有移到末尾时
    BookSellNum   = BookSellNum + 2           '改变"售书数量"字段的值
    rs. Update                                '更新记录,保存售书数量字段值
    rs. MoveNext                              '记录指针移动至下一条记录
Loop
```

（4）关闭记录集和连接

```
rs. Close
cn. Close
```

【例 8-9】用 ADO 来完成前面例 8-8 的例子。

```
SubSetSellNumber()
    Dim  cn  As  New ADODB. Connection                  '连接对象
    Dim  rs  As  New ADODB. Recordset                   '记录集对象
    Dim  BookSellNum  As  ADODB. Field,BookNum As  ADODB. Field   '字段对象
    Dim  strConnect  As  String                         '连接字符串
    Dim  strSQL  As  String                             '查询字符串
    Dim  Tmp  As  String
    strConnect = " E:\图书销售管理系统 . accdb "          '设置连接数据库
    cn. Provider = "Microsoft. jet. oledb. 4. 0"          '设置数据提供者
    cn. Open  strConnect                                '打开与数据源的连接
    strSQL = "select  *  from  图书销售表"               '设置查询语句
    rs. Open strSQL, cn, adOpenDynamic, adLockOptimistic, adCmdText
```

```
        Set BookSellNum     = rs. Fields("售书数量")
        Set BookNum = rs. Fields("图书编号")
          '对"图书销售表"记录集用循环结构进行遍历
        Do While Not rs. EOF
            rs. Edit
            Tmp = Right(BookNum,1)              '获取图书编号的末位数字字符
            Select Case Tmp
                Case "3"
                    BookSellNum    = BookSellNum    +5    '售书数量的值加 5
                Case "9"
                    If BookSellNum > =2 Then    BookSellNum = BookSellNum  -2
                      '如果售书数量的值大于等于 2,则作减 2 运算
            End Select
            rs. Update                          '更新记录,保存售书数量值
            rs. MoveNext                        '记录指针移动至下一条
        Loop
         '关闭并回收对象变量
          rs. Close
          cn. Close
          Set rs = Nothing
          Set cn = Nothing
    End Sub
```

8.6 程序调试

在编写 VBA 代码时不可避免会出现一些错误，对于初学者来说更是这样。所以在编写程序时，必须考虑到可能会出现什么错误，并对可能出现的错误进行适当的处理，并且在程序编写完毕之后，必须对程序进行调试，以发现其中潜在的错误。

一般初学者会犯两种错误：一是语法错误。初学者对 VBA 并不熟悉，所以经常会写错某条语句，例如，True 写为 Ture；二是编译错误，VBA 程序在编译执行的过程中出现错误，例如，For 循环没有对应的 Next 语句，或者产生了交叉嵌套等。

还有两种原因会导致程序出错：一是在运行程序时某些条件可能会使原本正确的代码产生错误。例如，如果代码尝试打开一个已被用户删除的表，就会出错。二是代码可能包含不正确的逻辑，导致不能运行所需的操作。例如，如果在代码中试图将数值被 0 除，就会出现错误。

如果没有做任何错误处理，则在代码出错时 VBA 将停止运行并显示一条出错消息 On Error。可以通过在代码中建立完整的错误处理例程来处理可能产生的所有错误，以此预防许多问题。

1. 错误处理

在程序出现错误时，如果程序中没有关于错误处理的相关语句，则程序会停止运行并显

示一条出错消息，由于该出错信息包含的内容较少，有时很难根据它来判断出错误的原因。所以在编写程序时，应尽量考虑到可能导致错误的一些原因，例如试图打开不存在的文件，试图删除其他程序正在使用的文件等，并在程序中通过一些代码去捕捉到这些错误，然后对其进行适当的处理。在 VBA 中，可以通过 On Error 语句启动错误处理程序，如果需要在改正导致错误的条件之后继续执行程序，则可以使用 Resume 语句。

（1）On Error 语句

On Error 语句启用或禁用错误处理例程。如果启用了错误处理例程，则当出现错误时执行会传递给错误处理例程。

On Error 语句有三种形式：On Error GoTo label、On Error GoTo 0 和 On Error Resume Next。

1）On Error GoTo label 语句启用错误处理例程，该例程从这个语句出现的代码行开始执行。应当在可能出现错误的第一行代码前启用错误处理例程。在错误处理程序被激活并出现错误时，执行就会传到由 label 参数指定的代码行上。

由 label 参数指定的行应是错误处理例程的开头。例如下面的过程指定：如果发生错误，执行会传给标签为 Error_MayCauseAnError 的行。

```
Function MayCauseAnError()
    'Enable error handler.
    On Error GoTo Error_MayCauseAnError
    .               'Include code here that may generate error.
Error_MayCauseAnError:
    .               'Include code here to handle error.
End Function
```

2）On Error GoTo 0 语句在过程中禁用错误处理。即使过程中包含有标号为 0 的代码行，该语句也不把 0 行指定为错误处理代码的起始。如果代码中没有 On Error GoTo 0 语句，则在过程运行完成时将自动禁用错误处理程序。On Error GoTo 0 语句会重置 Err 对象的属性，这与使用 Err 对象的 Clear 方法效果一样。

3）On Error Resume Next 语句会忽略导致错误的代码行，并将执行路由到错误代码行的下一行。此时过程执行并没有中止。如果要检查紧挨可能导致错误的代码行之后的 Err 对象的属性，并且要在过程中（而不是错误处理程序中）处理错误，则可使用 On Error Resume Next 语句。

（2）Resume 语句

Resume 语句将执行从错误处理例程中重定向回到过程的主体。如果要从过程某一特定点上继续执行程序，则可以在错误处理例程中包含 Resume 语句。不过 Resume 语句并不是必需的；也可以在运行完错误处理例程之后就结束过程。

Resume 语句有三种形式。其中 Resume 或 Resume 0 语句将执行返回到发生错误的代码行；Resume Next 语句将执行返回到错误代码行的下一行；Resume label 语句则将执行返回到由 label 参数指定的代码行。label 参数必须指定一个行标签或一个行号。

通常如果要求用户必须更正错误，则可以使用 Resume 或 Resume 0 语句。例如，如果提示用户输入一个表的名称以便打开该表，而用户输入了一个并不存在的表名，则可以再次提示用户并在导致错误的语句上继续程序的执行。

如果代码在错误处理程序中改正了错误，并且无需再次运行引起错误的代码行而想继续执行，可以使用 Resume Next 语句。如果想在过程中由 label 参数指定的其他代码行上继续执行，则可以使用 Resume label 语句。

```
Sub ResumeStatementDemo( )
    On Error GoTo ErrorHandler                    '打开错误处理程序
    Open "TESTFILE" For Output As #1              '打开输出文件
    Kill "TESTFILE"                               '试图删除已打开的文件
    Exit Sub                                      '退出程序,以避免进入错误处理程序
ErrorHandler:                                     '错误处理程序
    Select Case Err. Number                       '检查错误代号
        Case 55                                   '发生"文件已打开"的错误
            Close #1                              '关闭已打开的文件
        Case Else
                                                  '处理其他错误状态
    End Select
    Resume                                        '将执行返回到发生错误的语句
End Sub
```

2. 调试工具

程序编写完毕之后，在将其投入实际运行之前，必须对其进行测试，以修正其中的语法错误和逻辑错误，这个过程就是程序调试。程序调试是保证程序正确性的必不可少的步骤。

VBA 编辑器提供了一些程序调试工具，如图 8-16 所示的“调试”工具栏，利用调试工具可以逐步执行代码、检查或监视表达式及参数的值以及跟踪过程调用，帮助用户找出程序中的错误。各个调试工具按钮的作用如表 8-17 所示。

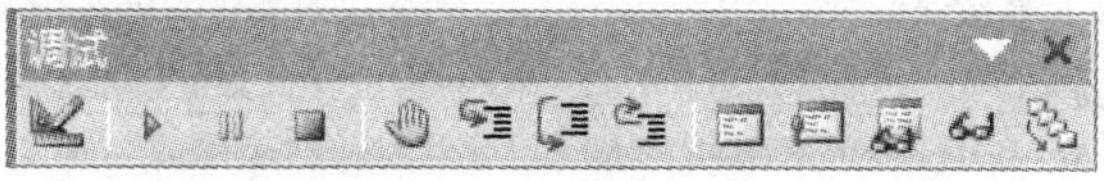

图 8-16 “调试”工具栏

表 8-17 调试工具按钮的作用

按钮	名称	作用
	设计模式	打开及关闭设计模式
	运行子过程/用户窗体	如果指针在一个过程之中，则运行当前的过程，如果当前一个用户窗体是活动的，则运行用户窗体，而如果既没有“代码窗口”也没有用户窗体是活动的，则运行宏
	中断	当一程序在正在运行时停止其执行，并切换至中断模式
	重置工程	清除执行堆栈及模块级变量并重置工程

（续）

按　钮	名　称	作　用
	切换断点	在当前的程序行上设置或删除断点
	逐语句	一次一个语句的执行代码
	逐过程	在“代码”窗口中一次一个过程或语句的执行代码
	跳出	在当前执行点所在位置的过程中，执行其余的程序行
	本地窗口	显示“本地窗口”
	立即窗口	显示“立即窗口”
	监视窗口	显示“监视窗口”
	快速监视	显示所选表达式当前值的“快速监视”对话框
	调用堆栈	显示“调用”对话框，列出当前活动的过程调用（应用中已开始但未完成的过程）

（1）设置断点

VBA 提供的很多调试工具都是在程序处于挂起状态时才能使用，可以设置断点挂起程序代码将程序挂起。设置断点的方法主要有两种：

1）在“Visual Basic 代码编辑器”窗口中，把光标定位到要设置断点的行，单击调试工具栏上的“切换断点”按钮，或按下〈F9〉键。

2）在“Visual Basic 代码编辑器”窗口中，用鼠标单击要设置断点行的左侧边缘部分。如图 8－17 所示。

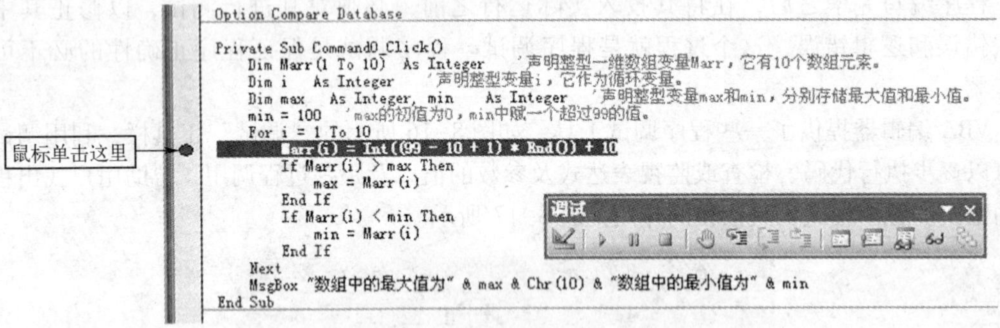

图 8-17　设置断点

注意：断点不能在声明语句和注释语句处设置，也不能在程序运行时设置。要清除断点时，可以将光标移到设置断点的代码行，然后在调试工具栏上单击“切换断点”按钮即可。Access 2010 在运行到断点处时，暂停代码的运行，进入中断模式，设置的断点将加粗和突出显示该行。如果要继续运行程序，单击调试工具栏的“运行子过程/用户窗体”按钮。

（2）单步跟踪

在程序代码挂起后，可以逐语句或逐过程地执行 VBA 程序，以便找出程序中的错误。

1）逐语句执行。连续单击调试工具栏上的“逐语句”按钮或按〈F8〉键，可以一条条地执行程序中的语句，每单击一次执行一条语句。在过程中执行时，如果用户不想继续一条条地执行代码了，可以单击调试工具栏的“跳出”按钮，则一次执行完该过程中的剩余代码，并返回调用该过程的语句处。

2）逐过程执行。连续单击调试工具栏上的“逐过程”按钮，也是一条条地执行程序中的代码，但是其中调用的过程将被作为一个整体对待，而不会在此过程内每单击一次执行一条语句。

本章小结

本章介绍了模块和 VBA 编程的基础知识，主要内容包括：模块的结构和建立、过程和函数的定义及调用；VBA 中的数据类型、常量和变量的声明；四种运算符：算术运算符、文本连接运算符、关系运算符和逻辑运算符，以及它们的优先级别；数组的声明与使用；选择结构和循环结构中语句；常用的内部函数；VBA 的调试与错误处理。

习题

一、选择题

1. 有如下事件程序，运行该程序后输出结果是：（　　）。

```
Private Sub Command1_Click( )
    Dim x As Integer,y As Integer
    x = 1
    y = 0
        Do Until y <= 25
        y = y + x * x
    x = x + 1
    Loop
    MsgBox "x = " & x & ",y = " & y
End Sub
```

A. x = 1，y = 0　　B. x = 4，y = 25　　C. x = 5，y = 30　　D. 输出其他结果

2. 下列程序的功能是计算 sum = 1 + (1 + 3) + (1 + 3 + 5) + … + (1 + 3 + 5 + … + 39)。

```
Private Sub Command2_Click( )
    t = 0: m = 1:sum = 0
    Do
        t = t + m
        sum = sum + t
        m = ________
    Loop While m <= 39
    MsgBox "Sum = " & sum
End Sub
```

为保证程序正确完成上述功能，空白处应填入的语句是（　　）。

A. m+1　　B. m+2　　C. t+1　　D. t+2

3. 下列变量名中，合法的是（　　）。

A. 4A　　B. A-1　　C. ABC_1　　D. private

4. 若变量 i 的初值为 8，则下列循环语句中循环体的执行次数为（　　）。

```
Do While i <=17
        i = i + 2
Loop
```

A. 3 次　　B. 4 次　　C. 5 次　　D. 6 次

5. 窗体中有命令按钮 Commandl，事件过程如下：

```
Public Function f(x As Integer) As Integer
    Dim y As Integer
    x = 20:y = 2
    f = x * y
End Function
Private Sub Commandl_Click()
  Dim y As Integer
  Static x As Integer
    x = 10
    y = 5
    y = f(x)
    Debug.Print x;y
End Sub
```

运行程序，单击命令按钮，则立即窗口中显示的内容是（　　）。

A. 10　5　　B. 10　40　　C. 20　5　　D. 20　40

6. 运行下列程序，输入数据 8，9，3，0 后，窗体中显示结果是（　　）。

```
Private Sub Form_click()
    Dim sum A sInteger,m As Integer
    sum = 0
    Do
        m = InputBox("输入 m")
        sum = sum + m
    Loop Until m = 0
    MsgBox sum
End Sub
```

A. 0　　B. 17　　C. 20　　D. 21

7. 窗体中有命令按钮 Commandl 和文本框 Text1，窗体模块中的过程如下：

```
Private  Function  result(ByVal x As Integer) As Boolean
    If  x Mod 2 =0  Then
       result = True
    Else
       result = False
    End If
End Function
Private Sub Commandl_Click()
    Dim  x  As  Integer
    x = Val(InputBox("请输入一个整数"))
    If ________ Then
         Text1. Value = Str(x)&"是偶数."
    Else
         Text1. Value = Str(x)&"是奇数."
    End  If
End Sub
```

运行程序，单击命令按钮，输入 19，在 Text1 中会显示“19 是奇数”。那么在程序的空白处应填写（　　）。

A. result(x) =“偶数”　　B. result(x)

C. result(x) =“奇数”　　D. NOT result(x)

二、思考题

1. VBA 中有几种模块？
2. 关系运算符之间有优先级吗？
3. 当条件成立时退出循环，应用哪种循环语句？
4. Dim a(10,3) As Integer 执行后，数组 a 中有多少个数组元素？
5. Recordset 记录集对象 Rs 中的记录指针移动到前一项记录用什么命令？

第9章 数据安全

内容提要：

- 数据库安全的基本特征
- 数据库存储安全
- 使用数据库密码保护数据库
- 使用受信任位置中的数据库
- 数字签名安全认证

数据库中的数据从开始建立到不断补充完善，需要花费大量的人力物力，所以保证数据的安全是非常重要的。因此，在数据库的使用过程中，为了确保数据库的安全可靠、正确可用，Access 2010 提供了一系列的安全保护措施，本章结合 Access 2010 中具体的安全措施对数据存储安全和数据访问安全作简要介绍。

9.1 数据库安全特征概述

数据库系统的安全特性主要是针对数据而言的，包括数据独立性、数据安全性、数据完整性、并发控制和故障恢复五个方面。

1. 数据独立性

数据独立性包括物理独立性和逻辑独立性两个方面。物理独立性是指用户的应用程序与存储在磁盘上的数据库中的数据是相互独立的。逻辑独立性是指用户的应用程序与数据库的逻辑结构是相互独立的。

2. 数据安全性

数据库常采用以下措施来保障数据安全：

1）通过视图机制将需要保密的数据对无权存取的用户隐藏起来。

2）采用授权规则，如账户、口令和权限访问控制方法。

3）对数据进行加密后存储。

3. 数据完整性

数据完整性包括数据的正确性、有效性和一致性。正确性是指数据的输入值与数据表对应域的类型一样。有效性是指数据库中的理论数值满足现实应用中对该数值段的约束。一致性是指不同用户使用的同一数据的一致性。保证数据的完整性，防止合法用户使用数据库时向数据库中加入不合法的数据。

4. 并发控制

当数据库应用要实现多用户共享数据库时，同时访问数据库就需要实施并发控制操作，排除和避免重复读写、丢失修改数据的发生，保证数据的正确性。目前，数据库的并发控制主要采用的是封锁机制。封锁是指事务在对数据库对象（如表、记录等）进行操作前，需要向系统请求对其加锁，以防止其他事务更新此数据库对象。

5. 故障恢复

当数据库丢失、破坏、系统错误操作造成数据错误时，无论是物理上的还是逻辑上的错误，都应通过即时备份或其他方法，尽快恢复丢失的数据和处理系统出现的故障。

9.2 数据存储安全

数据库的错误操作或一些意外灾难，都可能使数据库中的宝贵数据损坏或丢失，而备份数据库可以帮助我们恢复数据库，从而弥补这些意外带来的损失；随着数据库使用时间的增加，在不断地增加和删除数据库对象的过程中会出现很多磁盘碎片，使得磁盘的有效使用空间减小。为了避免这些情况，应该加强对数据库存储的安全管理。而“压缩和修复文件”实际上是重新组织文件在磁盘上的存储方式，从而去除碎片，重新安排数据，回收磁盘空间，达到优化的目的，从而保证数据库存储安全。

9.2.1 备份和恢复数据库

对于数据库中的数据，为了避免意外事件发生而造成数据库的损坏，应该经常进行备份，一旦出现意外，可以很快用备份数据库恢复。

1. 备份数据库

备份数据库的步骤如下：

1）打开要备份的数据库，确保数据库中的所有对象已关闭。

2）单击“文件”，选择“数据库另存为”。此时当前数据库会自动关闭，并出现“另存为”对话框。

3）在“另存为”对话框中指定备份数据库的保存位置、文件名和保存类型。

4）数据库重新自动打开，备份结束。

2. 恢复数据库

将提前备份的数据库文件和工作组信息文件复制到所需位置，改为正确的名称即可。

9.2.2 压缩和修复数据库

为了提高数据库的性能，应该定期压缩和修复 Access 文件，释放磁盘碎片，提高系统使用性能。而且，如果在用户使用 Access 文件过程中发生了严重的问题，并且 Access 2010 试图恢复时，用户会收到一条消息，告知修复操作已取消，应该压缩并修复文件。

压缩和修复 Access 数据库，用户必须对该 Access 数据库具有“打开/运行”和“以独占方式打开”的权限。

1. 压缩和修复当前数据库

如果需要压缩和修复当前数据库，则单击“文件”→“信息”→“压缩并修复”命令即可，如图 9-1 所示。

2. 压缩和修复未打开的数据库

如果需要压缩和修复未打开的数据库，则可按如下步骤操作：

1）单击“数据库工具”选项卡→“工具”选项组→“压缩和修复数据库”按钮。

2）在“压缩数据库来源”对话框中，指定要压缩的 Access 文件，然后单击“压缩”按钮，如图 9-2 所示。

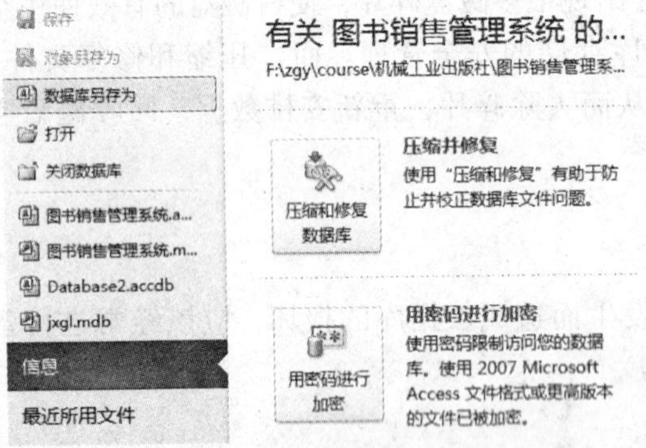

图 9-1　压缩和修复当前数据库

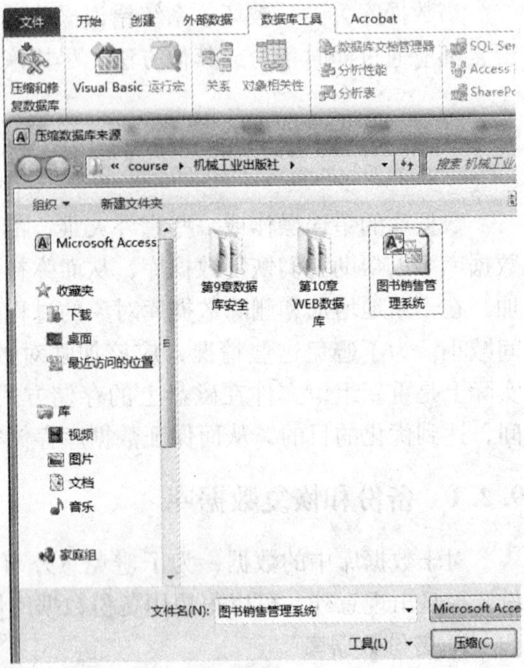

图 9-2　“压缩数据库来源”对话框

3）在“将数据库压缩为”对话框中，为压缩的 Access 文件指定保存位置、文件名、和文件类型，如图 9-3 所示。

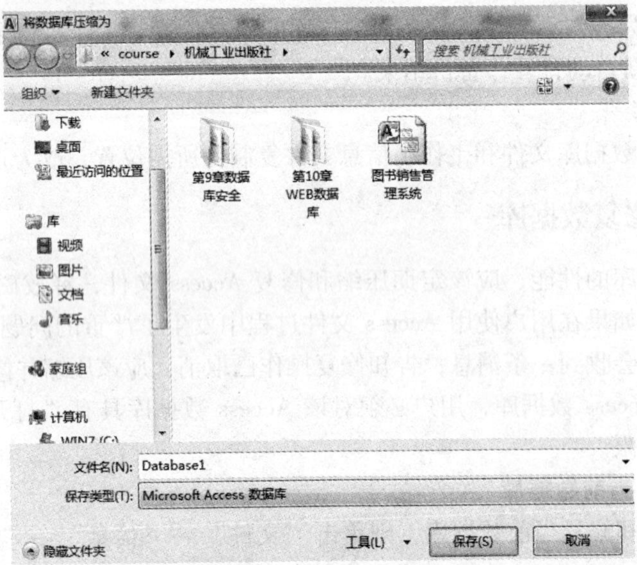

图 9-3　“将数据库压缩为”对话框

4）单击“保存”。

如果使用相同的保存位置、文件名和文件类型，并且成功地压缩了 Access 数据库或

Access 项目，Access 2010 就用压缩的版本替换原文件。

3. 自动压缩和修复

如果要实现数据库在关闭时自动压缩和修复，可以选择“关闭时压缩”数据库选项。注意，设置此选项只会影响当前打开的数据库，对于其他的数据库，若要实现“自动压缩和修复”的功能，必须单独设置此选项，操作步骤如下：

1）打开想要 Access 2010 自动压缩的 Access 数据库。

2）单击“文件”→“选项”→“当前数据库”选项卡。

3）选中“关闭时压缩”复选框，如图 9-4 所示。

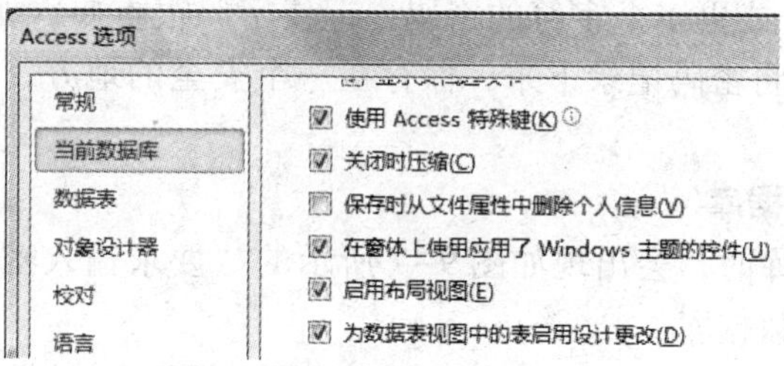

图 9-4 “Access 选项”窗口

压缩和修复操作必须以独占方式访问数据库文件，如果要压缩位于网络上的共享数据库时，请确保没有其他用户打开它。

9.3 使用数据库密码保护数据库

为数据库设置用户使用密码是最基本的防护措施以限制没有权限的用户访问或更改数据库的内容。使用数据库密码来加密数据库时，所有其他工具都无法读取数据，并强制用户必须输入密码才能使用数据库。

1. 设置密码

为数据库设置密码的操作步骤如下：

1）在“独占”模式下打开要加密的数据库。

- 关闭当前打开的数据库，选择“文件”→“打开”命令，出现“打开”对话框。
- 在对话框中找到要打开的数据库文件，并选定。单击对话框“打开”按钮右侧箭头，在下拉菜单中选择“以独占方式打开”。

说明：为数据库设置密码时，需要以独占方式打开数据库，否则会出现如图 9-5 的提示信息。当以独占方式打开数据库后，即使此数据库文件已共享，网络上的其他用户也不能再打开它。

图 9-5 需要以独占方式打开数据库提示

2）设置密码。

选择“文件”→“信息”→“用密码进行加密”命令，如图9-1所示。出现“设置数据库密码”对话框，如图9-6所示，在“密码”文本框中输入要设置的密码，并在“验证”文本框中再次输入同样的密码，单击“确定”命令按钮。

图9-6 “设置数据库密码”对话框

使用由大写字母、小写字母、数字和符号组合而成的强密码。弱密码不混合使用这些元素。例如，“Y6dh! et5”是强密码；“House27”是弱密码。密码长度应大于或等于8个字符。最好使用包括14个或更多个字符的密码。记住密码很重要，如果忘记了密码，Access 2010将无法找回。最好将密码记录下来，保存在一个安全的地方，这个地方应该尽量远离密码所要保护的信息。

2. 使用密码打开数据库

当打开加密的数据库时，会出现如图9-7所示的“要求输入密码”对话框，只有输入正确的密码才可以打开数据库。

当输入的密码错误时，会出现如图9-8所示的错误提示。

图9-7 “要求输入密码”对话框

图9-8 提示密码输入错误

3. 解除数据库密码

解除数据库密码也需要以“独占”方式打开数据库，操作步骤如下：

1）选择“文件”→“信息”→“解密数据库”命令，如图9-9所示。

2）在“撤销数据库密码”对话框的“密码”文本框中输入密码，单击“确定”按钮，数据库密码即解除，再次打开数据库时不再询问密码，如图9-10所示。

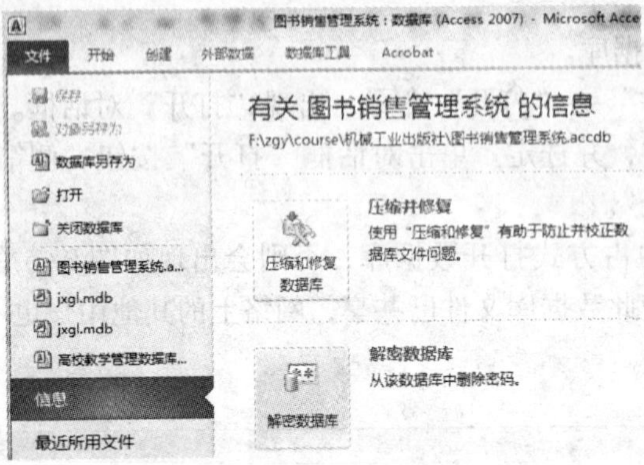

图9-9 解密数据库

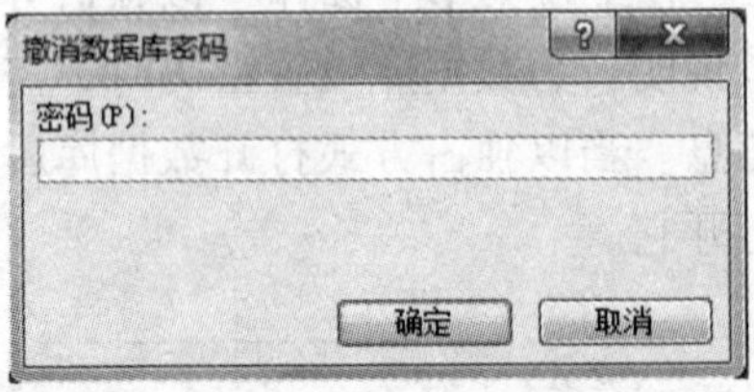

图9-10 “撤销数据库密码”对话框

9.4 使用受信任位置中的数据库

Access 2010和信任中心会在打开数据库时对数据库的安全性进行评估，以保证数据库的安全。如果数据库被评估为不受信任，则 Access 2010 会在禁用模式下打开数据库，如果不希望在该模式下使用数据库，那么可以将数据库放在受信任的位置中。

9.4.1 Access 2010 禁用的组件

为了确保数据库的安全，Access 2010 和信任中心在打开数据库时会执行一组安全检查，对数据库的安全性进行评估，如果 Access 2010 和信任中心将数据库评估为不受信任，则 Access 2010 会在禁用模式下打开该数据库。在禁用模式下，Access 2010 会禁用以下组件：

1）VBA（Visual Basic Applications）代码及其中任何引用。

2）任何不安全的表达式。

3）所有宏中不安全的操作。

4）以下类型的查询：

- 操作查询。这些查询用于添加、更新、删除数据库。
- 数据定义查询。用于创建或更改数据库中的对象。
- SQL 传递查询。用于直接向支持开放式数据库连接（ODBC）标准的数据库服务器发送命令。

5）ActiveX 控件。

9.4.2 为数据库创建受信任位置

对于任何被禁用的组件，Access 2010 提供了两种解决方案。既可以使用“信任中心”创建受信任的位置，然后把数据库放在该受信任位置，也可以向数据库应用数字签名。

将 Access 数据库放在受信任位置时，所有 VBA 代码、宏和安全表达式都会在数据库打开时运行。不必在数据库打开时做出信任决定。

查找或创建受信任位置，并将数据库添加到信任位置的操作步骤如下：

1）选择“文件”→选择“选项”组命令，打开“Access 选项”对话框，如图 9-11 所示。

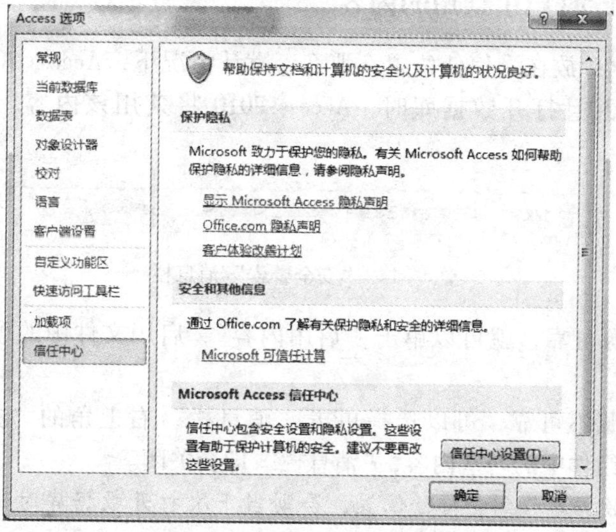

图 9-11 “Access 选项”对话框

2）在“Access 选项”对话框左侧窗格，单击“信任中心”选项卡→“信任中心设置”→“受信任位置”选项，如图 9-12 所示。

创建新的受信任位置。用户如果需要创建新的受信任位置，请单击“添加新位置”，在打开的“Microsoft Office 受信任位置”对话框中，添加新的路径，最后将数据库放在受信任位置，如图 9-13 所示。

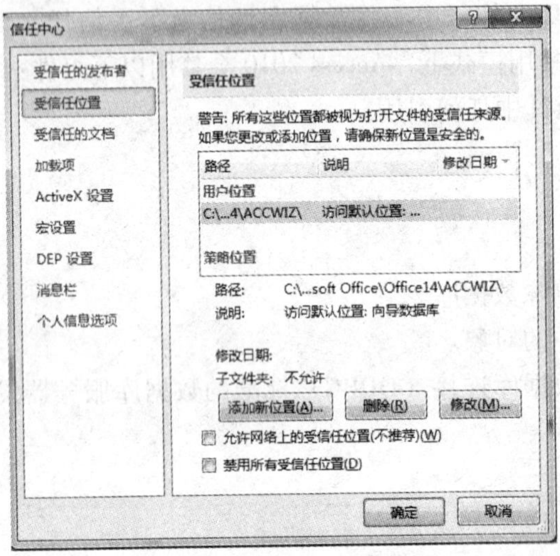

图 9-12 “Access 选项”对话框

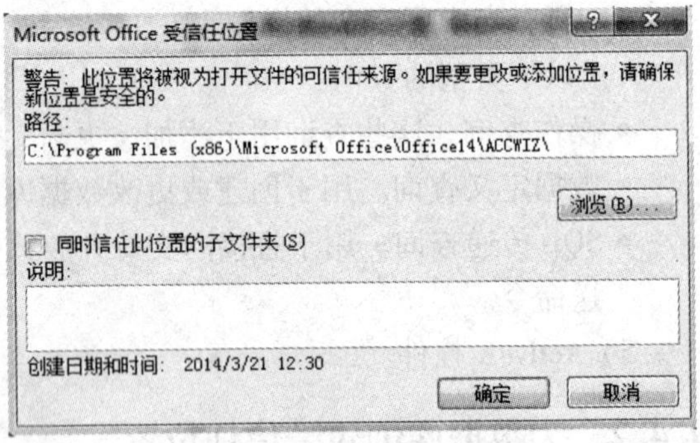

图 9-13 “Microsoft Office 受信任位置”对话框

3）将数据库放在受信任位置。

将数据库文件移动或复制到受信任位置。例如，可以使用 Windows 资源管理器复制或移动文件，也可以在 Access 2010 中打开文件，然后将它保存到受信任位置。

4）在受信任位置打开数据库。

在受信任位置，按照打开数据库的方法打开数据库就可以了。

9.4.3 打开数据库时启用禁用的内容

如果没有将数据库放在受信任位置，那么，默认情况下，Access 2010 将禁用数据库中所有可执行内容，并且打开数据库时，Access 2010 将禁用该内容，并显示消息栏，如图 9-14 所示。

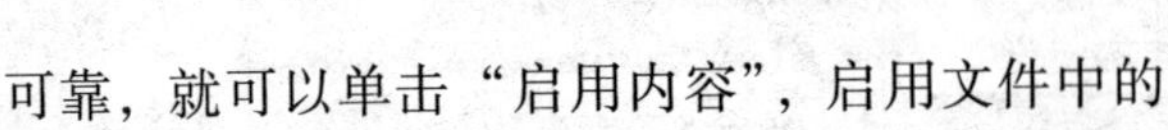

图 9-14 “安全警告”消息栏

如果数据库来源可靠，就可以单击“启用内容”，启用文件中的可执行组件以信任数据库。

如果数据库来源不可靠，可以选择单击“消息栏”右上角的“关闭”按钮，Access 2010 将禁用可执行组件中的一些内容，“消息栏”即会关闭。

注意： 除非将数据库移到受信任位置，否则当下次打开数据库时仍会重新显示“安全警告”消息栏。

9.5 数字签名安全认证

数据库开发者将数据库分发给不同的计算机用户使用，或是在局域网中使用，这时需要考虑数据库分发时的安全问题。签名是为了保证数据库分发时的安全性。打包是为了确保在创建该包后数据库没有被修改。使用 Access 2010 可以轻松而快速地对数据库进行签名和分发。在创建 . accdb 文件或 . accde 文件后，可以将该文件打包，对该包应用数字签名，然后将签名包分发给其他用户。

对数据库进行打包并对包进行签名是一种传达信任的方式。在对数据库打包并签名后，数字签名会确认在创建该包之后数据库未进行过更改。

下面将分别介绍如何创建签名包文件以及如何从签名包文件中提取和使用数据库。

9.5.1 创建签名包

创建签名包的步骤如下：

1）将要“打包和签名”的数据库打开。

2）选择“文件”→“保存并发布”→“数据库另存为”选项，然后在“高级”选项下双击“打包并签署”，如图 9-15 所示。

图 9-15 “保存并发布”窗口

3）出现“选择证书”对话框，如图 9-16 所示，选择数字证书，然后单击“确定”按钮。

4）打开“创建 Microsoft Office Access 签名包”对话框，如图 9-17 所示，在“保存位置”为签名包选择一个位置。

5）在“文件名”框中为签名包输入名称，然后单击“创建”按钮，Access 2010 将创建 . accdc 文件并将其放置在所选择的位置。

图 9-16 “选择证书”对话框

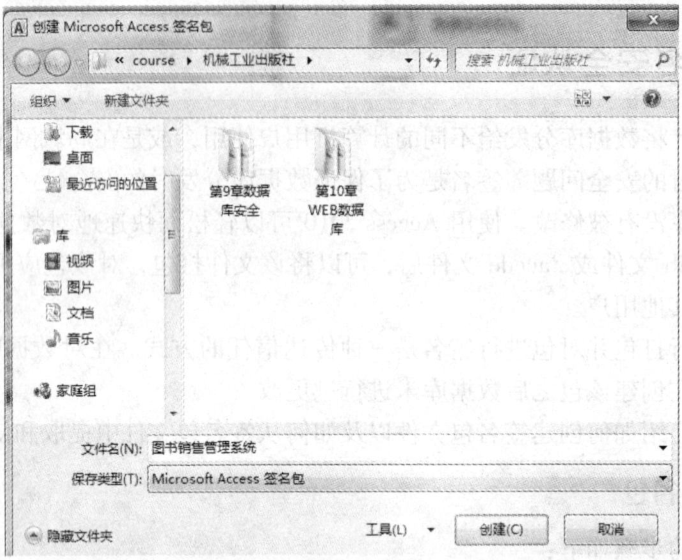

图 9-17 “创建 Microsoft Access 签名包”对话框

注意：一个签名包中只能添加一个数据库。“打包并签署”工具仅可以在以 . accdb、. accdc 或 . accde 文件格式保存的数据库中使用。该过程将对包含整个数据库的包（而不仅仅是宏或模块）进行签名，并且在创建签名包的过程中将压缩包文件，以便缩短下载时间。另外 Access 2010 还提供了用于对以早期版本的文件格式创建的数据库进行签名和分发的工具。所使用的数字签名工具必须适合所使用的数据库文件格式。

9.5.2 提取并使用签名包

从签名包中提取数据库之后，就可以直接在数据库中进行工作了。数据库的提取过程如下：

1）选择“文件”→“打开”命令，出现“打开”对话框。

2）选择“Microsoft Office Access 签名包（* . accdc）”作为文件类型。

3）选择该“. accdc”文件，然后单击“打开”按钮，将出现“Microsoft Access 安全声明”对话框，如图 9-18 所示。

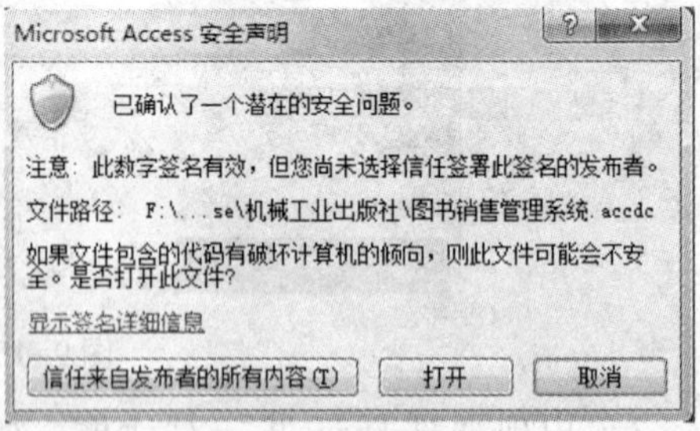

图 9-18 “Microsoft Access 安全声明”对话框

- 如果选择了“信任来自发布者的所有内容”，则会出现“将数据库提取到”对话框，如图 9-19 所示，选择文件保存位置、输入文件名、选择文件类型，然后单击“确定”。
- 如果信任该数据库，请单击“打开”。
- 如果不信任该数据库，请单击“取消”。

注意：如果使用自签名证书对数据库包进行签名，然后在打开该包时单击了“信任来自发布者的所有内容”，则将始终信任使用自签名证书进行签名的包。

图 9–19 “将数据库提取到”对话框

如果将数据库提取到一个受信任位置，则每当打开该数据库时其内容都会自动启用。但如果选择了一个不受信任的位置，则默认情况下该数据库的某些内容将被禁用。

当从包中提取数据库后，签名包与提取的数据库之间将不再有关系。

本章小结

本章介绍了 Access 数据安全的一些具体措施。包括“数据库密码管理”“数据存储安全”“打包、签名和分发数据库”“使用受信任位置的数据库”和“打开数据库时启用禁用的内容”等安全措施。一般情况下，可能需要多种安全措施同时使用才能提高数据的安全性。

习　题

一、选择题

1. 对数据库实施（　　）操作可以消除对数据库频繁更新数据带来的大量碎片。

   A. 压缩　　B. 备份　　C. 另存为　　D. 加密

2. 设置数据库密码时，该数据库文件以（　　）方式打开。

   A. 只读　　B. 共享　　C. 独占　　D. 独占只读

3. 下列说法正确的是（　　）。

   A. 设置数据库密码是登录数据库之后，判断用户权限，若密码正确，可以访问数据库

   B. 设置数据库密码是登录数据库之前，判断用户权限，若密码正确，可以访问数

据库

C. 加密数据库和设置数据库密码是完全相同的

D. 设置数据库密码是对数据库进行改写，即使非法用户打开了数据库也无法识别数据库中的内容

4. 下列说法正确的是（　　）。

A. 数据库的压缩和修复不能提高系统的性能，只是改变文件的存储空间

B. 数据库使用一段时间后，数据库会逐渐膨胀，但不影响运行速度

C. 经常对数据库进行压缩和修复，对应用程序本身的性能有很大提高

D. 压缩和修复数据库不需要进行

5. 数据库的副本可以用来（　　）数据库。

A. 加密　　B. 提高效率

C. 恢复　　D. 添加访问的权限

6. 在压缩数据库时，压缩的是数据库对象的（　　）。

A. 非使用空间　　B. 字符串

C. 字体　　D. 去掉多媒体部分

7. 对用户访问数据库的权限加以限定是为了保护数据库的（　　）。

A. 安全性　　B. 完整性　　C. 一致性　　D. 并发性

8. 用于数据库恢复的重要文件是（　　）。

A. 日志文件　　B. 索引文件

C. 数据库文件　　D. 备注文件

9. 保护数据库，防止未经授权或不合法使用造成的数据泄露和破坏，这是指数据库的（　　）。

A. 安全性　　B. 完整性　　C. 并发控制　　D. 恢复技术

10. 数据库的（　　）是指数据的正确性和相容性。

A. 完整性　　B. 安全性　　C. 并发控制　　D. 系统恢复

二、思考题

1. 数据库的安全性和计算机的安全性有什么关系？
2. 什么是数据库管理系统的安全保护？
3. 数据库运行过程中可能产生的故障有哪几类？各类故障如何恢复？
4. 什么是数据库的安全性？
5. 简述实现数据库安全性的常用方法和技术。
6. 何时需要压缩和修复数据库？
7. 数据备份的主要方式有什么？
8. 如何给数据库设置密码？
9. 如果忘记数据库密码，是否就无法打开数据库？
10. 数据库加密和设置密码的区别是什么？
11. 仅仅设置数据库密码是否安全？为什么？
12. 数据库打包的目的是什么？

第 10 章　图书销售管理系统的设计与实现

内容提要：

- 图书销售管理系统的设计
- 表以及表间关系的创建
- 查询的创建
- 窗体的创建
- 报表的创建
- 系统集成

Access 2010 不仅可以作为数据存储工具，还可以用它进行数据库应用系统的开发。前面已经分章节介绍了 Access 2010 的各种功能，现在可以综合起来建立一个完整的数据库应用系统了。本章将以“图书销售管理系统”为例，介绍简单的数据库应用系统的设计与实现。

10.1　图书销售管理系统的设计

建立一个简单的数据库应用系统，首先应确定该系统需要实现什么样的功能，然后根据功能确定如下的事情：数据表的结构与关系、表中数据的录入与修改将以何种方式进行，对表中的数据进行哪些方面的查询和统计，交互式人机界面的设计，数据输出的方式，数据安全等。最后，将这些功能以某种流程组合在一起，构成一个较为完整的数据库应用系统。

10.1.1　图书销售管理系统的功能

本书所采用的图书销售管理系统是一个对图书的进货与销售进行管理的系统，它将实现图书的进货信息、信息存储，以及销售信息管理等功能，这是一个简单的数据库应用系统。

在图书销售管理系统中将包含以下功能。

（1）数据信息的录入

进货信息的录入，销售信息的录入等。

（2）数据的查询与统计

进货信息的查询，销售信息的查询，库存信息的查询等。

（3）数据信息的展示

销售日报表，销售月报表，销售业绩报表等。

（4）数据安全

简单的用户登录验证。

10.1.2　图书销售管理系统中数据库对象的设计

1. 数据表的设计

在图书销售管理系统中需要五个数据表：人员信息表、图书信息表、图书进货表、图书销售表和 Switchboard Items 表。Switchboard Items 表可以在建立切换面板时由向导自动建立，其他 4 个表的设计以及它们之间的关系在第 2 章中有详细说明。

2. 查询的设计

在图书销售管理系统中信息的录入和展示将以查询为数据源，因此需要建立许多相关查询：进货录入窗口图书信息查询、进货录入窗口追加查询、销售录入窗口图书信息查询、售书录入窗口追加查询、进货汇总查询、销售汇总查询、图书进销信息查询、库存报表查询、图书销售日报查询、图书销售月报查询、销售业绩月报查询等。这些查询将分别用作窗体和报表的数据源。

3. 窗体的设计

在图书销售管理系统中采用窗体进行人机交互，这些窗体主要有：登录窗体、切换面板、进货录入窗体、售书录入窗体、图书进销信息窗体、图书销售浏览窗体，以及人员信息维护窗体和图书信息维护窗体等。

4. 报表的设计

在图书销售管理系统中信息的展示还会以报表的形式出现，这些报表主要有：库存报表、图书销售日报表、图书销售月报表、销售业绩月报表等。

5. 宏的设计

为了实现各窗体的功能，需要使用宏对象。本系统中使用的宏对象包括：打开库存查询窗体宏、登录宏、进货录入追加宏、售书录入追加宏和重新查询图书信息宏。

10.1.3 图书销售管理系统的流程

图书销售管理系统的流程如图 10-1 所示。

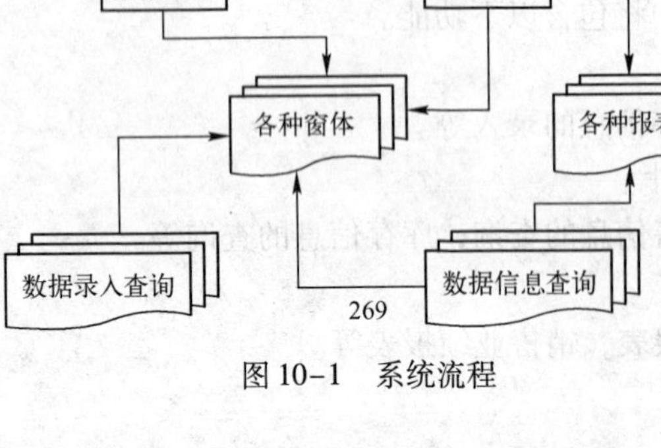

图 10-1　系统流程

10.2 创建表及表间关系

10.2.1 创建系统所需表

创建之前设计完成的五个数据表：图书信息表、人员信息表、图书进货表、图书销售表和 Switchboard Items 表，其中 Switchboard Items 表在建立切换面板时由向导自动建立。

1. 图书信息表

图书信息表记载了图书的详细信息，其结构见表 10-1。

表 10-1　图书信息表

字段名称	数据类型	字段大小	主　键	必填字段	其　他
图书编号	文本	20	是	是	
图书名称	文本	50		是	
作者	文本	50		是	
图书类别	文本	30		否	
出版社名称	文本	50		是	
出版日期	日期/时间			否	
页数	数字	整型		否	
定价	货币			否	

2. 人员信息表

人员信息表记录了所有人员的详细信息，其结构见表 10-2。

表 10-2　人员信息表

字段名称	数据类型	字段大小	主　键	必填字段	其　他
人员编号	文本	10	是	是	
姓名	文本	20		是	
密码	文本	50		否	输入掩码：密码
性别	文本 *	1		否	查阅属性 显示控件：组合框
籍贯	文本	50		否	
出生日期	日期/时间			否	输入掩码：** 9999\年99\月99\日;0;_
婚否	是/否			否	显示控件：复选框
照片	OLE 对象			否	
备注	备注			否	

* 性别字段的设计通过“查阅向导”生成。

** 输入掩码通过向导选择“长日期（中文）”生成。

3. 图书进货表

图书进货表记录了每一批图书的进货数据，进货图书用图书编号表示，对应图书的详细资料在图书信息表中，其结构见表 10-3。

表 10-3　图书进货表

字段名称	数据类型	字段大小	主　键	必填字段	其　他
进书编号	自动编号	长整型	是		
图书编号	文本	20		是	

（续）

字段名称	数据类型	字段大小	主　键	必填字段	其　他
进书日期	日期/时间			否	
进书数量	数字	整型		是	
图书进价	货币			否	
进货员	文本	20		否	

4. 图书销售表

图书销售表记录了每一批图书的销售数据，销售图书用图书编号表示，对应图书的详细资料在图书信息表中，其结构见表 10-4。

表 10-4　图书销售表

字段名称	数据类型	字段大小	主　键	必填字段	其　他
售书编号	自动编号	长整型	是		
图书编号	文本	20		是	
售书数量	数字	整型		是	
售书日期	日期/时间			否	
售货员	文本	20		否	

10.2.2　创建表间关系

“图书进货表”和“图书销售表”中“图书编号”所对应的图书详细信息都保存在“图书信息表”中，进货员和售货员所对应的人员信息保存在“人员信息表”中，应按照前面章节所述方法建立表间关系，如图 10-2 所示。

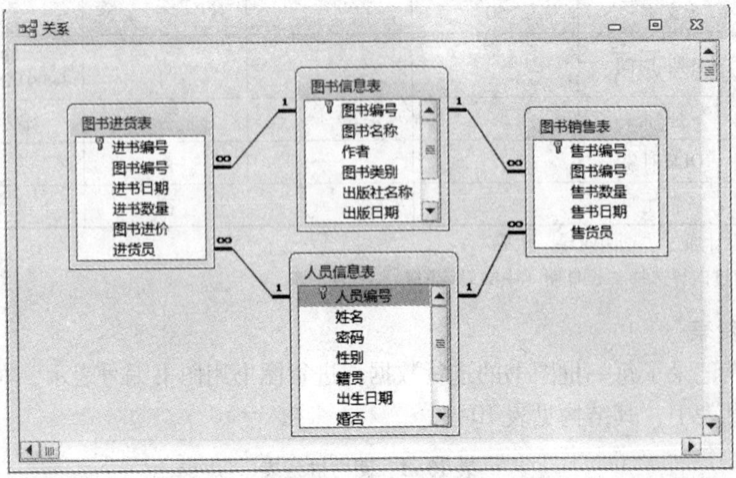

图 10-2　建立表间关系

其中“图书进货表”与“图书信息表”通过“图书编号”字段建立“一对多”关系，“图书信息表”为“一”端，“图书进货表”为“多”端，如图 10-3 所示。

其他关系的设置同上。

由于后面查询数据的需要，“图书销售表”与“图书信息表”的关系中“连接类型”需要选择第二种：包括“图书信息表”中的所有记录和“图书销售表”中联接字段相等的那些记录，如图 10-4 所示。

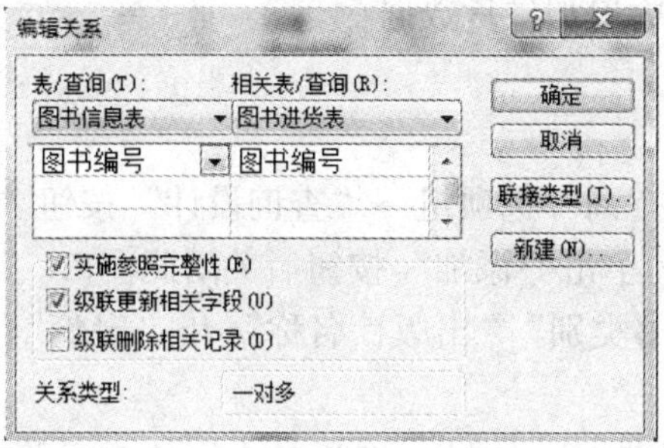

图 10-3 “图书信息表”与“图书进货表”表间关系

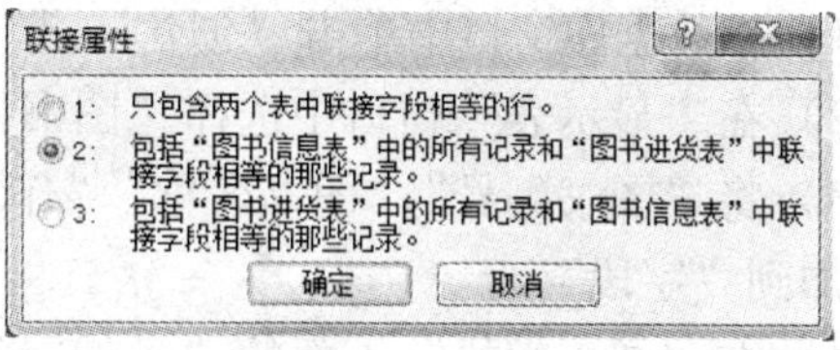

图 10-4 连接类型设置

10.3 创建查询

数据表用来存储系统中的基础数据，但仅有基础数据并不能完全满足用户对数据信息展示的需要，也不利于数据安全，所以应采用其他的方法多样化地对数据进行展示，这其中，查询就是重要的方式。

下面将按照窗体、报表等对象对数据组织的需要，分别介绍系统所需要的各个查询。

10.3.1 “登录窗体”所需查询

用户登录窗体需要一个查询——“登录窗体查询”，这个查询的作用是为登录窗提供系统使用人员的“人员编号”和登录“密码”，以供登录时验证是否可以使用系统。

“登录窗体查询”建立过程如下：

1）在数据库窗口中单击“创建”选项卡→“查询”选项组→“查询设计”按钮。

2）在“显示表”窗口中选择“人员信息表”，单击“添加”按钮后关闭此窗口。

3）双击“人员编号”和“密码”两个字段，将其添加到“字段”行。

4）在“人员编号”下面的“条件”行中输入“[Forms]![登录窗体]![人员编号]”。“登录窗体”是窗体名称，“人员编号”是窗体上的组合框控件名称。

5）保存查询并命名为“登录窗体查询”。

查询设计视图如图 10-5 所示。

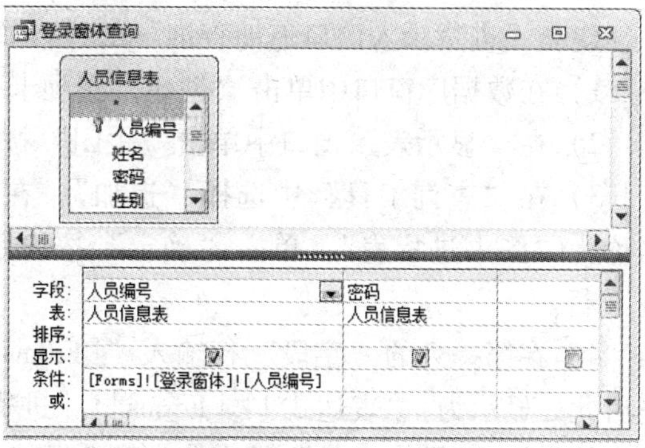

图 10-5 登录窗体查询

10.3.2 “进货录入窗体”所需查询

“进货录入窗体”所需查询有两个，“进货录入窗口图书信息查询”和“进货录入窗口追加查询”。其中“进货录入窗口图书信息查询”用于根据“图书编号”查询图书信息，“进货录入窗口追加查询”用于向“图书进货表”中追加进货数据。

1. “进货录入窗口图书信息查询”的建立

建立“进货录入窗口图书信息查询”的过程如下：

1）在数据库窗口中单击“创建”选项卡→“查询”选项组→“查询设计”按钮。

2）在“显示表”窗口中选择“图书信息表”，单击“添加”按钮后关闭此窗口。

3）将“图书编号”“图书名称”“作者”“图书类别”“出版社名称”和“定价”等字段添加到“字段”行。

4）在“图书编号”下面的“条件”行中输入“[Forms]![进货录入窗体]![图书编号]”。“进货录入窗体”是窗体名称，“图书编号”是窗体的组合框控件名称。

5）保存查询并命名为“进货录入窗口图书信息查询”。

查询设计视图如图10-6所示。

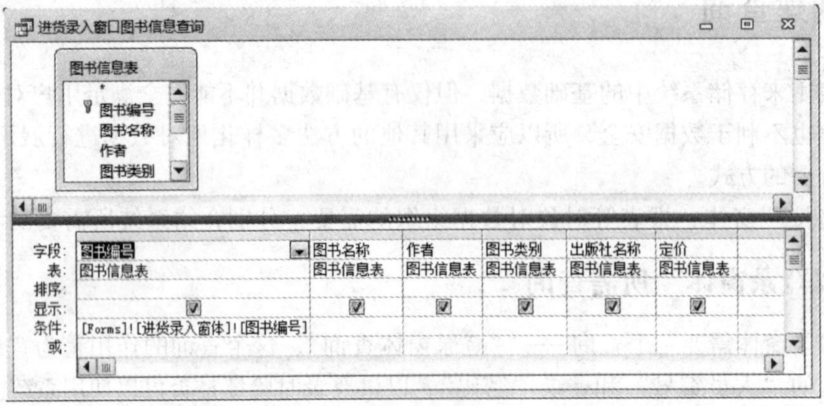

图10-6 进货录入窗口图书信息查询

2. “进货录入窗口追加查询”的建立

建立“进货录入窗口追加查询”的过程如下：

1）在数据库窗口中单击“创建”选项卡→“查询”选项组→“查询设计”按钮。

2）在“显示表”窗口中单击“关闭”按钮关闭此窗口。

3）在“查询工具”中选择“追加”，在弹出的“追加”窗口中选择“追加到”的表名称为“图书进货表”，单击“确定”按钮后，“查询设计视图”下面窗口会出现“追加到”行。

4）在第一列的“字段”行输入“[Forms]![进货录入窗体]![图书编号]”，输入完毕后此处显示为：“表达式1：[Forms]![进货录入窗体]![图书编号]”。“进货录入窗体”是窗体名称，“图书编号”是窗体中组合框控件的名称；在第一列的“追加到”行的下拉列表中选择“图书编号”。

5）在第二列的“字段”行输入“[Forms]![进货录入窗体]![进书数量]”，输入完毕后此处显示为：“表达式2：[Forms]![进货录入窗体]![进书数量]”。“进书数量”是窗体中文本框控件的名称；在此列的“追加到”行的下拉列表中选择“进书数量”。

6）在第三列的“字段”行输入“[Forms]![进货录入窗体]![进书日期]”，输入完毕后此处显示为：“表达式3：[Forms]![进货录入窗体]![进书日期]”。“进书日期”是窗体中文本框控件的名称；在第三列的“追加到”行的下拉列表中选择“进书日期”。

7）在第四列的“字段”行输入“[Forms]![进货录入窗体]![图书进价]”，输入完毕后此处显示为：“表达式4：[Forms]![进货录入窗体]![图书进价]”。“图书进价”是窗体中文本框控件的名称；在第四列的“追加到”行的下拉列表中选择“图书进价”。

8）在第五列的“字段”行输入“[Forms]![进货录入窗体]![进货员]”，输入完毕后此处显示为：“表达式5：[Forms]![进货录入窗体]![进货员]”。“进货员”是窗体中组合框控件的名称；在第五列的“追加到”行的下拉列表中选择“进货员”。

9）保存查询并命名为“进货录入窗口追加查询”。

“进货录入窗口追加查询”的作用是将“进货录入窗体”中五个控件的值组成一条记录，并将其追加到“图书进货表”中。

查询设计视图如图10-7所示。

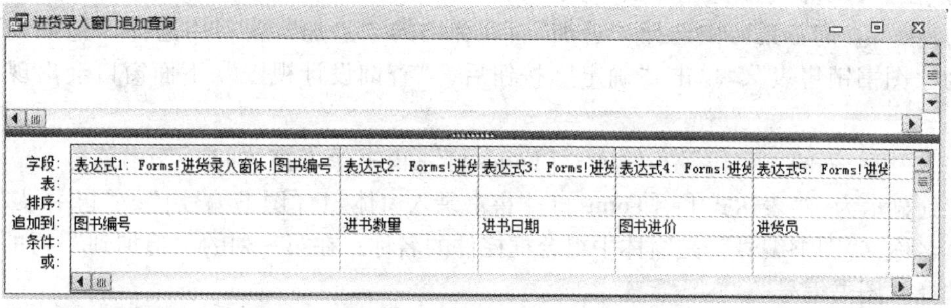

图10-7 进货录入窗口追加查询

10.3.3 “售书录入窗体”所需查询

“售书录入窗体”所需查询有两个，“售书录入窗口图书信息查询”和“售书录入窗口追加查询”。其中“售书录入窗口图书信息查询”用于根据“图书编号”查询图书信息，“售书录入窗口追加查询”用于向“图书销售表”中追加销售数据。

1. “售书录入窗口图书信息查询”的建立

建立“售书录入窗口图书信息查询”的过程如下：

1）在数据库窗口中单击“创建”选项卡→“查询”选项组→“查询设计”按钮。

2）在“显示表”窗口中选择“图书信息表”，单击“添加”按钮后关闭此窗口。

3）将“图书编号”“图书名称”“作者”“图书类别”“出版社名称”和“定价”等字

段拖动到“字段”行。

4）在“图书编号”下面的“条件”行中输入“[Forms]！[售书录入窗体]！[图书编号]”。“售书录入窗体”是窗体名称，“图书编号”是窗体的组合框控件名称。

5）保存查询并命名为“售书录入窗口图书信息查询”。

查询设计视图如图 10-8 所示。

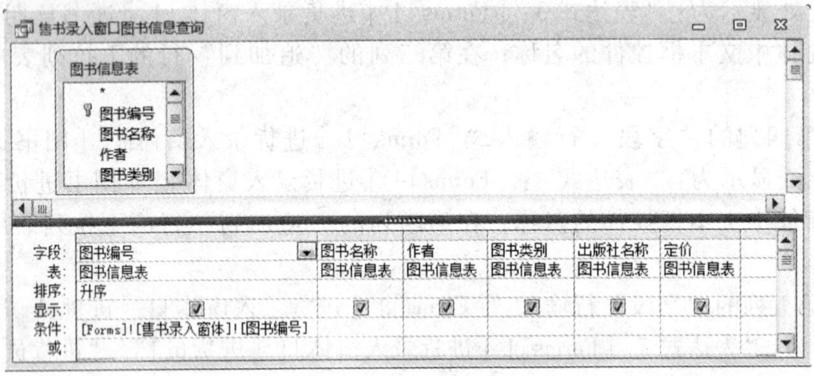

图 10-8　售书录入窗口图书信息查询

2. “售书录入窗口追加查询”的建立

建立“售书录入窗口追加查询”的过程如下：

1）在数据库窗口中单击“创建”选项卡→“查询”选项组→“查询设计”按钮。

2）在“显示表”窗口中单击“关闭”按钮关闭此窗口。

3）在“查询工具”中选择“追加”，在弹出的“追加”窗口中选择“追加到”的表名称为“图书销售表”，单击“确定”按钮后，“查询设计视图”下面窗口会出现“追加到”行。

4）在第一列的“字段”行输入“[Forms]！[售书录入窗体]！[图书编号]”，输入完毕后此处显示为：“表达式 1：[Forms]！[售书录入窗体]！[图书编号]”。“售书录入窗体”是窗体名称，“图书编号”是窗体中组合框控件的名称；在第一列的“追加到”行的下拉列表中选择“图书编号”。

5）在第二列的“字段”行输入“[Forms]！[售书录入窗体]！[售书数量]”，输入完毕后此处显示为：“表达式 2：[Forms]！[售书录入窗体]！[售书数量]”。“售书数量”是窗体中文本框控件的名称；在第二列的“追加到”行的下拉列表中选择“售书数量”。

6）在第三列的“字段”行输入“[Forms]！[售书录入窗体]！[售书日期]”，输入完毕后此处显示为：“表达式 3：[Forms]！[售书录入窗体]！[售书日期]”。“售书日期”是窗体中文本框控件的名称；在第三列的“追加到”行的下拉列表中选择“售书日期”。

7）在第四列的“字段”行输入“[Forms]！[售书录入窗体]！[售货员]”，输入完毕后此处显示为：“表达式 4：[Forms]！[售书录入窗体]！[售货员]”。“售货员”是窗体中组合框控件的名称；在第四列的“追加到”行的下拉列表中选择“售货员”。

8）保存查询并命名为“售书录入窗口追加查询”。

“售书录入窗口追加查询”的作用是将“售书录入窗体”中四个控件的值组成一条记录，并将其追加到“图书销售表”中。

查询设计视图如图 10-9 所示。

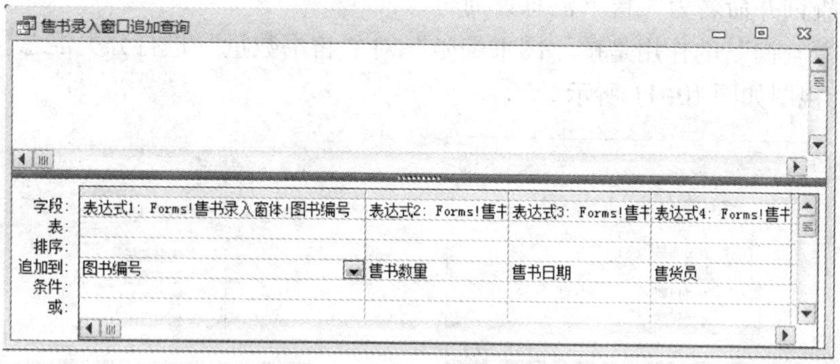

图 10-9　售书录入窗口追加查询

10.3.4 “图书进销信息窗体”所需查询

“图书进销信息窗体”需要“图书进销信息查询”作为数据源，而“图书进销信息查询”的建立又需要另外两个查询：“进货汇总查询”和“售书汇总查询”。“图书进销信息查询”的作用是根据“图书进销信息窗体”所提供的条件来完成图书进销信息的展示。

1. “进货汇总查询”的建立

建立“进货汇总查询”的步骤如下：

1）在数据库窗口中单击“创建”选项卡→“查询”选项组→“查询设计”按钮。

2）在“显示表”窗口中选择“图书进货表”，单击“添加”按钮后关闭此窗口。

3）将“图书编号”和“进书数量”两个字段添加到“字段”行。

4）选择“查询工具”中的“Σ汇总”，“查询设计视图”下面窗口会出现“总计”行。

5）选择第一列“图书编号”下“总计”行的总计类型为“Group By”。

6）选择第二列“进书数量”下“总计”行的总计类型为“合计”，并在“字段”行的“进书数量”前加上“进书总数:”，即第二列的“字段”行内容为“进书总数: 进书数量”。

7）保存查询并命名为“进货汇总查询”。

“进货汇总查询”的作用是按“图书编号”对“进书数量”进行分类汇总。

查询设计视图如图 10-10 所示。

2. “售书汇总查询”的建立

建立“售书汇总查询”的步骤如下：

1）在数据库窗口中单击“创建”选项卡→“查询”选项组→“查询设计”按钮。

2）在“显示表”窗口中选择“图书销售表”，单击“添加”按钮后关闭此窗口。

3）将“图书编号”和“售书数量”两个字段添加到“字段”行。

4）选择“查询工具”中的“Σ汇总”，“查询设计视图”下面窗口会出现“总计”行。

5）选择第一列“图书编号”下“总计”行的总计类型为“Group By”。

6）选择第二列“售书数量”下“总计”行的总计类型为“合计”，并在“字段”行的“售书数量”前加上“售书总数:”，即第二列的“字段”行内容为“售书总数:售书数量”。

7）保存查询并命名为“售书汇总查询”。

“售书汇总查询”的作用是按“图书编号”对“售书数量”进行分类汇总。

查询设计视图如图10-11所示。

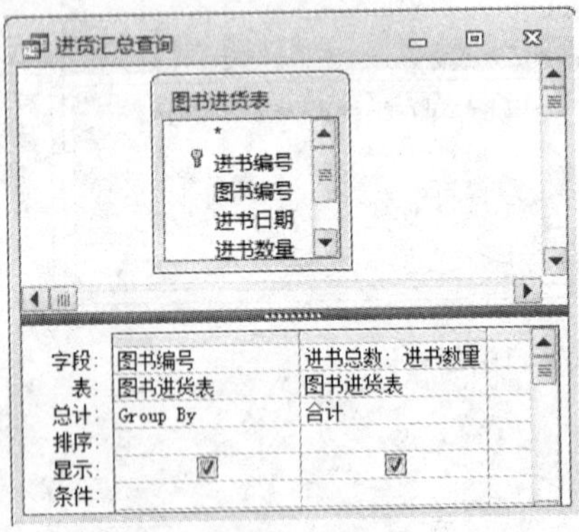

图10-10　进货汇总查询

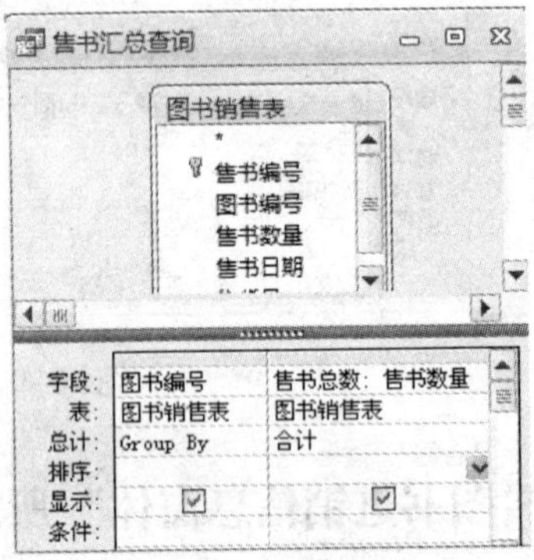

图10-11　售书汇总查询

3. “图书进销信息查询”的建立

建立“图书进销信息查询”的步骤如下:

1）在数据库窗口中单击“创建”选项卡→“查询”选项组→“查询设计”按钮。

2）在“显示表”窗口中添加“图书信息表”“进货汇总查询”和“售书汇总查询”，单击“关闭”按钮关闭此窗口。

3）双击“图书信息表”到“售书汇总查询”的关系连线，改变联接属性为第二种：包括“图书信息表”中的所有记录和“售书汇总查询”中联接字段相等的那些记录。同样，改变“图书信息表”和“进货汇总查询”的联接属性为第二种。

4）将“图书信息表”中的“图书编号”“图书名称”“作者”“出版社名称”和“定价”等字段，以及“进货汇总查询”中的“进书总数”“售书汇总查询”中的“售书总数”字段添加到“字段”行，其中“图书编号”列的“排序”方式选择“升序”。

5）在“图书编号”列下方的“条件”行中输入“[Forms]![图书进销信息窗体]![BookNum]”。“图书进销信息窗体”是窗体名称，“BookNum”是窗体中组合框控件名称。

6）在“图书名称”列下方的“或”行中输入“[Forms]![图书进销信息窗体]![BookName]”。“BookName”是窗体中组合框控件名称。

7）在“作者”列下方第七行输入“[Forms]![图书进销信息窗体]![Author]”。“Author”是窗体中组合框控件名称。

8）在“售书总数”的下一列“字段”行中输入“库存:Nz([进书总数],0)-Nz([售书总数],0)”，并在该列的“显示”行上打勾，表明该列要显示在结果中。其中nz函数的作用是将Null转换为0。

9）保存查询并命名为“图书进销信息查询”。

查询设计视图如图10-12所示。

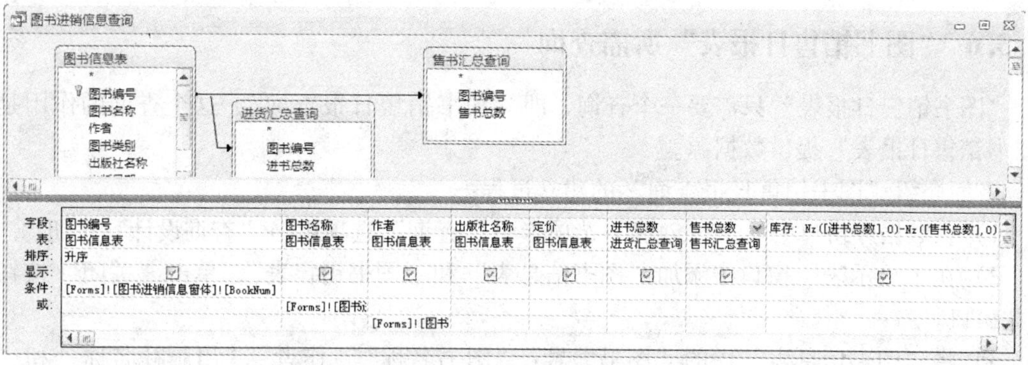

图 10-12　图书进销信息查询

10.3.5 “库存查询报表”所需查询

“库存查询报表”需要“库存报表查询”，而“库存报表查询”的建立又需要另外两个查询，“进货汇总查询”和“售书汇总查询”，这两个查询在 10.3.4 节中已经建立。“库存报表查询”的作用是为“库存查询报表”提供数据源，列出所有已经进过货的图书的库存数量。

下面介绍“库存报表查询”的建立过程：

1）在数据库窗口中单击“创建”选项卡→“查询”选项组→“查询设计”按钮。

2）在“显示表”窗口中添加“图书信息表”“进货汇总查询”和“售书汇总查询”，单击“关闭”按钮关闭此窗口。

3）双击“图书信息表”到“售书汇总查询”的关系连线，改变联接属性为第二种：包括“图书信息表”中的所有记录和“售书汇总查询”中联接字段相等的那些记录。

4）将“图书信息表”中的“图书编号”“图书名称”“作者”“出版社名称”和“定价”等字段添加到“字段”行，其中“图书编号”列的“排序”方式选择“升序”。

5）将“进货汇总查询”中的“进书总数”和“售书汇总查询”中的“售书总数”字段添加到“字段”行。

6）在第八列的“字段”行中输入“库存：Nz([进书总数],0) - Nz([售书总数],0)”，并在该列的“显示”行上打勾，表明该列要显示在结果中。

7）保存查询并命名为“库存报表查询”。

查询设计视图如图 10-13 所示。

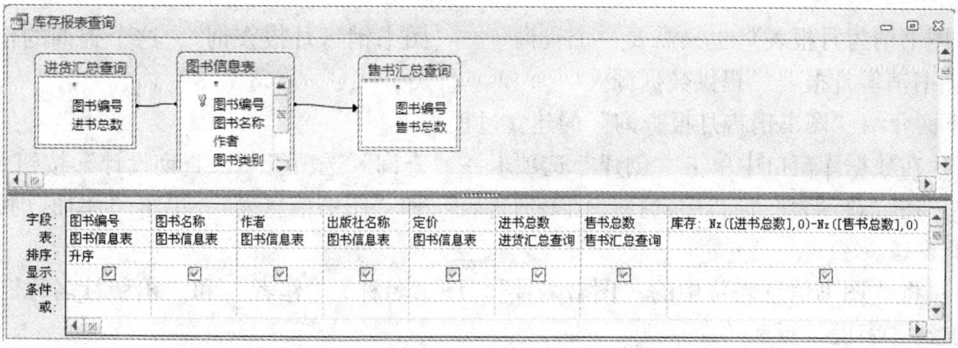

图 10-13　库存报表查询

10.3.6 “图书销售日报表”所需查询

“图书销售日报表”只需要一个查询，即“图书销售日报查询”，这个查询的作用是为“图书销售日报表”提供数据源。

下面介绍“图书销售日报查询”的建立过程：

1）在数据库窗口中单击“创建”选项卡→“查询”选项组→“查询设计”按钮。

2）在“显示表”窗口中添加“图书信息表”和“图书销售表”，单击“关闭”按钮关闭此窗口。

3）将“图书信息表”中的“图书编号”“图书名称”“作者”“出版社名称”和“定价”等字段添加到“字段”行。

4）将“图书销售表”中的“售书编号”“售书数量”“售书日期”和“售货员”字段添加到“字段”行，并将“售书编号”拖动到第一列。

5）在“售书日期”列的“条件”行中输入“Date( )”，表明查询的结果是当天发生的售书记录。

6）保存查询并命名为“图书销售日报查询”。

查询设计视图如图 10-14 所示。

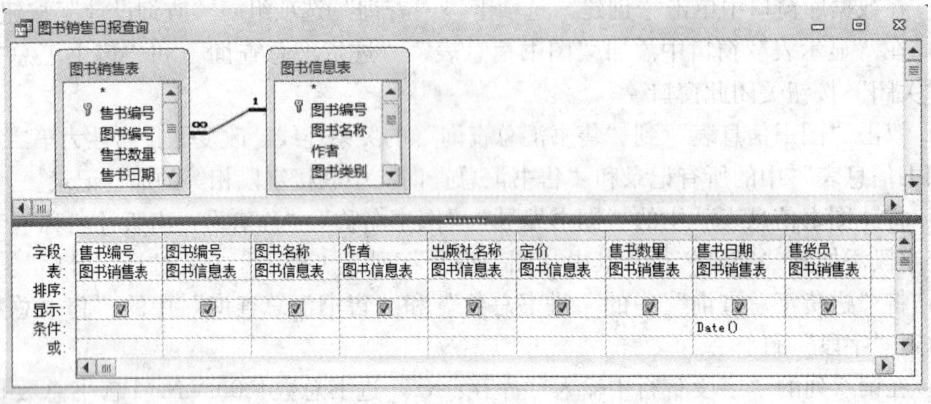

图 10-14　图书销售日报查询

10.3.7 “图书销售月报表”所需查询

“图书销售月报表”也只需要一个查询——“图书销售月报查询”，这个查询的作用是为“图书销售月报表”提供数据源。

下面介绍“图书销售月报查询”的建立过程：

1）在数据库窗口中单击“创建”选项卡→“查询”选项组→“查询设计”按钮。

2）在“显示表”窗口中选择“图书销售表”和“图书信息表”，单击“添加”按钮后关闭此窗口。

3）将“图书信息表”中的“图书编号”“图书名称”“作者”和“出版社名称”等字段添加到“字段”行。

4）将“图书销售表”中的“售书数量”字段添加到“字段”行。

5）选择“查询工具”中的“∑汇总”，“查询设计视图”下面窗口会出现“总计”行。

6）将“图书编号”“图书名称”“作者”和“出版社名称”的“总计”行设置为“Group By”。

7）“售书数量”的“总计”行为“合计”，并在“字段”行的“售书数量”前加上“售书总数:”，即第二列的“字段”行内容为“售书总数：售书数量”。

8）在“售书数量”后的第六列“字段”行输入“Month([售书日期])”，“总计”行选择“Where”，“条件”行输入“Month(Date())”，“显示”行不选择，即不需要显示。

9）在第七列“字段”行输入“Year([售书日期])”，“总计”行选择“Where”，“条件”行输入“Year(Date())”，“显示”行不选择，即不需要显示。

10）保存查询并命名为“图书销售月报查询”。

“图书销售月报查询”的作用是汇总本月每本书籍的销售量。

查询设计视图如图 10-15 所示。

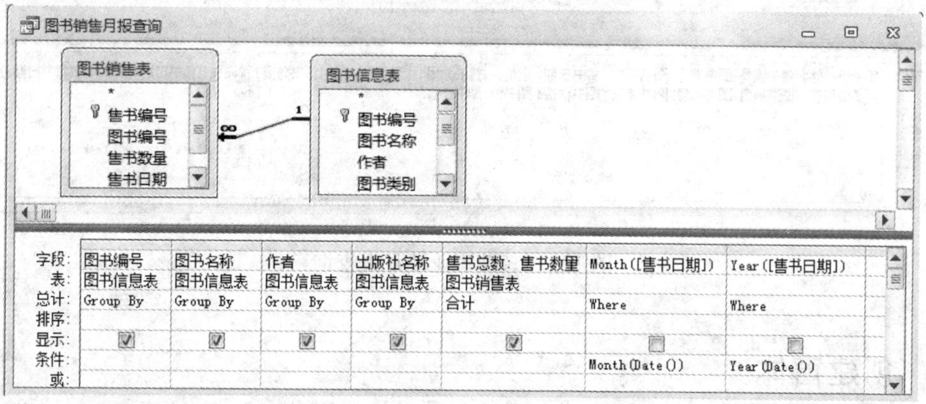

图 10-15　图书销售月报查询

10.3.8 “销售业绩月报表”所需查询

“销售业绩月报表”只需要一个查询——“销售业绩月报查询”，这个查询的作用是为“销售业绩月报表”提供数据源。

下面介绍“销售业绩月报查询”的建立过程：

1）在数据库窗口中单击“创建”选项卡→“查询”选项组→“查询设计”按钮。

2）在“显示表”窗口中选择“图书销售表”“图书信息表”和“人员信息表”，单击“添加”按钮后关闭此窗口。

3）将“人员信息表”中的“姓名”字段添加到“字段”行，并在姓名前输入“售货员:”。

4）将“图书信息表”中的“图书编号”“图书名称”和“定价”等字段添加到“字段”行。

5）将“图书销售表”中的“售书编号”“售书日期”和“售书数量”等字段添加到字段行，并按图 10-16 中的顺序排列。

6）在“售书数量”后的第八列“字段”行输入“金额:[定价]*[售书数量]”，“显示”行打勾，即需要显示。

7）在第九列“字段”行输入“Month([售书日期])”，“条件”行输入“Month(Date())”。

8）在第十列的“字段”行输入“Year([售书日期])”，“条件”行输入“Year(Date())”。

9）第九列和第十列不显示。

10）保存查询并命名为“销售业绩月报查询”。

查询设计视图如图 10-16 所示。

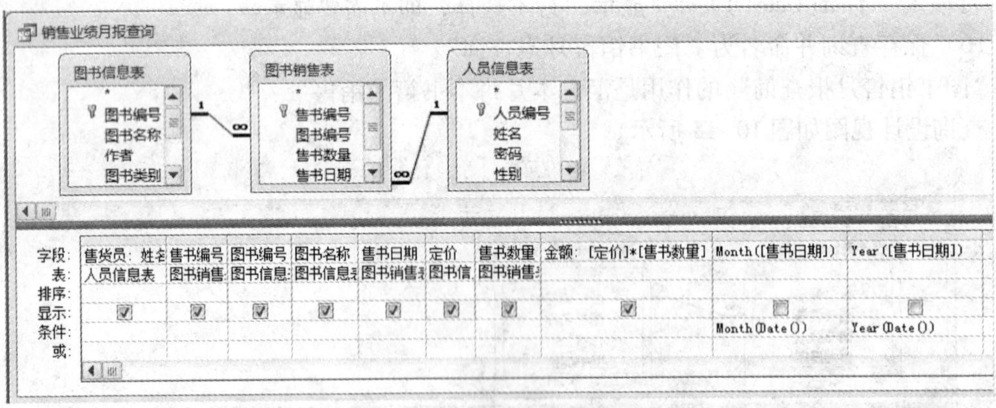

图 10-16　销售业绩月报查询

10.4　创建窗体

表对象中保存了系统所需的所有数据，查询对象可以根据需要重新组织这些数据，但是对数据的操作还是通过窗体更加安全、方便。

“图书销售管理系统”的窗体有：“进货录入窗体”“售书录入窗体”“图书进销信息窗体”“销售浏览窗体”“人员信息维护窗体”“图书信息维护窗体”等，下面分别介绍这些窗体的建立过程。另外，还有两个窗体：“登录窗体”和“切换面板”，这两个窗体将在 10.6 节介绍。

10.4.1　“进货录入窗体”的创建

“进货录入窗体”用来完成图书进货业务，不需要写任何代码即可完成创建过程，窗体的设计如图 10-17 所示。下面介绍创建过程。

1）使用窗体向导创建一个纵栏式窗体，记录源为“进货录入窗口图书信息查询”，将所有字段加到窗体中。

2）为了在登录时可以选择或输入图书编号，需要进行以下操作。

- 改变控件对象：在“图书编号”文本框上单击鼠标右键，选择“更改为”→“组合框”命令，将“图书编号”改为组合框控件。
- 清除数据源：因为此控件只是为了读取图书编号信息，所以去掉“图书编号”组合

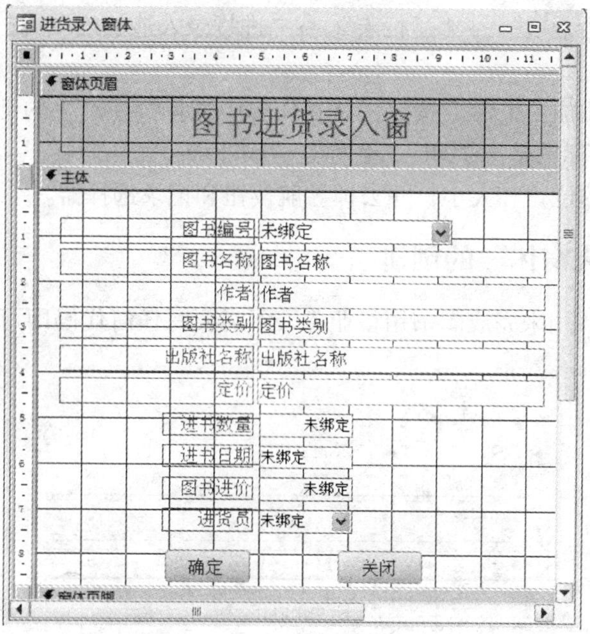

图 10-17　进货录入窗体

框的数据源，即将“图书编号”组合框的“属性”→“数据”→“控件来源”中的内容清空，使其变为“未绑定”状态。

- 设置行来源：选择“行来源类型”为“表/查询”，单击“行来源”最右边的“打开”按钮[...]，出现“查询生成器”，添加“图书信息表”中的“图书编号”字段，按升序排序，然后关闭查询生成器。
- 添加事件：为了使组合框选择某图书编号后窗体能自动根据“图书编号”查询出对应的图书信息，新建一个“重新查询图书信息宏”，宏中只需要添加一个命令：“Requery”。然后将“图书编号”组合框“属性”→“事件”→“更改”属性设置为“重新查询图书信息宏”。

3）在窗体中添加三个文本框，名称分别为“进书数量”“进书日期”和“图书进价”，并将文本框对应的标签标题改为“进书数量”“进书日期”和“图书进价”。

4）在窗体中添加一个组合框，命名为“进货员”，并修改对应标签的标题为“进货员”。设置组合框的“行来源类型”为“表/查询”，单击“行来源”最右边的“打开”按钮[...]，出现“查询生成器”，添加“人员信息表”中的“人员编号”字段，按升序排序，然后关闭查询生成器。

5）新建一个宏，用来将相关控件中的值追加到“图书进货表”中，将宏命名为“进货录入追加宏”，如图 10-18 所示。

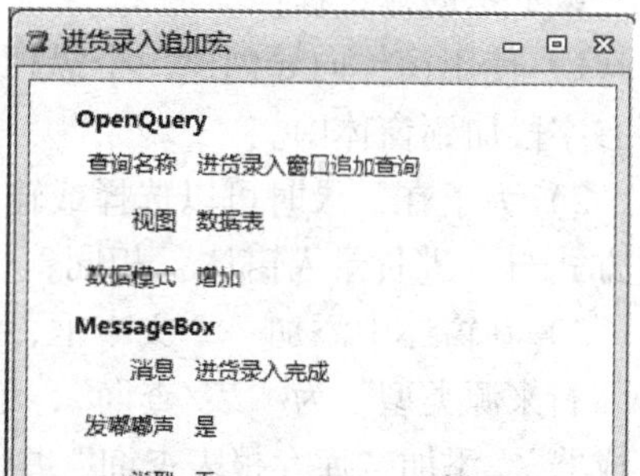

图 10-18　进货录入追加宏

6）在窗体中添加一个命令按钮，并在向导中选择按钮产生的动作："杂项" →"运行宏" →"进货录入追加宏"，按钮的标题为"确定"，名称是"cmdUpdate"。

7）在窗体中再添加一个命令按钮，并在向导中选择按钮产生的动作："窗体操作" →"关闭窗体"，按钮的标题是"关闭"，名称是"cmdClose"。

8）调整各控件的位置和大小，并去掉导航按钮和记录选择器。

10.4.2 "售书录入窗体"的创建

"售书录入窗体"用来完成图书销售业务，不需要写任何代码即可完成创建过程，窗体设计如图10-19所示。

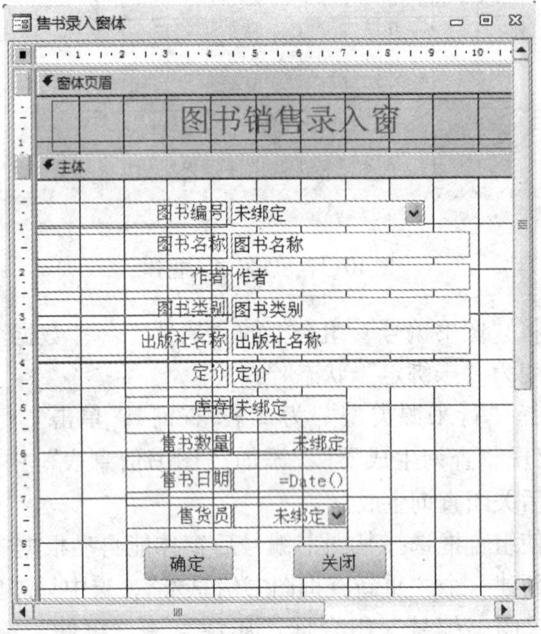

图10-19　售书录入窗体

以下是创建过程：

1）使用窗体向导创建一个纵栏式窗体，记录源为"售书录入窗口图书信息查询"，将所有字段加到窗体中。

2）为了在登录时可以选择或输入图书编号，也将"图书编号"文本框改为组合框，修改方式与"进货录入窗体"相同，请参阅上一节内容。

3）在窗体中添加一个文本框，设置名称和对应标签的标题都为"库存"，选择"数据" →"行来源类型"为"表/查询"，单击"行来源"最右边的"打开"按钮[...]，出现"查询生成器"，添加"库存报表查询"中的"库存"和"图书编号"字段。然后在"图书编号"列下方的"条件"行中输入"[Forms]![售书录入窗体]![图书编号]"，以便"图书编号"变化时，文本框能反映出该图书编号图书的库存，如图10-20所示，然后关闭查询生成器。

4）在窗体中添加两个文本框，设置其名称和对应标签的标题分别为"售书数量"和"售书日期"。

5）在窗体中添加一个组合框，命名为"售货员"，修改对应标签标题为"售货员"，选择组合框的“行来源类型”为“表/查询”，单击“行来源”最右边的“打开”按钮，出现“查询生成器”，添加“人员信息表”中的“人员编号”字段，按升序排序，关闭查询生成器。

6）新建一个宏，命名为“售书录入追加宏”，用来将相关控件中的值追加到“图书销售表”。在宏中，利用“OpenQuery”命令执行“售书录入窗口追加查询”，将“图书编号”“售书数量”“售书日期”和“售货员”控件的值追加到“图书销售表”中，而“库存”文本框中的值用来在填写“售书数量”时作参考。窗体其余控件的值用来显示图书信息，并不需要写到任何表中。“售书录入追加宏”如图 10-21 所示。

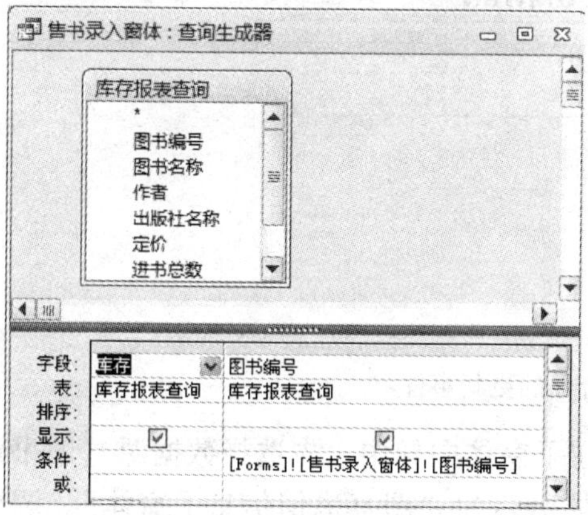

图 10-20　查询生成器

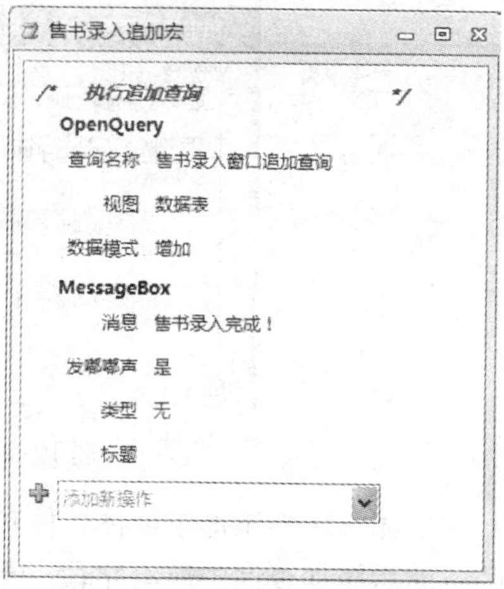

图 10-21　售书录入追加宏

7）在窗体中添加一个命令按钮，在向导中选择按钮产生的动作：“杂项”→“运行宏”→“售书录入追加宏”，按钮显示文本为“确定”，命名为“cmdUpdate”。

8）在窗体中再添加一个命令按钮，在向导中选择按钮产生的动作：“窗体操作”→“关闭窗体”，按钮显示文本为“关闭”，命名为“cmdClose”。

9）调整窗体中控件的位置和大小，并去掉导航按钮和记录选择器。

10.4.3 “图书进销信息窗体”的创建

“图书进销信息窗体”是用于显示根据“图书编号”“图书名称”或“作者”等条件进行查询后所得的信息。它需要调入一个子窗体“图书进销信息子窗体”来完成显示。

创建过程如下：

1）利用“窗体设计”新建一个窗体，并在窗体页眉区域添加一个标签，标题为“图书信息查询”；然后在标签下方添加三个组合框，分别命名为“BookNum”“BookName”和“Author”，其对应的标签标题分别为：“图书编号”“图书名称”和“作者”。

2）在组合框 BookNum 的属性中，单击“行来源”最右边的“打开”按钮，出现“查询生成器”，添加“图书信息表”中的“图书编号”字段，按升序排序，然后关闭查询生成器。

3）在组合框 BookName 的属性中，单击“行来源”最右边的“打开”按钮，出现“查询生成器”，添加“图书信息表”中的“图书名称”字段，按升序排序，然后关闭查询生成器。

4）在组合框 Author 的属性中，单击“行来源”最右边的“打开”按钮[...]，出现“查询生成器”，添加“图书信息表”中的“作者”字段，然后单击查询工具栏上的“Σ汇总”，并在“作者”列下方的“总计”行中选择“Group By”，并按升序排序，最后关闭查询生成器。

5）在三个组合框 BookNum、BookName 和 Author 的“更新后”事件过程中添加代码：“图书进销信息子窗体 . Requery ”，此语句的作用是当组合框中的选择发生改变时，重新执行子窗体的查询，如图 10-22 所示。

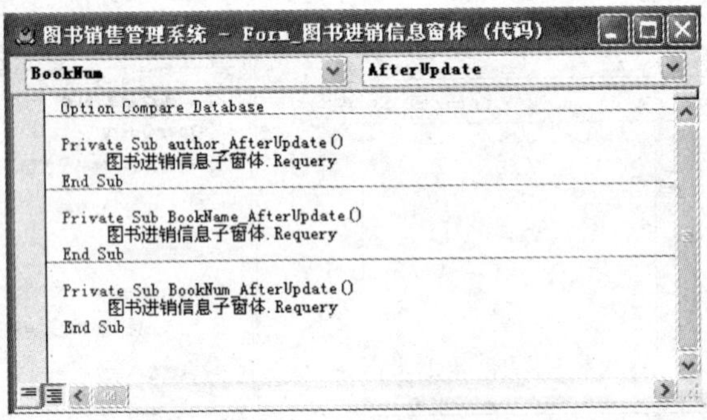

图 10-22　组合框的更新事件

6）在主体节区中添加子窗体控件对象。在子窗体向导中，先选择数据源“图书进销信息查询”，然后添加查询中所有字段，最后窗体命名为“图书进销信息子窗体”。调整子窗体中各个控件的位置，如图 10-23 所示。

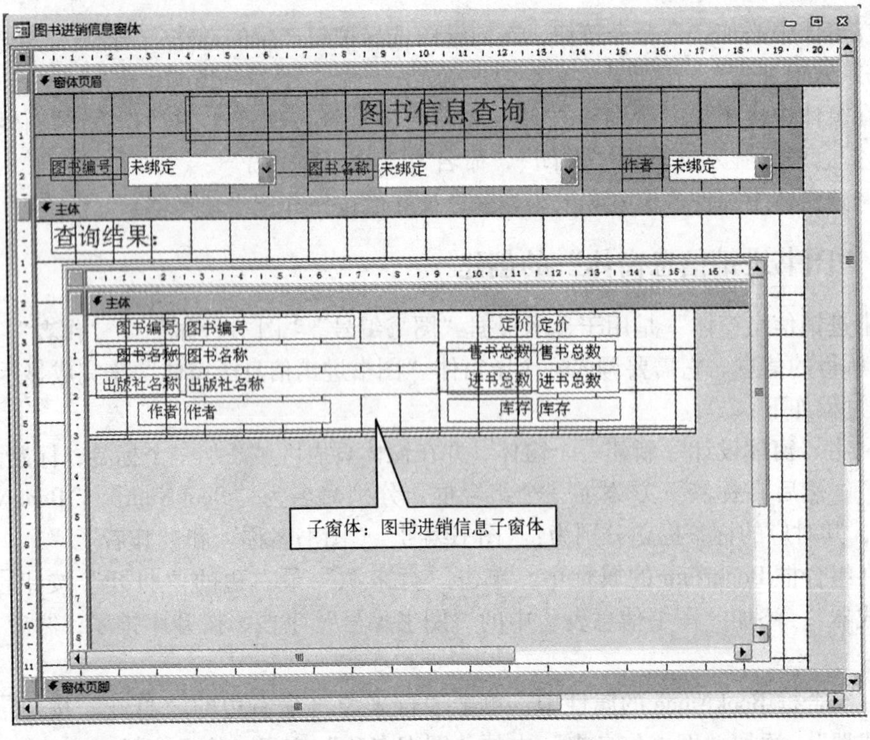

图 10-23　图书进销信息窗体

7）调整窗体中各个控件的位置和格式，并去掉两个窗体的导航按钮和记录选择器。

8）完成后的窗体如图 10-24 所示。

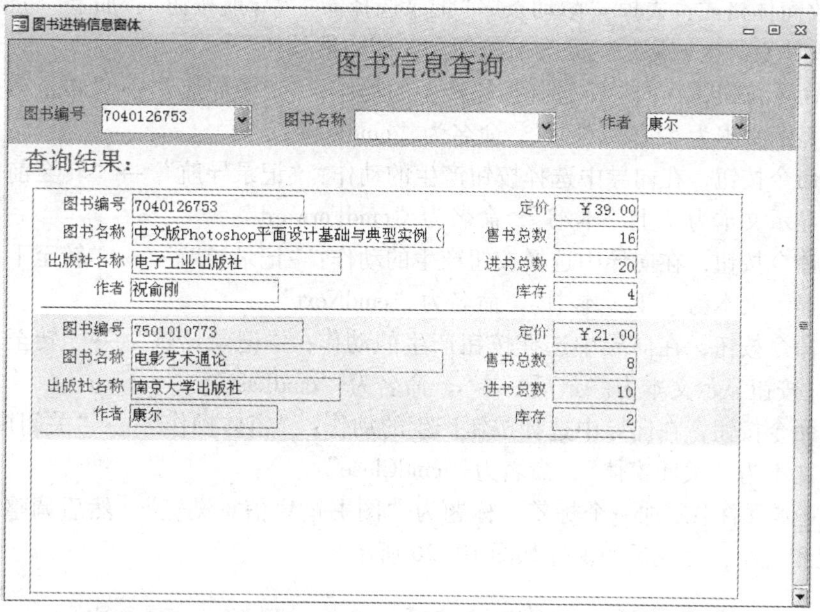

图 10-24　图书进销信息窗体

10.4.4 “图书销售浏览窗体”的创建

“图书销售浏览窗体”是主/子窗体，用于显示每一本图书的销售情况。

“图书销售浏览窗体”创建过程如下：

1）使用“窗体向导”创建窗体，将“图书信息表”和“图书销售表”中的所有字段添加到窗体中。

2）选择查看数据的方式为“通过 图书信息表”和“带有子窗体的窗体”，如图 10-25 所示。

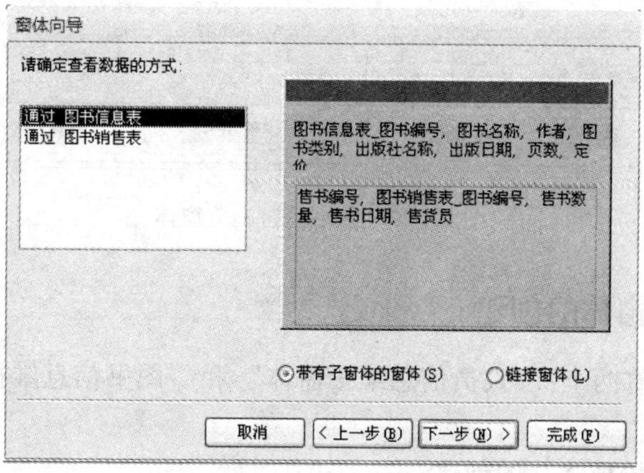

图 10-25　查看数据方式

3）子窗体使用的布局为“数据表”，窗体标题为“图书销售浏览窗体”，子窗体标题为“图书销售浏览子窗体”。

4）修改窗体格式：去掉“滚动条”“记录选择器”“导航按钮”，加上“分隔线”。

5）在窗体页脚区域添加记录导航按钮和关闭窗体按钮。

- 添加命令按钮，在向导中选择按钮产生的动作：“记录导航”→“转至第一项记录”，按钮显示文本为“第一本书”，命名为“cmdFirst”。
- 添加命令按钮，在向导中选择按钮产生的动作：“记录导航”→“转至前一项记录”，按钮显示文本为“上一本书”，命名为“cmdForward”。
- 添加命令按钮，在向导中选择按钮产生的动作：“记录导航”→“转至下一项记录”，按钮显示文本为“下一本书”，命名为“cmdNext”。
- 添加命令按钮，在向导中选择按钮产生的动作：“记录导航”→“转至最后一项记录”，按钮显示文本为“最后一本”，命名为“cmdLast”。
- 添加命令按钮，在向导中选择按钮产生的动作：“窗体操作”→“关闭窗体”，按钮显示文本为“关闭窗体”，命名为“cmdClose”。

6）在窗体页眉中添加一个标签，标题为“图书销售信息浏览”，然后调整各控件和子窗体的位置和大小，完成后的窗体如图10-26所示。

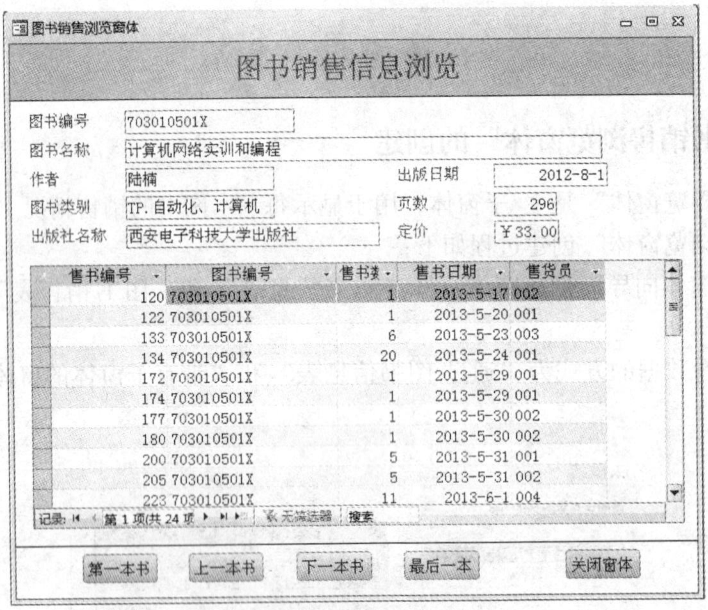

图10-26　图书销售浏览窗体

10.4.5　信息维护窗体的创建

信息维护类窗体有两个：“人员信息维护窗体”和“图书信息维护窗体”。下面分别介绍创建过程。

1. “人员信息维护窗体”的创建

“人员信息维护窗体”用来维护“人员信息表”中的数据。

创建过程如下：

1）使用“窗体向导”创建一个“纵栏式”窗体，记录源为“人员信息表”。

2）在窗体上创建记录导航按钮、记录操作按钮和关闭窗体按钮。

- 添加命令按钮，在向导中选择按钮产生的动作：“记录导航”→“转至第一项记录”，按钮显示为图片，命名为“cmdFirst”。
- 添加命令按钮，在向导中选择按钮产生的动作：“记录导航”→“转至前一项记录”，按钮显示为图片，命名为“cmdForward”。
- 添加命令按钮，在向导中选择按钮产生的动作：“记录导航”→“转至下一项记录”，按钮显示为图片，命名为“cmdNext”。
- 添加命令按钮，在向导中选择按钮产生的动作：“记录导航”→“转至最后一项记录”，按钮显示为图片，命名为“cmdLast”。
- 添加命令按钮，在向导中选择按钮产生的动作：“记录操作”→“添加新记录”，按钮显示为图片，命名为“cmdAdd”。
- 添加命令按钮，在向导中选择按钮产生的动作：“记录操作”→“删除记录”，按钮显示为图片，命名为“cmdDel”。
- 添加命令按钮，在向导中选择按钮产生的动作：“窗体操作”→“关闭窗体”，按钮显示文本为“关闭窗体”，命名为“cmdClose”。

3）修改窗体格式：去掉“滚动条”“记录选择器”和“导航按钮”，加上“分隔线”。

4）在窗体页眉中添加一个标签，标题为“人员信息维护”，调整各个控件的位置和大小，并将窗体保存为“人员信息维护窗体”。

5）完成后的窗体如图 10-27 所示。

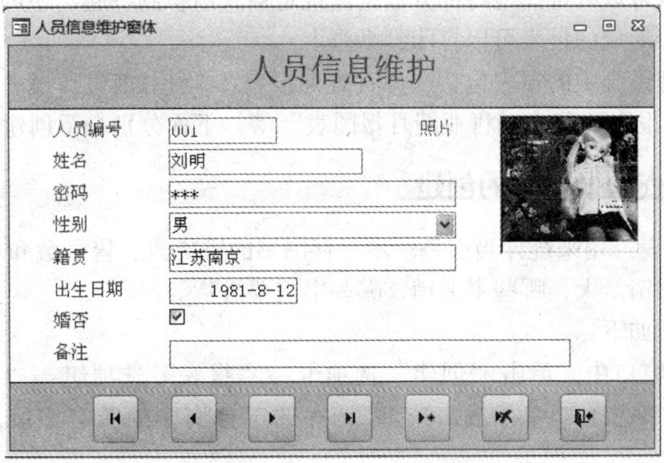

图 10-27　人员信息维护窗体

2. “图书信息维护窗体”的创建

“图书信息维护窗体”用来维护“图书信息表”中的数据。

其创建过程如下：

1）使用“窗体向导”创建一个“纵栏式”窗体，记录源为“图书信息表”。

2）在窗体上创建记录导航按钮、记录操作按钮和关闭窗体按钮，创建过程与“人员信息维护窗体”相同，在此不再赘述。

3）格式设置也相同。

4）在窗体页眉中添加一个标签，标题为“图书信息维护”，调整各个控件的位置和大小，并将窗体保存为“图书信息维护窗体”，完成后的窗体如图 10-28 所示。

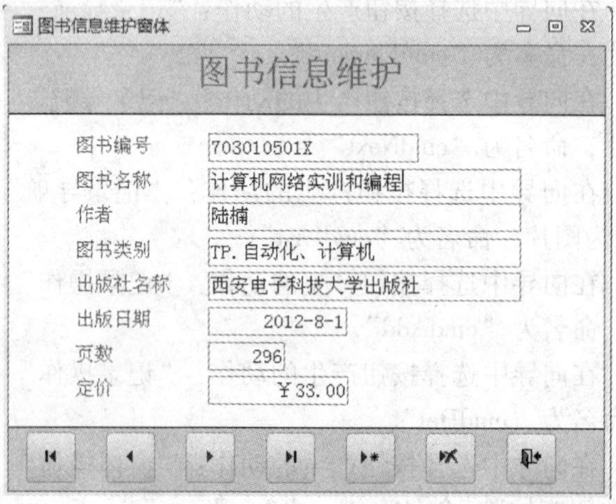

图 10-28　图书信息维护窗体

10.5　创建报表

报表对象不仅可以有选择地将部分数据按规定格式组织到一起，还可以对数据进行各种方式的汇总统计，形成的报表可以打印到纸张上。

图书销售管理系统中的报表包括“库存查询报表”“图书销售日报表”“图书销售月报表”“销售业绩月报表”和“销售业绩月报图表”等。下面分别介绍创建过程。

10.5.1　“库存查询报表”的创建

“库存查询报表”用来统计当前每一本库存图书的进货数、售书数和库存数，从这些数字可以看出哪些书销量大，哪些书滞销，哪些书需要进货等。

介绍创建过程如下：

1）在数据库窗口中，单击“创建”选项卡→“报表”选项组→“报表向导”按钮，在弹出的对话框中选择“库存报表查询”，并选定查询中的所有字段，单击“下一步”按钮。

2）不添加分组级别，直接单击“下一步”按钮。

3）由于“库存报表查询”中已定义按照“图书编号”升序排序，所以向导中不再设定排序，直接单击“下一步”按钮。

4）报表的布局方式选择“表格”和“纵向”，保持“调整字段宽度使所有字段都能显示在一页中”选中状态，单击“下一步”按钮。

5）报表标题为“库存查询”，单击“完成”按钮。

6）在设计视图中调整个控件的位置和大小，完成报表创建。

完成后的库存查询报表如图 10-29 所示。

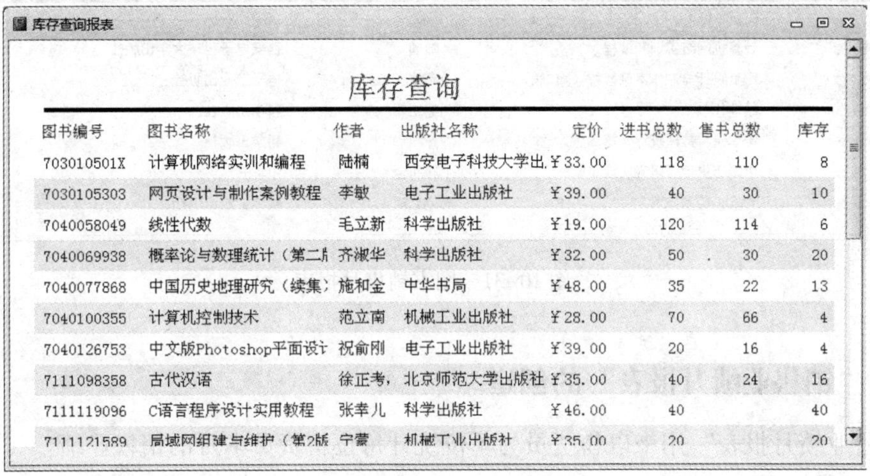

图 10-29　库存查询报表

10.5.2 “图书销售日报表”的创建

“图书销售日报表”用来统计当天的售书业务明细和总销售额。创建过程与“库存查询报表”相同，只是记录源为“图书销售日报查询”，报表标题为“图书销售日报表”。

最后在报表页脚处添加一个文本框，控件来源为“ = SUM([定价] * [数量])”，对应的标签标题为“销售额”。在报表页眉处添加一个文本框，控件来源为“ = Date( )”，删除对应的标签。如图 10-30 所示。

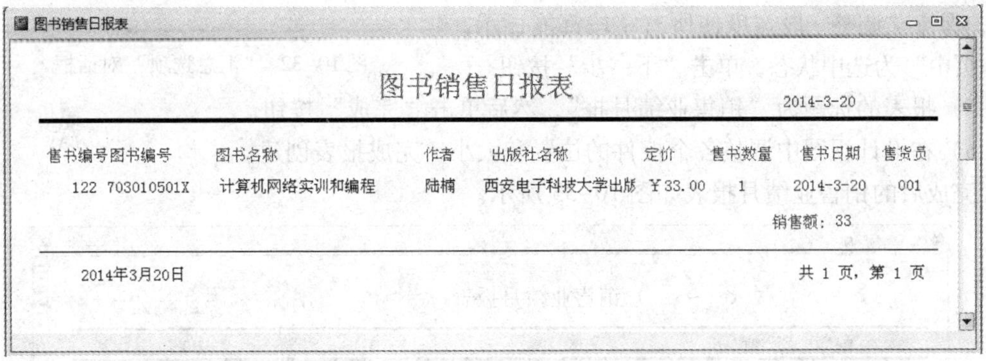

图 10-30　图书销售日报表

10.5.3 “图书销售月报表”的创建

“图书销售月报表”用来统计本月销售的每种书的销售总数量。创建过程与“库存查询报表”相同，只是记录源改为“图书销售月报查询”，报表布局方向为“横向”，报表标题为“图书销售月报表”。完成后的报表如图 10-31 所示。

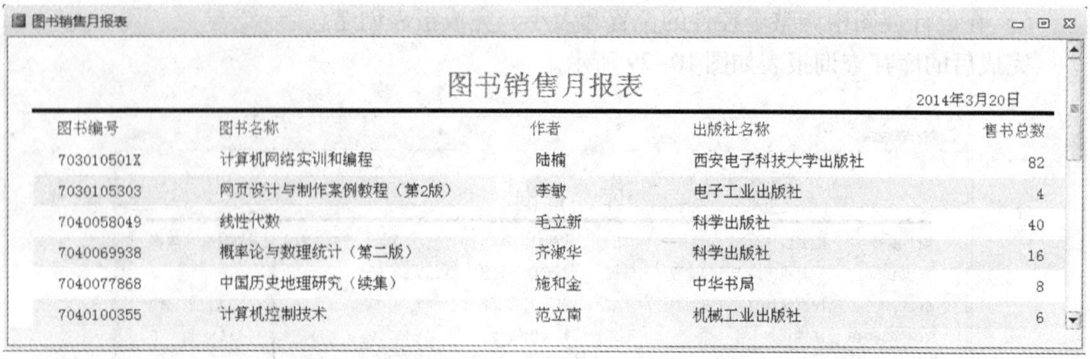

图 10-31　图书销售月报表

10.5.4 “销售业绩月报表”的创建

“销售业绩月报表”用来以售货员为单位统计每位售货员本月的销售业绩。

创建过程如下：

1）在数据库窗口中，单击“创建”选项卡→“报表”选项组→“报表向导”按钮，在弹出的对话框中选择“销售业绩月报查询”，并选定查询中的所有字段，然后单击“下一步”按钮。

2）添加分组级别“售货员”，单击“下一步”按钮。

3）单击“汇总选项”，在“汇总选项”对话框中选择“汇总”“售书数量”和“金额”，如图 10-32 所示，单击“下一步”按钮。

4）报表的布局方式选择“表格”和“纵向”，保持“调整字段宽度使所有字段都能显示在一页中”为选中状态，单击“下一步”按钮。

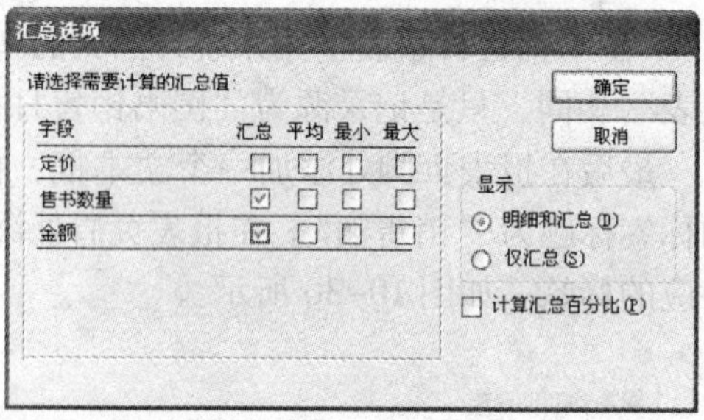

图 10-32　“汇总选项”对话框

5）报表的标题为“销售业绩月报”，然后单击“完成”按钮。

6）在设计视图中调整各个控件的位置和大小，完成报表创建。

完成后的销售业绩月报表如图 10-33 所示。

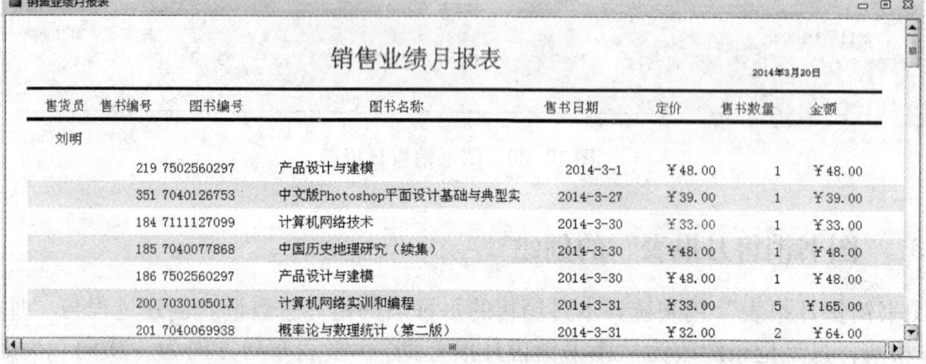

图 10-33　销售业绩月报表

10.5.5 “销售业绩月报图表”的创建

“销售业绩月报图表”以图表的方式直观地展示了各售货员的月销售额。

创建过程如下：

1）在数据库窗口中，单击“创建”选项卡→“报表”选项组→“报表设计”按钮，在主体节中插入图表对象，弹出“图表向导”对话框。在对话框中选择“销售业绩月报查询”，选择用于图表的字段：“售货员”和“金额”，单击“下一步”按钮。

2）选择图表类型为“柱形图”，单击“下一步”按钮。

3）数据在报表中的布局方式为：“售货员”在X轴，“金额”在数值轴，然后单击“下一步”按钮。

4）图表标题为“销售业绩月报”，不要图例，单击“完成”按钮，结束向导。

5）在设计视图中单击图表区域，设置图表的边框样式为“透明”。

6）在图表标题后添加一个文本框，控件来源为“=Date()”，删除对应的标签。

7）双击图表区域进入图表编辑状态，双击第一个图形柱，出现“数据系列格式”对话框，在“数据标签”中选择“值”，如图10-34所示，然后单击“确定”按钮。

8）调整“报表页眉”“页面页脚”和各部分的大小和位置，完成“销售业绩月报表”的创建，如图10-35所示。

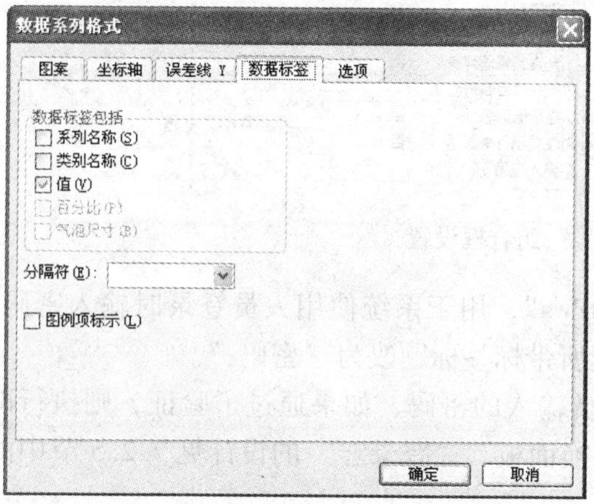

图10-34 “数据系列格式”对话框

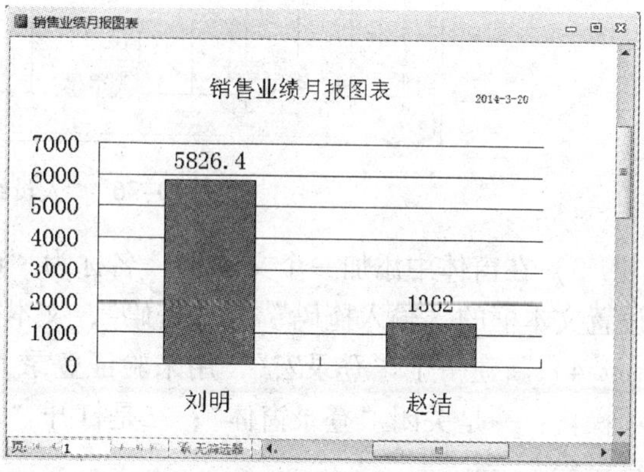

图10-35 销售业绩月报图表

10.6 应用系统集成

设计应用系统的目的，就是要通过窗体和报表等对象来操作数据，而不是直接操作数据库中的表或查询等数据对象，这样可以降低对操作者计算机水平的要求，保证数据操作的准确性和安全性。操作者不需要具有数据库的操作能力，也不需要直接接触数据库中的数据对象，只需具备一般软件的使用操作能力即可。

在前面的小节中已经建立了一些窗体和报表等对象，但是这些对象都是独立的，需要将它们组织起来，并通过某种流程对其进行访问。另外，还需要屏蔽数据库的某些操作，以达到保护数据的目的。本节就是要完成此项任务，并使这些对象融入一个完整的系统内。

系统集成的过程主要包括“登录窗体”和“切换面板”的创建、启动窗体的设置等步骤。

10.6.1 “登录窗体”的创建

“登录窗体”是整个系统的入口，只有通过了“登录窗体”的登录验证，才能转到其他的窗体操作。

下面是“登录窗体”的创建过程。

1）创建一个空白窗体，并设置窗体的记录源为“登录窗体查询”。

2）为了在登录时可以选择或输入编号，在窗体中添加一个组合框，名称为“人员编号”，并设置其“行来源类型”为“表/查询”，单击“行来源”最右边的“...”按钮，出现“查询生成器”，添加“人员信息表”中的“人员编号”字段，按升序排列，关闭查询生成器；“人员编号”组合框“数据”属性设置如图 10-36 所示。

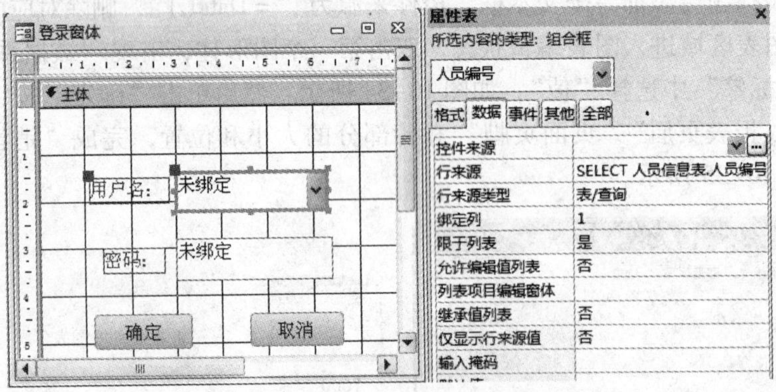

图 10-36 “人员编号”组合框设置

3）在窗体中添加一个文本框，名称为“txtPws”，用于系统使用人员登录时输入密码。设置文本框的“输入掩码”为“密码”，文本框所带标签标题改为“密码:”。

4）新建一个“登录宏”，用来验证登录人员输入的密码，如果通过了验证，则执行两项操作：一是关闭“登录窗体”；二是打开“切换面板”。“登录宏”的设计见 7.2.5 节中的登录宏。

5）在窗体中添加一个命令按钮，在向导中选择按钮产生的动作：“杂项”→“运行宏”，并选择要运行的宏为“登录宏”，按钮显示文本为“确定”，其名称命名为“CmdLogin”。

6）在窗体中再添加一个命令按钮，在向导中选择按钮产生的动作：“应用程序”→“退出应用程序”，按钮显示文本为“取消”，其名称命名为“CmdClose”。

7）调整各控件位置和大小，去掉窗体的导航按钮和记录选择器，并设置窗体自动居中。

8）完成后的窗体如图 10-37 所示。

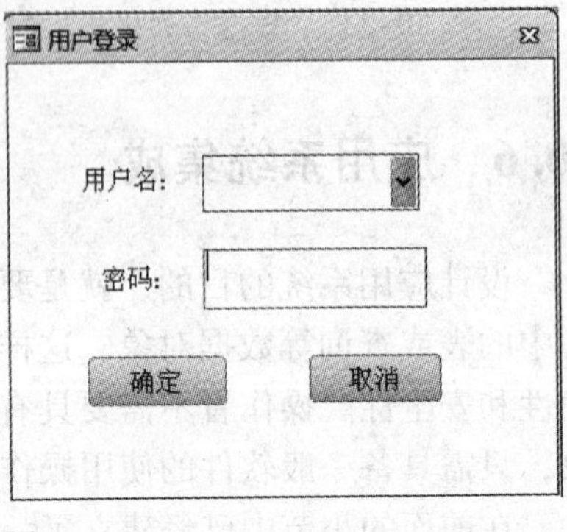

图 10-37 登录窗体

10.6.2 “切换面板”的创建

“切换面板”是整个应用系统的主界面，是联系系统各个对象的枢纽，创建过程如下：

1）在“数据库工具”中选择“切换面板管理器”。

2）系统提示“切换面板管理器在该数据库中找不到有效的切换面板。是否创建一个?”，单击“是”按钮。

3）在“切换面板管理器”页面中：

- 单击“新建”按钮，输入切换面板页名为“业务报表”，单击“确定”按钮。
- 单击“新建”按钮，输入切换面板页名为“系统维护”，单击“确定”按钮。

4）系统已默认建立了一个“主切换面板”，单击“编辑”，出现“编辑切换面板页”。

- 单击“新建”按钮，弹出“编辑切换面板项目”对话框，在其中进行设置。
  文本：图书进货。
  命令：在“编辑”模式下打开窗体。
  窗体：进货录入窗体。
  单击“确定”按钮，关闭“编辑切换面板项目”对话框。
- 单击“新建”按钮，弹出“编辑切换面板项目”对话框，在其中进行设置。
  文本：图书销售。
  命令：在“编辑”模式下打开窗体。
  窗体：售书录入窗体。
  单击“确定”按钮，关闭“编辑切换面板项目”对话框。
- 单击“新建”按钮，弹出“编辑切换面板项目”对话框，在其中进行设置。
  文本：进销信息。
  命令：在“编辑”模式下打开窗体。
  窗体：图书进销信息窗体。
  单击“确定”按钮，关闭“编辑切换面板项目”对话框。
- 单击“新建”按钮，弹出“编辑切换面板项目”对话框，在其中进行设置。
  文本：销售浏览。
  命令：在“编辑”模式下打开窗体。
  窗体：图书销售浏览窗体。
  单击“确定”按钮，关闭“编辑切换面板项目”对话框。
- 单击“新建”按钮，弹出“编辑切换面板项日”对话框，在其中进行设置。
  文本：业务报表。
  命令：转至“切换面板”。
  窗体：业务报表。
  单击“确定”按钮，关闭“编辑切换面板项目”对话框。
- 单击“新建”按钮，弹出“编辑切换面板项目”对话框，在其中进行设置。
  文本：系统维护。
  命令：转至“切换面板”。
  窗体：系统维护。

单击“确定”按钮，关闭“编辑切换面板项目”对话框。

- 单击“新建”按钮，弹出“编辑切换面板项目”对话框，在其中进行设置。

  文本：退出登录。

  命令：退出应用程序。

  单击“确定”按钮，关闭“编辑切换面板项目”对话框。

“主切换面板”设置如图 10-38 所示，单击“关闭”按钮回到“切换面板管理器”。

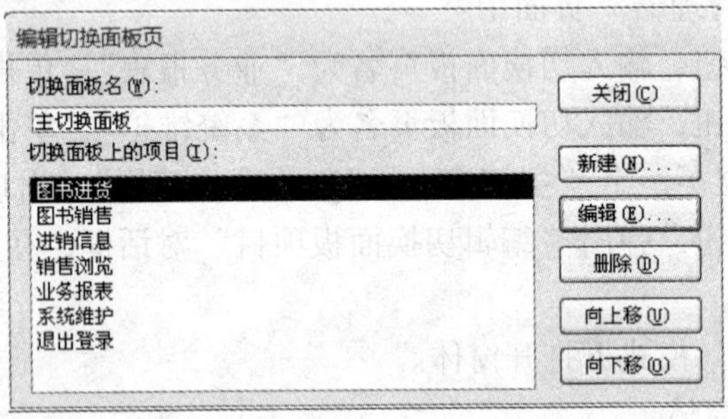

图 10-38 “主切换面板”设置

5）选择“切换面板页”中的“业务报表”，单击“编辑”按钮，出现“编辑切换面板页”。

- 单击“新建”按钮，弹出“编辑切换面板项目”对话框，在其中进行设置。

  文本：库存查询报表。

  命令：打开报表。

  报表：库存查询报表。

  单击“确定”按钮，关闭“编辑切换面板项目”对话框。

- 单击“新建”按钮，弹出“编辑切换面板项目”对话框，在其中进行设置。

  文本：图书销售日报表。

  命令：打开报表。

  报表：图书销售日报表。

  单击“确定”按钮，关闭“编辑切换面板项目”对话框。

- 单击“新建”按钮，弹出“编辑切换面板项目”对话框，在其中进行设置。

  文本：图书销售月报表。

  命令：打开报表。

  报表：图书销售月报表。

  单击“确定”按钮，关闭“编辑切换面板项目”对话框。

- 单击“新建”按钮，弹出“编辑切换面板项目”对话框，在其中进行设置。

  文本：销售业绩月报表。

  命令：打开报表。

  报表：销售业绩月报表。

  单击“确定”按钮，关闭“编辑切换面板项目”对话框。

- 单击“新建”按钮，弹出“编辑切换面板项目”对话框，在其中进行设置。

  文本：销售业绩月报图表。

命令：打开报表。

报表：销售业绩月报图表。

单击“确定”按钮，关闭“编辑切换面板项目”对话框。

- 单击“新建”按钮，弹出“编辑切换面板项目”对话框，在其中进行设置。

  文本：返回。

  命令：转至“切换面板”。

  切换面板：主切换报表。

  单击“确定”按钮，关闭“编辑切换面板项目”对话框。

“报表”切换面板设置如图 10-39 所示，单击“关闭”按钮回到“切换面板管理器”。

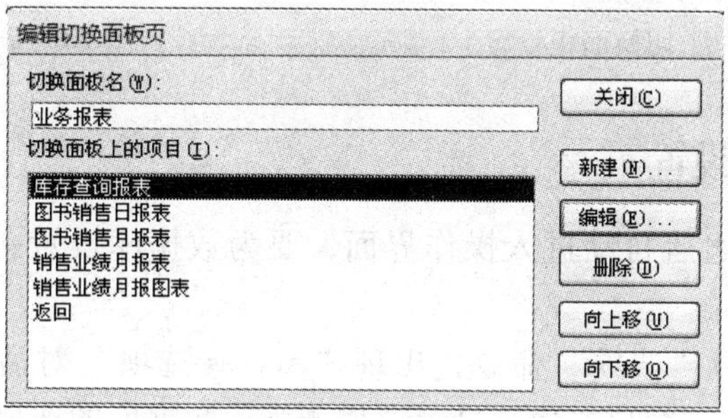

图 10-39 “报表”切换面板设置

6）选择“切换面板页”中的“系统维护”，单击“编辑”，出现“编辑切换面板页”。

- 单击“新建”按钮，弹出“编辑切换面板项目”对话框，在其中进行设置。

  文本：图书信息维护。

  命令：在“编辑”模式下打开窗体。

  窗体：图书信息维护窗体。

  单击“确定”按钮，关闭“编辑切换面板项目”对话框。

- 单击“新建”按钮，弹出“编辑切换面板项目”对话框，在其中进行设置。

  文本：人员信息维护。

  命令：在“编辑”模式下打开窗体。

  窗体：人员信息维护窗体。

  单击“确定”按钮，关闭“编辑切换面板项目”对话框。

- 单击“新建”按钮，弹出“编辑切换面板项目”对话框，在其中进行设置。

  文本：返回。

  命令：转至“切换面板”。

  切换面板：主切换面板。

  单击“确定”按钮，关闭“编辑切换面板项目”对话框。

“系统维护”切换面板设置如图 10-40 所示，单击“关闭”按钮回到“切换面板管理器”，单击“关闭”按钮结束“切换面板”创建。

7）完成后的“切换面板”如图 10-41 所示。

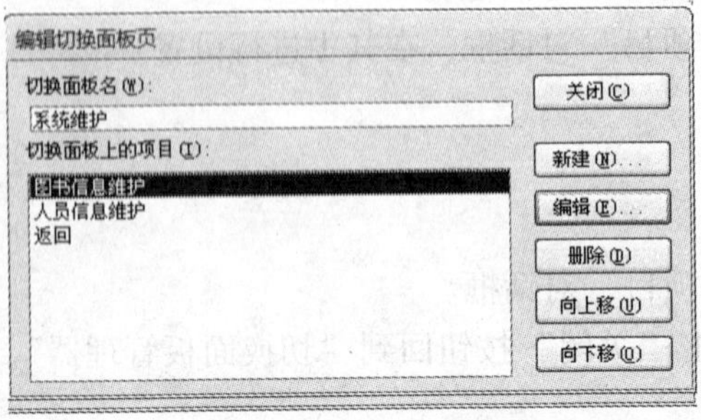

图 10-40 “系统维护”切换面板设置

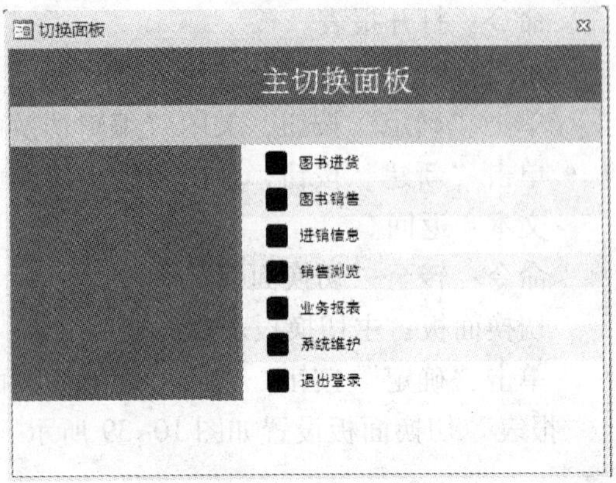

图 10-41 切换面板

10.6.3 启动窗体的设置

为了在数据库打开之后自动进入操作界面，要为数据库设置一个“启动窗体”。步骤如下：

1）选择“文件”→“选项”命令，出现“Access 选项”对话框。在对话框中单击左边的导航“当前数据库”，窗口右边则显示“用于当前数据库的选项”内容。

2）在“应用程序标题”中输入“图书销售管理系统”，“显示窗体/页”中选择“登录窗体”，除“显示状态栏”外，取消所有选中的选项，如图 10-42 所示。

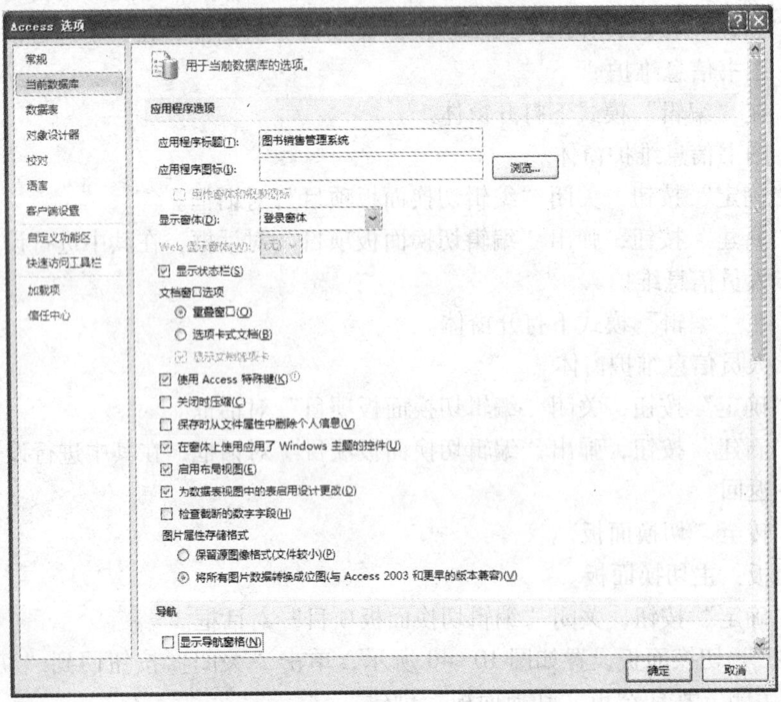

图 10-42 “Access 选项”对话框

再次打开数据库时，“登录窗体”会自动出现，而且不出现数据库窗口和某些菜单，不能查看和编辑数据库的各种对象，只能使用应用系统提供的窗体来操作，这在一定程度上保护了应用系统的安全，不会被意外修改。

10.6.4 开发说明

图书销售管理系统作为一个应用系统的开发实例，包括了数据库应用系统的一般功能，主要目的是展示 Access 2010 在数据库应用系统开发方面的强大功能。为了使非计算机专业人员能够方便地开发系统，文中很少使用 VBA 进行编程，使得他们可以很容易地利用 Access 2010 开发适用于本专业的数据库应用系统。

本系统的某些方面还不够完善，如一些操作窗体的输入错误检查、业务数据的多种方式查询以及各种业务数据的报表等。读者可以根据实际情况，增加系统功能。另外，如果结合 VBA 编程技术，可以使这个系统成为一个真正实用的数据库应用系统。

本章小结

本章详细介绍了一个数据库应用系统实例——“图书销售管理系统”的开发过程，为了充分体现 Access 2010 易于开发的特性，在系统的开发过程中，不用编写任何的程序代码。在系统中包括了 Access 2010 常用的“表”“查询”“窗体”“报表”和“宏”等常用对象，稍加完善即可成为一个实用的应用系统。

习题

一、思考题

1. 为什么“图书进货表”和“图书销售表”中只有“图书编号”，而没有其他的图书信息？
2. 在“登录窗体”中是如何实现用户密码检验的？
3. 在“登录窗体”“进书录入窗体”和“售书录入窗体”中，记录源为何使用的是根据对应的表创建的查询，而没有直接使用对应的表？
4. 在“售书录入窗体”中，如果要求输入“售书数量”的值不能大于“库存”的数量，应该采用何种技术？如何实现？
5. 如果要增加一个可以体现月销售利润的报表，应该如何实现？

参 考 文 献

[1] 王珊，萨师煊．数据库系统概论［M］．4版．北京：高等教育出版社，2006.
[2] 康诺利，贝格．数据库系统——设计、实现与管理［M］．北京：电子工业出版社，2012.
[3] 罗朝晖．Access 数据库应用技术［M］．北京：高等教育出版社，2006.
[4] 李湛，王成尧．Access 2007 数据库应用教程［M］．北京：清华大学出版社，2010.
[5] 李国红，秦鸿霞．Web 数据库技术及应用［M］．北京：清华大学出版社，2011.
[6] 黎升洪．Access 数据库应用与 VBA 编程［M］．北京：中国铁道出版社，2011.
[7] 戴维斯．VBA 从入门到精通［M］．北京：电子工业出版社，2008.
[8] 陈越．数据库安全［M］．北京：国防工业出版社，2011.